Материалы III международной научно-практической

конференции

Академическая наука - проблемы и достижения

20-21 февраля 2014 г.

Москва

УДК 4+37+51+53+54+55+57+91+61+159.9+316+62+101+330

ББК 72

ISBN: 978-1496106537

В сборнике представлены материалы докладов III международной научно-практической конференции " Академическая наука - проблемы и достижения "

Все статьи представлены в авторской редакции.

Содержание

Биологические науки

Геолого-минералогические науки

Искусствоведение

Исторические науки

Культурология

Медицинские науки

Содержание

Педагогические науки

Содержание

Содержание

Психологические науки

Социологические науки

Технические науки

Содержание

Содержание

Содержание

Юридические науки

Podoplekin A.N. [1], Kalinin R.G.[2], Kalinina L.P.[3]

1- PhD, ass. professor. Institute of Bio-Medical Research Northern (Arctic) Federal University, e-mail: a.n.podoplekin@narfu.ru; 2 - Phd., ass. professor. Institute of Bio-Medical Research Northern (Arctic) Federal University; 3 - resident in Ophthalmology department, The Northern Medical University

PROSPECTS OF USING THE MEDICAL THERMAL IMAGER THERMO TRACER TH-9100 FOR EVALUATION OF OCULAR SURFACE TEMPERATURE IN PEOPLE LIVING IN THE CIRCUM-POLAR REGION

Introduction. 159 people living in the Circum-polar region were included in this prospective study. It covered mean ocular surface temperature in different parts and some features of infrared imaging in various age groups. We used the thermographical device Thermo Tracer TH-9100 (Japan). A statistically significant difference in ocular surface temperature in children and adults was noted. Statistically significant difference in eye surface temperature between left and the right eye was not detected.

Keywords: Ocular surface temperature, Thermography, Circum-Polar Region

Normally, each region of the human body has a characteristic infrared thermal picture. Change in the normal distribution of temperatures is a sign of the pathological process [2,35].

German ophthalmologist Klamann MK et al., exploring the temperature of the surface of the eye in healthy individuals, found that the average temperature of the ocular surface is equal to $34.02°C \pm 0.22$ [1,682]. The study Purslow C, Wolffsohn JS notes that the central region of the anterior segment of the eye is the most cold [3,122].

It is recognized that the ability to measure the temperature of the ocular surface using a non-invasive techniques as thermography contributes to understanding of the physiology of the eye surface.

318 eyes of 159 healthy subjects were included in this prospective study. We evaluated 318 infrared thermal pictures of the anterior surface of the eye, recorded with the help of Thermo Tracer TH-9100 (equipment of the Shared Use of Equipment Center "ArctikMed"). This group includes the 159 people aged from 5 to 79 years, from them 39 male (24.5%) and 120 women (75,5%). Thermography methodology: using of thermal imager Thermo Tracer TH-9100 at a distance of 1 m at an ambient temperature of $24°$ C were made face frontal shots in a non-contact manner. All measurements were performed by one examiner only. Further infrared thermal data were analyzed using a computer program, Radiometric Complete the On-line version: 5.1.0.973. The average

temperature in the area of the pupil and the visible part of the sclera and conjunctiva were estimated.

The mean age of examined persons was 64 years (34,5; 67,0). The age range was from 5 to 79 years. 13.8% of the surveyed (22 persons) were children, 86,2% (137) adults.

The average temperature in the area of the right pupil was 35,627±1,1109°, left pupil 35,558±1,1326°. There was no statistically significant difference between the right and the left pupil area (p=0,099). The average temperature in the area of the visible part of the sclera and conjunctiva was 35,817±1,0639° and 35,808±1,0885°, respectively. Also, there was no statistically significant difference between the right and the left parts (p=0,766).

However, a statistically significant difference between the pupil area and visible part of sclera and conjunctiva on both sides was noted (p<0.05), i.e. area of the pupil is more cold that correlates with findings from other studies.

When assessing the thermographical pictures of children and adults found that the average temperature in the area of the right pupil among children was 36,308±0,8317°C, among adults 35,557±1,1150°C, (this difference was statistically significant (p=0,025)); in the left pupil - 36,417±0,7767°C and 35,470±1,1288°, respectively, this difference was statistically significant (p=0.005). During the analysis of infrared thermal pictures in the area of the visible part of the sclera and conjunctiva was also found increased temperature in children compared with adults. The average temperature in children was 36,400±0,7410°C, the adults 35,757±1,0762°C, (p=0,046); and 36,525±0,7098°C in children, 35,734±1,0959° in adults, respectively, this difference was statistically significant p=0,016.

The distribution of surface temperature eyes among various groups of the adult population was analyzed. Statistically significant difference was not noted. The temperature distribution among adults is presented in table 1.

Table 1. Temperature distribution on the surface of the eye among various groups of the adult population.

Age	Visual part of sclera and conjunctiva OD	Visual part of sclera and conjunctiva OS	Pupil area OD	Pupil area OS
18-30 (18 person)	35,739±0,7949°C	35,828±0,7387°C	35,528±0,8259°C	35,517±0,9064°C
31-45 (24 person)	34,925±0,8261°C	35,225±0,7411°C	34,850±0,8737°C	34,825±0,6946°C
46-60 (22 person)	35892±1,3661°C	35,883±1,4314°C	35,783±1,4186°	35,767±1,4724°C
61-80 (73 person)	35,782±1,0931°C	35,717±1,1282°C	35,565±1,1346°C	35,448±1,1356°C

Conclusions. In the present study, we found that there is a statistically significant difference in ocular surface temperature in children and adults, children ocular surface temperature is higher. The pupil is the coldest area of the eye surface. Statistically significant difference in eye surface temperature between left and the right eye was not detected.

All accumulated material will be the beginning of a creating of the thermographical profile of anterior eye segment in residents of the Circum-polar region.

This novel non-invasive technique offers new options for increased understanding of the physiology of the ocular surface. Ocular surface temperature measurements made using this thermographical device Thermo Tracer TH-9100 in healthy subjects showed excellent intraobserver reproducibility.

References

1. Klamann M. K., Maier A. K., Gonnermann J., Klein J. P., Pleyer U. Measurement of dynamic ocular surface temperature in healthy subjects using a new thermography device // J. Curr. Eye Res. 2012. Vol. 37, no 8. P. 678–683.

2. Mikulska D. Contemporary applications of infrared imaging in medical diagnostics // Ann. Acad. Med. Stetin. 2006. Vol. 52, no 1. P. 35–39.

3. Purslow C., Wolffsohn J. S. Ocular surface temperature: a review // J. Eye Contact Lens. 2005. Vol. 31, no 3. P. 117–123.

Дзюбук И.М., Рыжков Л.П.
доцент, канд.биол.наук, профессор, д-р биол.наук
Петрозаводский государственный университет, ikrup@petrsu.ru,
rlp@petrsu.ru

СРАВНИТЕЛЬНАЯ ОЦЕНКА ПОПУЛЯЦИЙ ЕРША (*Gymnocephalus cernuus(L)*) ОНЕЖСКОГО ОЗЕРА (РОССИЯ) И ОЗЕРА ВЕРХНЕГО (США)

Ерш (Gymnocephalus cernuus (L)) занимает обширный ареал в Евразии (от Англии до Колымы, от Северного Ледовитого океана до Черного и Каспийского морей), встречаясь в различных по экологическим условиям водоемах. В конце прошлого века он был случайно интродуцирован в Великие озера Америки, где нашел для себя благоприятные условия и быстро стал наращивать численность [Атлас пресноводных рыб России, 2002, 62-64].

Имея высокую плодовитость (до 100-200 тыс. икринок), он может быстро достигать высокой численности. В этом случае он становится опасным конкурентом в питании молоди и взрослых ценных представителей ихтиофауны, таких как лещ, сиг, палия. Ерш становится активным потребителем их (в том числе и ряпушки) икры во время размножения. Имеются сведения о полном уничтожении ершом популяций других видов рыб. Таким образом, он способен оказывать влияние на рыбопродуктивность водоемов и соответственно на функционирование водной экосистемы в целом. В связи с этим эффективными являются специальные меры по регулированию его численности. Такие меры были предприняты при интродукции ерша в Великие озера Америки, которые принесли положительные результаты.

Целью работы было провести сравнительный анализ морфофизиологических параметров ерша Онежского озера (Россия) и озера Верхнего (США).

Онежское озеро, крупнейшее в Европе, является водоемом олиготрофного типа с признаками эвтрофикации в отдельных губах. Озеро характеризуется слабой минерализацией и большой насыщенностью воды кислородом во все сезоны года [Онежское озеро, 1999, 293].

Озеро Верхнее входит в систему Великих озер Америки. Озеро характеризуется чистой, достаточно насыщенной кислородом водой (100% насыщение). Водоеме остается олиготрофного типа, хотя для некоторых прибрежных участков характерны изменения уровня трофности и заметны первые признаки эвтрофикации [Hensen, 1990].

Материал отбирался при помощи ставных сетей, в летний период 1996-2010 годов в Лахтинской губе Онежского озера (Россия, Карелия) и в озере Верхнем (США). Для исследований использовано около 200 проб по

5 возрастным группам (1+ - 5+). В качестве морфофизиологических параметров, позволяющих оценить состояние популяций ерша, использовали длину, массу и индексы внутренних органов (отношение массы органа в мг к массе тела в г). Проведена статистическая обработка результатов [Ивантер, Коросов, 2003, 304].

По линейным и весовым показателям ерш озера Верхнего был значительно меньше, по сравнению с онежским ершом. Так, в возрасте 1+ средняя длина интродуцированного ерша из озера Верхнего была 4.6см, масса - 1.2г. Ерш того же возраста из Онежского озера по длине был 10.7см, по массе – 10.3г. У ерша озера Верхнего эти параметры в возрасте 5+ составили 12.0см и 12,6г, у онежского ерша – 14.3см и 30.7г соответственно. Увеличение исследуемых показателей у ерша в возрасте 1+-5+ из озера Верхнего составило по длине 2.6 раза и по весу 10.5 раз, а длина онежского ерша за этот же период увеличилась в 1.3 раза, масса - в 2.9 раза. Приведенные фактические материалы показывают, что онежский ерш в первый год жизни (до возраста 1+) растет интенсивнее по сравнению с ершом из озера Верхнее. В возрасте же 5+ наблюдается обратное соотношение. По видимому, это связано с условиями питания ерша в исследуемых озерах. Для молоди ерша (1+) в озере Великом кормовая база очевидно была недостаточна. По мере роста ерша диапазон кормовых организмов расширился и улучшились условия его питания. Однако эта гипотеза требует дополнительных исследований. Также возможно, что быстрый темп роста ерша в период 1+-5+ и его раннее половое созревание (в возрасте 1-2лет) в озере Верхнем является приспособлением к сохранению и увеличению численности в новых условиях среды обитания, что может способствовать дальнейшему его распространению в системе Великих озер Америки.

Интересно отметить, что предложенная нами гипотеза хорошо подтверждается материалами исследования индекса соотношения (ИС) массы и длины тела ерша из исследуемых водоемов [Рыжков, 2009, 475-478]. ИС у ерша озера Верхнего в возрасте 1+ равнялся 12,3, а в возрасте 5+ - 7,3. У онежского ерша аналогичные расчеты показали, что в возрасте 1+ ИС был 8,4, а возрасте 5+ - 10,5. Это значит, что энергетические ресурсы пищи у молоди ерша из озера Верхнее в возрасте 1+ в большей степени направляются на накопление массы тела, а не на линейный рост. В целом же низкая величина накопления массы тела и увеличения линейных размеров у ерша до полового созревания в озере Верхнем подтверждает нашу гипотезу о недостаточной кормовой базе в водоеме для его молоди. У онежского ерша, наоборот, до полового созревания (1+) преобладает линейный рост, а у половозрелых рыб, хотя незначительно, но возрастает накопление массы тела. Периодичность интенсивности весового и линейного роста в онтогенезе многих видов рыб отмечалась неоднократно (Рыжков, 2009, 2010 и др.).

В качестве морфофизиологических показателей влияния среды обитания на состояние рыб использовался относительный вес внутренних органов (индексы) - отношение веса органа (мг) к весу тела (г). Исследовали такие органы, как сердце, печень, жабры, селезенка, почка, желудок и кишечник.

В результате было отмечено, что ерш из озера Верхнего характеризуется наибольшими индексами всех исследованных внутренних органов (кроме печени), по сравнению с ершом из Онежского озера. По индексу печени достоверных различий не обнаружено. Вероятно, при интродукции вследствие влияния новых условий среды на организм происходит интенсификация обменных процессов, что влечет усиление функциональной деятельности внутренних органов у ерша и это приводит к увеличению их относительных размеров. Изменчивость индекса печени тесно связана с обеспеченностью рыб кормом и его доступностью, чем лучше развита кормовая база, тем выше относительный вес печени. Индекс печени ерша озера Верхнего сопоставим с таковым у ерша Онежского озера. Очевидно, половозрелый ерш в Великих озерах Америки нашел для себя возможности реализации кормовой базы, а от этого зависит успех натурализации его в этой озерно-речной системе.

Обобщая изложенное, можно сделать вывод, что при интродукции происходит увеличение темпа роста ерша в возрасте 1+-5+, что соответствует высоким энергетическим затратам на обеспечение жизнедеятельности (на реализацию потенциальных возможностей роста) в новых условиях среды, а это обуславливает высокие величины индексов его интерьерных органов.

Литература

Атлас пресноводных рыб России. Т.2. М.: Наука, 2002. С.62-64.

Ивантер Э.В., Коросов А.В. Введение в количественную биологию. Петрозаводск: ПетрГУ, 2003. 304 с.

Онежское озеро. Экологические проблемы. Петрозаводск, 1999. 293с.

Рыжков Л. П. Экологические аспекты динамики соотношения величин массы и размеров тела окуня // Биологические ресурсы Белого моря и внутренних водоемов Европейского Севера: матер. XXVIII междунар. конф. Петрозаводск, 2009. С. 475-478.

Рыжков Л.П. Динамика роста плотвы (Rutilus rutilus L) в северных озерах // Матер. Ммждунар. Конф. «Современные проблемы физиологии и биохимии водных организмов». Институт биологии КарНЦ РАН. Петрозаводск. 2010. С. 159-161.

Hansen M.J.(ed.) Lake Superior: the state of the Lake in 1989. Great Lakes Fishery Comission Special Publikacion 90-3.1990.

Кипень В.Н.[1]**, Снытков Е.В.**[2]**, Мельнов С.Б.**[3]
[1] – аспирант кафедры экологической и молекулярной генетики МГЭУ им. А.Д. Сахарова (Минск, РБ), [2] – студент 4-го курса МГЭУ им. А.Д. Сахарова. [3] – д.б.н., проф., профессор кафедры экологической и молекулярной генетики МГЭУ им. А.Д. Сахарова
slavakipen@rambler.ru

НАСЛЕДСТВЕННЫЕ МУТАЦИИ В ГЕНАХ *TP53, ATM, NBS1, CHEK2* ПРИ РАННИХ ФОРМАХ РАКА МОЛОЧНОЙ ЖЕЛЕЗЫ У ПАЦИЕНТОК ИЗ РЕСПУБЛИКИ БЕЛАРУСЬ

Введение

Да данный момент общепризнанным является факт, что наследственные мутации являются причиной не более 10% случаев рака молочной железы (РМЖ) [1]. В настоящий момент принято разделять гены по отношению частоты встречаемости (Т,%) предрасполагающего к возникновению данной онкопатологии аллеля и величины относительно риска (relative risk - RR) ее возникновения и развития на следующие группы [2]:

• высокопенетрантные гены (RR>8, Т<0,1%) – *BRCA1, BRCA2, TP53, PTEN*;

• среднепенентрантные гены (RR>3, Т=0,1÷10%) – *CHEK2, ATM, BRIP, PABL2, BARD1, XRCC1*;

• низкопенентрантные гены (RR<2, Т>20%) – *NBS1, LSP1, CASP8, TNRC9, MAPK3K1, FGFR2* и др.

В последнее время все большее внимание уделяется наследственным синдромам и частоте возникновения на их фоне РМЖ.

Наследственные опухолевые синдромы составляют незначительную пропорцию от общего числа новообразований, хотя для отдельных локализаций (молочная железа, яичник, толстая кишечник) их удельный вклад достигает значительно более высоких показателей [3,4]. Причиной подобных заболеваний является носительство наследуемой «раковой» мутации. Лица, имеющие такое генетическое повреждение, до определенного момента остаются практически здоровыми, однако они обладают фатально увеличенным риском возникновения неоплазм - пенетрантность соответствующих мутаций обычно составляет 85-100%.

К числу таких заболеваний относятся рак молочной железы и/или яичников (РМЖ/РЯ), прогрессирующие при синдроме Ли-Фраумени. Предметом исследования в этих случаях являются онкогены и гены-супрессоры злокачественной трансформации клеток, такие как *BRCA1* и *BRCA2*, а также, *TP53, CHEK2, ATM, NBS1* и др., консервативно наследуемые дефекты в которых приводят к парадоксально высокому риску развития рака, достигающему нередко 60-95% [5]. Несмотря на тот факт, что суммарный вклад средне- и низкопенентрантных генов может превышать роль высокопенентрантных генов в возникновении онкопатологии, их значение в генезе РМЖ изучено крайне недостаточно.

Нами была предпринята попытка определить частоту встречаемости основных патогенетически значимых мутаций в основных генах (кроме *BRCA1* и *BRCA2*), вовлеченных в генез РМЖ – *TP53, CHEK2, ATM, NBS1*.

Герминальные мутации в гене *TP53* приводят к развитию синдрома Ли-Фраумени (ЛФС), который сопровождается возникновением мультиорганных неоплазий (OMIM 151623): сарком мягких тканей, остеосарком, рака молочной железы, опухолей головного мозга, рака коры надпочечников, лейкемий или рака легких – в пременопаузальном возрасте [6]. Также в настоящее время общепризнанно, что ген *CHEK2* является молекулярным базисом формирования ЛФС второго типа (OMIM 609265) или, как его еще иначе называют, ЛФС-подобного синдрома (ЛФПС) [7-9]. Его отличительной чертой от ЛФС является ранняя прогрессия онкологического заболевания (до 30 лет) и более тяжелая клиническая картина. Ассоциация гена *NBS1* (мутации в данном гене приводят к развитию тяжелой формы иммунодефицита – синдрома Ниймегена, OMIM 251260) с развитием РМЖ показана только для мутации 657del5, а вовлеченность ряда полиморфизмов и мутаций в гене *ATM* (мутации в данном гене приводят к развитию наследственного заболевания с мозжечковой атаксией, телеангиэктазиями, нарушением иммунитета и склонностью к злокачественным новообразованиям - атаксии-телеангиэктазии, OMIM 208900) в молекулярный патогенез наследственных форм РМЖ до сих пор остается до конца невыясненной [10,11].

Материалы и методы

Клинический материал

В исследование были включены 165 пациентов с монолатеральным РМЖ. Группа билатерального РМЖ составила: 2 случая синхронного билатерального РМЖ (временной критерий синхронности билатерального рака молочной железы составил не более 12 месяцев [12]) и 7 случаев метахронного билатерального РМЖ. Средний возраст пациентов с монолатеральным РМЖ на момент возникновения опухоли составил 41,7±5,8 лет (возрастной интервал – 24-49 лет), пациентов с билатеральными формами РМЖ – 39,8±5,0 лет (возрастной интервал – 33-48 лет).

В группу сравнения вошли 123 условно здоровых пациента без онкологической патологии в анамнезе на момент забора крови, средний возраст составил 39,6±5,1 лет (возрастной интервал – 25-52 года). Группа сравнения соответствует по возрасту и этническому составу выборке больных РМЖ.

Все участники исследования дали информированное согласие на проведение молекулярно-генетических исследований.

Выделение ДНК

Все образцы ДНК были выделены из лейкоцитов периферической крови с помощью наборов «ДНК-экспресс кровь» НПФ Литех (РФ), а также с помощью метода водно-карбинольной экстракции по протоколу Helene C. Johanson с модицикаями [13].

Детекция мутаций

Анализ мутаций R273C, R175H в гене *ТР53*, а также мутаций 1100delC и IVS2+1G>A в гене *CHEK2* проводили с помощью аллель-специфической полимеразной цепной реакции (ПЦР) на приборе PeqLab Primus 96 Advanced (Германия). С помощью метода полиморфизма длин рестрикционных фрагментов (ПДРФ) были определены мутации R282W, R337H R248W в гене *ТР53* и мутации C49S в гене *ATM*. Анализ мутации 657del5 в гене *NBS1* выполнен с помощью стандартной двухпраймерной ПЦР. Последовательности олигонуклеотидов и характеристики ПЦР-продуктов и рестриктов (с указанием температуры отжига и используемых рестриктаз фирмы NEB) представлены в таблице 1.

Таблица 1 – Последовательности олигонуклеотидов, используемых в ПЦР

Ген/ мутация	Последовательность олигонуклеотидов, 5'>3'	T_a, °C	Метод	Размер ампликона/ рестриктов (п.о.)
ТР53 R273C (rs121913343)	R-com.[1] 5'-CTCGCTTAGTGCTCCCTG-3' F-mut.[2] 5'-CGGAACAGCTTTGAGGTGT-3' F-wt[3] 5'-CGGAACAGCTTTGAGGTGC-3'	56	АС-ПЦР[4]	121
ТР53 R248W (rs121912651)	R-com. 5'-TGTGCAGGGTGGCAAGTG-3' F-mut. 5'-GCATGGGCGGCATGAACT-3' F-wt 5'-GCATGGGCGGCATGAACC-3'	59	АС-ПЦР	85
ТР53 R175H (rs28934578)	R-com. 5'-CCTGTGCAGCTGTGGGTT-3' F-mut. 5'- GCTCATGGTGGGGGCAGT -3' F-wt 5'-GCTCATGGTGGGGGCAGC-3'	59	АС-ПЦР	118
ТР53 R282W (rs28934574)	F 5'-TGCTGCCGTCAACTAGAACA-3' R 5'-GGGTGGTTGGGAGTAGATGG-3'	56	ПДРФ[5] (HpaI)	CC (127,159) CT (127,159,286) TT (286)
ТР53 R337H (rs121912664)	F 5'-CCCAATGAGATGGGGTCAGC-3' R 5'-GCATGTTGCTTTTGTACCGTC-3'	56	ПДРФ (HhaI)	GG (123,209) AG (123,209,332) AA (332)
ATM C49S (rs1800054)	F 5'-TGCTGCCGTCAACTAGAACA-3' R 5'-ATGCCAAATTCATATGCAAGGC-3'	56	ПДРФ (HinfI)	CC (43,149,182) CG (43,149,182,225) GG (149,225)
NBS1 657del5	F 5'-TGATCTGTCAGGACGGCA-3' R 5'-CATAATTACCTGTTTGGCATTCA-3'	55	ПЦР	82/77(для делеции)
CHEK2 1100delC	R-com. 5'-CTGATCTAGCCTACGTGTCT-3' F-mut. 5'-CTTGGAGTGCCCAAAATCAT-3' F-wt 5'-TTGGAGTGCCCAAAATCAGT-3'	55	АС-ПЦР	120
CHEK2 IVS2+1G>A	R-com. 5'-CAGACTTTGAATAGCAGAGA-3' F-mut. 5'-ACACTTTCGGATTTTCAGGA-3' F-wt 5'-ACACTTTCGGATTTTCAGGG-3'	52	АС-ПЦР	114

[1] – общий реверс-праймер

² – форвард-праймер для мутантного типа аллеля
³ – форвард-праймер для дикого типа аллеля
⁴ – АС-ПЦР – метод аллель-специфической ПЦР
⁵ – ПДРФ –метод полиморфизм длин рестрикционных фрагментов (приведена эндонуклеаза рестрикции)

Разделение аллелей осуществляли в 10% неденатурирующем полиакриалмидном геле (ПААГ) с последующей окраской бромистым этидием (рис. 1).

Рис. 1 – Результаты ПААГ-электрофореза для исследуемых мутаций (в случае их обнаружения)

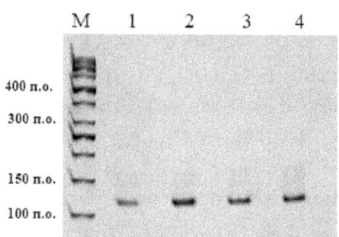

ТР53 R273C: лунки 1 (wt+com.) и 2 (mut.+com.) – образец №1 (мутация); 3 (wt+com.) и 4 (mut.+com.) – образец №2 (мутация); М – молекулярный маркер (50 п.о.)

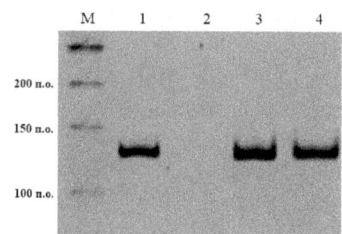

CHEK2 1100delC: 1 (wt+com.) и 2 (mut.+com.) – образец №1 (нет мутации); 3 (wt+com.) и 4 (mut.+com.) – образец № 2 (делеция); М – молекулярный маркер (50 п.о.)

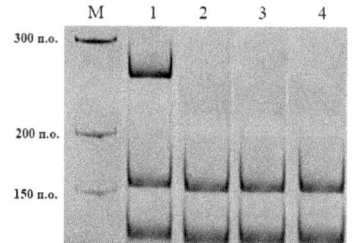

ТР53 R282W: 1 – CT; 2 – CC; 3 – CC; 4 – CC; М – молекулярный маркер (50 п.о.)

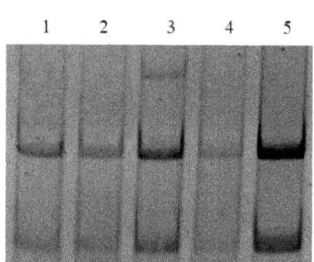

ТР53 R337H: 1 – GG; 2 – GG; 3 – AG; 4 – GG; 5 - GG

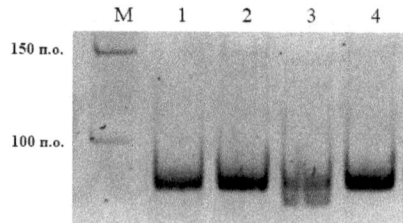

NBS1 657del5: 1,2 и 3 – нет мутации; 4 – делеция 5 п.о.; М – молекулярный маркер (50 п.о.)

Результаты и обсуждение

Результаты проведенного генотипирования суммированы в табл. 2.

Таблица 2 – Результаты генотипирования по девяти исследуемым мутациям

Ген/ мутация	Гаплотип/ аллель	Кол-во пациентов, абс. частота (относительная частота)	
		Основная группа	Группа сравнения
TP53 R273C (rs121913343)	CC	171/174 (98,28%)	123/123 (100%)
	CT	3/174 (1,72%)	-
	TT	-	-
	Allele C	99,14%	100%
	Allele T	0,86%	-
TP53 R248W (rs121912651)	CC	174/174 (100%)	123/123 (100%)
	CT	-	-
	TT	-	-
	Allele C	100%	100%
	Allele T	-	-
TP53 R175H (rs28934578)	AA	-	-
	AG	-	-
	GG	174/174 (100%)	123/123 (100%)
	Allele A	-	-
	Allele G	100%	100%
TP53 R282W (rs28934574)	CC	173/174 (99,43%)	123/123 (100%)
	CT	1/174 (0,57%)	-
	TT	-	-
	Allele C	99,71%	100%
	Allele T	0,29%	-
TP53 R337H (rs121912664)	GG	173/174 (99,43%)	123/123 (100%)
	AG	1/174 (0,57%)	-
	AA	-	-
	Allele A	0,29%	-
	Allele G	99,71%	100%
ATM C49S (rs1800054)	CC	174/174 (100%)	123/123 (100%)
	CG	-	-
	GG	-	-
	Allele C	100%	100%
	Allele G	-	-
NBS1 657del5	del+/del+	-	-
	del+/del-	-	1/123 (0,81%)
	del-/del-	174/174 (100%)	122/123 (99,19%)
	del+	-	0,41%
	del-	100%	99,59%
CHEK2 1100delC	del+/del+	-	-
	del+/del-	1/174 (0,57%)	-
	del-/del-	173/174 (99,43%)	123/123 (100%)
	del+	0,29%	-
	del-	99,71%	100%
CHEK2 IVS2+1G>A	AA	-	-
	AG	-	-
	GG	174/174 (100%)	123/123 (100%)
	Allele A	-	-
	Allele G	100%	100%

TP53 **– ген белка p53**. В выборке пациентов с РМЖ мутация R273C была обнаружена с частотой 1,72% (3/174), мутации R282W и R337H – в 0,57% случаев каждая (1/174 и 1/174 соответственно), мутации R248W и R175H обнаружены не были. В группе сравнения не было найдено ни одной мутации в гене *TP53*.

Возраст манифестации заболевания у пациенток с мутацией R273C – 48, 49 и 37 лет. Все три женщины белорусской этнической принадлежности. В семейном анамнезе одной из носительниц отмечается случай заболевания раком желудка (первая степень родства). Возраст манифестации РМЖ у пациентки с мутацией R282W – 35 лет, с мутацией R337H – 37 лет. В нашем исследовании был выявлен случай двойного носительства герминальных мутаций в гене *TP53* – мутации R337H и R273C были обнаружены у пациентки с фибросаркомой правой молочной железы (возраст манифестации – 37 лет, эстрогеновый и прогестероновый статус опухоли отрицательный, HER-2/new 0).

ATM **– ген атаксии телеангиэктазии**. В нашей выборке больных РМЖ, а также среди пациентов из группы сравнения, мутация C49S в гене *ATM* выявлена не была.

NBS1 **– ген нибрина**. В выборке больных раком молочной железы мутация 657del5 в гене *NBS1* обнаружена не была, в группе сравнения был выявлен один случай мутации – 0,81% (1/123). Возраст пациентки из группы сравнения с делецией 657del5 в гене *NBS1* составляет 39 лет (в этом же возрасте проведена операция по удалению кисты в правой молочной железе). У носительницы данной мутации случаев заболевания РМЖ/РЯ в семье не отмечается.

CHEK2 **– ген киназы сверочных точек 2**. Скрининг мутаций 1100delC, IVS2+1G>A в гене *CHEK2* у больных раком молочной железы выявил одну (0,57% – 1/174) носительницу герминальной мутации – 1100delC (возраст манифестации РМЖ – 37 лет, в семейном анамнезе случаев заболевания РМЖ/РЯ не отмечается). Мутация IVS2+1G>A в основной группе (пациенты с РМЖ) выявлена не была. В группе сравнения мутаций 1100delC и IVS2+1G>A в гене *CHEK2* обнаружено не было.

В нашей выборке больных РМЖ была выделена группа из 59 женщин (включая пациентов с билатеральными формами РМЖ) с отягощенным семейным анамнезом (наличие онкопатологии, относящейся к спектру опухолей при синдромах ЛФС и ЛФПС, у родственников первой и второй степеней родства) и/или возрастом манифестации до 40 лет. Спектр и доля выявленных мутаций у пациенток с отягощенным семейным анамнезом и у женщин со спорадическими случаями заболевания представлены на рис.2.

Рис. 2 – Спектр и доля мутаций генов *TP53* и *CHEK2* у больных А) со спорадическими случаями заболевания (n=115); В) у больных с отягощенным семейным анамнезом и/или ранним сроком манифестации (n=59)

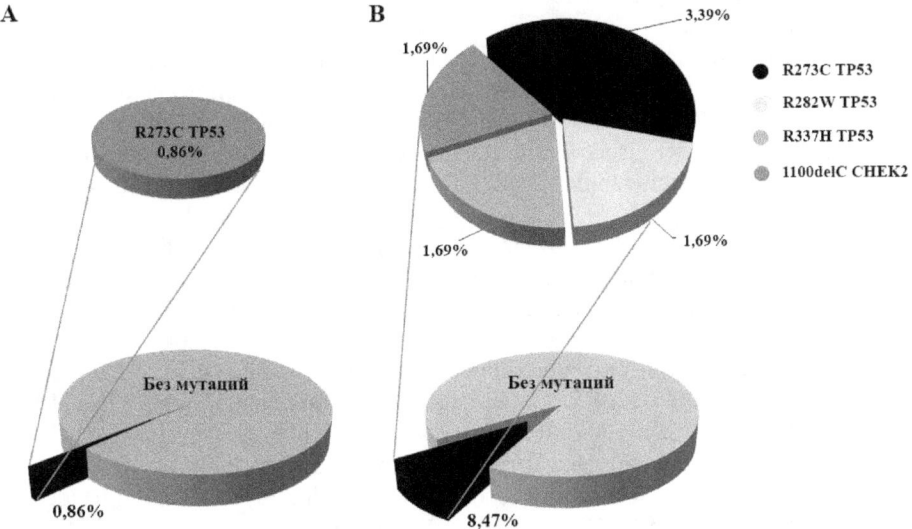

Таким образом, среди пациентов с РМЖ нами были выявлены мутации в 2,87% случаев (5/174), из них на мутации в гене *TP53* приходится более 80%. Вклад других генов (*ATM, NBS1* и *CHEK2*) представляется менее существенным. Однако при дифференциальном подходе в анализу частоты встречаемости мутаций в исследуемых генах, а именно при выделении группы пациентов с отягощенным семейным анамнезом (наличие онкопатологии, относящейся к спектру опухолей при синдромах ЛФС и ЛФПС, у родственников первой и второй степеней родства) и/или возрастом манифестации до 40 лет, частота встречаемости мутаций возрастает до 8,5% (основной вклад – мутаций в гене *TP53* (около 80%), на *CHEK2* приходятся остальные случаи).

Список литературы:

1. Имятников Е.Н. Наследственный рак молочной железы / Е.Н. Имятников // Практическая онкология Т.11 №4 – 2010, с. 258-266
2. Garcia-ClosasM, Chanock S. Genetic susceptibility loci for breast cancer by estrogen receptor status // Clin Cancer Res. - 2008. - Vol.14, №2. - P.8000-8009.

3. Phuong L. Mai Li-Fraumeni syndrome: report of a clinical research workshop and creation of a research consortium // Phuong L. Mai, David Malkin, Judy E. Garber et al. // Cancer Genet. 2012 October; 205(10): 479–487.

4. Kory W. Jasperson Hereditary and Familial Colon Cancer / Kory W. Jasperson Thérèse M. Tuohy, Deborah W. Neklason, Randall W. Burt // Gastroenterology. 2010 June; 138(6): 2044–2058.

5. Petra van der Groep Pathology of hereditary breast cancer / Petra van der Groep, Elsken van der Wall, Paul J. van Diest // Cell Oncol (Dordr). 2011 April; 34(2): 71–88.

6. Chompret A. The Li-Fraumeni syndrome. / Biochimie. 2002; P. 75–82.

7. Bell D.W., Varley J.M., Szydlo T.E. et al. Heterozygous germ line hCHK2 mutations in Li-Fraumeni syndrome // Science. 1999. Vol. 286. P. 2528-2531.

8. SodhaN., HoulstonR.S., BullockS. et al. Increasing evidence that germline mutations in CHEK2 do not cause Li-Fraumeni syndrome // Hum. Mutat. 2002. Vol. 20. P. 460-462.

9. Meijers-Heijboer H., van den Ouweland A., Klijn J. et al. Low-penetrance susceptibility to breast cancer due to CHEK2(*)1100delC in noncarriers of BRCA1 or BRCA2 mutations // Nat. Genet. 2002. Vol. 31. P. 55-59.

10. Zhang ZH Current evidence on the relationship between two polymorphisms in the NBS1 gene and breast cancer risk: a meta-analysis // Zhang ZH, Yang LS, Huang F, Hao JH, Su PY, Sun YH. Asian Pac J Cancer Prev. 2012;13(11):5375-9.

11. M Ahmed, N Rahman ATM and breast cancer susceptibility // Oncogene (2006) 25, 5906–5911

12. Kheirelseid E.A., Jumustafa H., Miller N. et al. Bilateral breast cancer: analysis of incidence, outcome, survival and disease characteristics // Breast Cancer Res. Treat. 2010.

13. Helene C. Johanson DNA elution from buccal cells stored on Whatman FTA Classic Cards using a modifed methanol fxation method // Helene C. Johanson, Valentine Hyland, Carol Wicking, and Richard A. Sturm BioTechniques 46:309-311 (April 2009) doi 10.2144/000113077

Коломиец В.Л.

кандидат геолого-минералогических наук, kolom@gin.bscnet.ru
Геологический институт СО РАН, г. Улан-Удэ
Бурятский государственный университет, г. Улан-Удэ

ВЫСОКИЙ ТЕРРАСОВЫЙ КОМПЛЕКС СЕЛЕНГИНО-ИТАНЦИНСКОЙ ВПАДИНЫ (БАЙКАЛЬСКАЯ СИБИРЬ)

Выявление обстановок формирования песчаных толщ мощностью в десятки метров вдоль восточного побережья оз. Байкал является одной из важнейших проблем неоплейстоценовой истории Байкальской Сибири. Особенность их распространения – принадлежность речным долинам и межгорным впадинам, которые дренируются реками байкальского направления стока. В результате выполнения разноплановых научных проектов в Селенгино-Итанцинской впадине за последних несколько лет с помощью литолого-фациального и палеопотамологического (палеогидрологического) методов и радиотермолюминесцентного (РТЛ) абсолютного датирования изучен ряд новых разрезов террасового комплекса р. Селенга.

Селенгино-Итанцинская впадина – наиболее крупная отрицательная морфоструктура Юго-Восточного Прибайкалья, расположена между поднятиями горных хребтов Хамар–Дабан и Морской.

Пятая эрозионно-аккумулятивная терраса высотой 30–35 м средненеоплейстоценового возраста (первая половина, РТЛ-дата – 243±25 тыс. л. н., самаровское время) распространена вдоль северного макросклона хребта Хамар–Дабан. Разрез ее детально изучен в приустьевой части р. Вилюйка (п. Селенгинск).

Верхняя толща террасы вскрытой мощностью 6 м выполнена песчаным материалом (средневзвешенный диаметр частиц, x=0,15–0,28 мм) мелко-среднезернистой структуры с наклонной и дельтовой (S–образной) текстурой. Осадки характеризуются совершенной, очень хорошей и хорошей сортировкой (коэффициент сортировки Траска, S_0=1,27–1,47; стандартное отклонение, σ=0,12–0,16), что отражает достаточную длину их перемещения в бассейне седиментации. Кроме того, они имеют асимметричное распределение со сдвинутой в сторону мелких (коэффициент асимметрии Траска, S_k>1; статистический коэффициент асимметрии, α>0) частиц модой, что определяет сравнительно невысокую степень энергетического баланса среды аккумуляции. Тектонические условия осадконакопления были относительно стабильными с определенным дефицитом поступающего вещества (эксцесс, τ=3,6–41,7). Коэффициент вариации определяет происхождение данных осадков (ν=0,69–0,84) как аквальное: меньшие значения относятся к области совмещенного аллювиально–лимнического генезиса (ν<0,8), большие –

области однонаправленных постоянных потоков с сезонным изменением объема текучих вод ($v>0,8$).

Седиментация этой толщи происходила в неглубоких устойчивых слабопроточных озеровидных объектах (1,4–2,2 м) с палеопотоками равнинного типа (число Фруда, $Fr<0,1$), имевшими постоянное, сравнительно чистое русло с отсутствием органических остатков (коэффициент шероховатости, $n=41$–43) и площадью водосбора не менее, чем 100 км^2 в придельтовом положении (число Лохтина, $\Lambda=1,72$–2,10). Фациальная природа данных осадков – преимущественно береговые, прибрежные фации лимнической, а также подгруппа русловых нестрежневых фаций речной макрофации.

Нижняя толща мощностью 11 метров представлена в целом алевритово-псаммитовым материалом: субгоризонтально-, слабоволнисто- и наклонно-слоистыми мелкозернистыми алевропесками ($x=0,14$–0,15), алевритово-мелкозернистыми ($x=0,23$–0,27) и алевритисто-средне-мелкозернистыми песками ($x=0,39$). Осадки имеют хорошую сортировку ($S_0=1,23$–1,62; $\sigma=0,1$–0,31), что отвечает удлинению пути переноса вещества. Вариация распределений сдвинута как в сторону крупных ($S_k<1$, преобладание крупнозернистых частиц с улучшенной сортировкой), так и мелких частиц ($S_k>1$, преимущество тонкодисперсных частиц с улучшенной сортировкой). Значения эксцесса положительны ($\tau=1,78$–11,02), что указывает на определенное постоянство среды образования отложений. Коэффициент вариации составляет $v=0,66$–0,86 и подтверждает аквальное происхождение изучаемых осадков.

Местом аккумуляции субстрата являлся стационарный озеровидный проточный водоем с глубинами 1,3–2,2 м и наличием сети палеопритоков. По числу Фруда они относились к равнинному ($Fr<0,1$) типу постоянных, в достаточной степени оформленных русел с водосборной площадью более 100 км^2, свободным течением воды в комфортных и очень комфортных условиях состояния ложа ($n=39$–46) в придельтовых условиях ($\Lambda=1,57$–2,13). φ-критерий устойчивости (<100 единиц) определяет такие палеопотоки как слабоподвижные.

Отложения *IV террасы* высотой 20–24 м в районе с. Фофоново отчетливо подразделяются на три горизонта. Первый горизонт (интервал 0,35–1,0 м) раннекаргинского времени (РТЛ-дата, 40000±5700 л. н.) сложен песчаным алевритом ($x=0,13$) с практически полным отсутствием слоистости. Невысокое значение коэффициента вариации гранулометрического спектра ($v=0,77$) указывает на комплексный аллювиально-озерный генезис. Бассейн осадкообразования представлял собой неглубокий стационарный мелководный (до 1,5–2,0 м) озеровидный водоем. Перемещение материала осуществлялось равнинными ($Fr<0,1$), слабоподвижными (φ-критерий устойчивости русел <100 ед.), потоками в естественных, благоприятных, околодельтовых (Λ=2,2) условиях состояния ложа с беспрепятственным поступлением воды (n=47). В фациальном отношении исследуемые осадки соотносятся с прибрежной фацией лимнической макрофации.

Второй горизонт разреза (2,0–3,5 м) выполнен тонкослоистыми крупными (x=0,08–0,09) и песчаными (x=0,09–0,10) алевритами. Время образования его – от позднеермаковского (65000±7000 л. н.) в подошве до раннекаргинского (49000±6000 л. н.) на верхней границе. Показатели коэффициента вариации относятся к диапазону 0,7–1,0, что определяет водное происхождение осадков. Накопление протекало главным образом в крупном малопроточном, не отличавшимся большой глубиной (до 2–3 м), озерном водоеме с субламинарным гидрологическим режимом водотоков. Палеореки характеризуются равнинным (Fr<0,1) типом натуральных малодинамичных (φ<100 ед.) русел в весьма благоприятных условиях состояния ложа и свободного течения воды (n=49,5–49,8). Очень высокий процент (90–97%) тонкодисперсных частиц устанавливает их формирование в прибрежно-приглубой полосе акватории озерных водоемов (прибрежные и донные фации лимнической макрофации).

Третий горизонт (5,0–8,5 м) тазовского времени (140000±17000 л. н.) состоит из неотчетливо–слоистого алеврита (x=0,07). Набор статистических (ν=0,48) и палеопотамологических показателей устанавливает аккумуляцию в спокойных динамических условиях стационарного озера с образованием приглубо-донных фаций (устойчивая среда с субламинарным режимом придонного осаждения на литорали лимнических водоемов при критически малых скоростях транспортировки осадков).

Таким образом, на основании литолого-фациальных и палеопотамологических характеристик озерно-речных неоплейстоценовых отложений террасового комплекса Селенгино-Итанцинской впадины установлены следующие закономерности. Седиментогенез первой половины среднего неоплейстоцена во время формирования пятой эрозионно-аккумулятивной террасы носил преимущественно озерный характер (ν<0,8), меняющийся в некоторых случаях на речной (ν>0,8). Аккумуляции массива IV надпойменной террасы был свойственен водный характер седиментации в гомогенных умеренно-динамических условиях устойчивого озеровидного водоема с образованием приглубо-донных фаций. Длительное, на протяжении всего среднего неоплейстоцена, существование лимнических условий осадконакопления в котловине следует соотнести в первую очередь с подпором речных вод внедрениями вод Байкала в прилегающие понижения его горного обрамления на фоне охвативших Прибайкалье дифференцированных тектонических движений.

Шокорова Л.В.
кандидат искусствоведения, доцент кафедры истории отечественного и зарубежного искусства, факультет искусств, Алтайский государственный университет
E-mail: Larazmei@mail.ru

ГОРНОРУДНАЯ ТЕМАТИКА В ТВОРЧЕСТВЕ АЛТАЙСКИХ ХУДОЖНИКОВ

Исторический жанр, как один из основных жанров изобразительного искусства, позволяет воссоздавать события, лица и взаимоотношения людей далекого прошлого, служа своеобразным историческим документом. Художники, оценивая исторические события и факты через собственное отношение к ним в соответствии с этическими и эстетическими принципами своей эпохи, воссоздают ушедшие времена в произведениях, представляющих собой более или менее достоверную реконструкцию исторических событий и явлений [3, 104].

Исторические мотивы, прослеживающиеся в произведениях алтайских художников второй половины XX – начала XXI века, находят свое отражение, как в жанре сюжетно-тематической картины, так и исторического портрета, которому принадлежит особое место в понимании региональной культуры и представлении значимости исторической памяти. Концентрируясь в историческом мышлении и художественном сознании, историческая память являет собой важнейшую составляющую духовности народа.

Историко-изобразительное искусство Алтайского края наполнено рядом «специфических характеристик, обусловленных особенностями географического положения и исторического развития региона» [5, 93]. И для того, чтобы наиболее более полно отразить в данном исследовании историю горнорудного дела на Алтае в изобразительном творчестве алтайских художников сделаем небольшой экскурс в историю зарождения Змеиногорских рудников.

По старой чудской копи со следами древних выработок на Змеёвой горе рудознатец С. Коростылёв отыскал медные руды, и 16 февраля 1726 года они передались в пользование уральскому промышленнику А. Демидову. Берг-коллегия утвердила его право на разработку всех заявленных им алтайских месторождений. Чиновники главного горного ведомства приняли решение: «..Велеть ему, Демидову, те медные руды добывать и копать... и удобной к тому медный завод и всякое заводское строение строить, где он пристойное место сыщет по своему рассмотрению» [2, 306].

Первооткрывателем змеиногорских серебряных руд считается Ф. Лелеснов, который на заброшенном с 1736 года месторождении на

Змеевой горе отыскал камешки с вкраплениями самородного серебра показал их горному управляющему Ф. Трейгеру. Долгое время доношение Ф. Лелеснова было столь же знаменито, как и неизвестно историкам. По преданию Змеиногорский рудник при его первоначальной разработке был так богат самородным серебром, что несколько работников были заняты тем, что выбирали серебро из руды – каждый работник был обязан набрать за смену полную рукавицу серебра.

Образ первооткрывателя российского серебра нашел воплощение в скульптуре А. В. Маркина «Рудознатец Ф. Лелеснов». Идея создания скульптуры рудознатца возникла у художника при прочтении повести П. А. Бородкина «Тайна Змеиной горы». В скульптуре А. В. Маркина рудознатец изображен сидящим на лошади в свободной расслабленной позе. В одной руке у него старательский молоток, в другой – кусок породы. Такое прочтение скульптором образа рудознатца отличается от книжного описания, в котором краевед не упоминает передвижения на лошади: «При рудном поиске Федор не знал устали. В день исхаживал не один десяток верст по каменным распадкам. Селения в здешних местах редки, оттого рудоискателю, охотнику или беглому человеку путь-дорога в великую тягость приходится. За плечами надо таскать многодневный запас провианта – смеси мелко истолченных сухарей и сушеной рыбы» [1, 12].

Однако скульптор считает, что рудознатец не мог ходить пешком так, как помимо пропитания с собой необходимо было еще и носить два-три ударных молотка, железные закольники и руду для образца. Получается, что только железа надо нести с собой пуд, а обратно – еще два пуда камней. Поэтому рудознатцы, скорее всего, ездили верхом, да еще порой брали с собой вторую, поклажную лошадь.

Выразительность скульптуры проявляется в композиционной гармонии, основанной на сопоставлении разномасштабных компонентов: каменного выступа, лошади, тянущей голову к воде, неподвижной фигуры человека. В тектонике скульптуры читается кульминация непрерывного движения, обыгранная игрой объемов, наполненная искренностью и глубиной человеческого характера.

К концу XVIII века на Змеевском месторождении были построены все основные выработки. Среди них, прежде всего, следует отметить водоотливную Крестильную штольню, Екатерининскую, Преображенскую, Вознесенскую шахты. Змеиногорский рудник развивался одновременно в двух направлениях, составлявших единый комплекс: надземные постройки и подземное производственное пространство. От шахтных стволов для разметки руд прорубались горизонтальные выработки, боковые, отвесные и пологие углубления, служившие для разведки и подъема руды, штреки, кваршлаги (горизонтальная подземная выработка, не имеющая непосредственного выхода на поверхность земли), создавая, таким образом, разветвленную многоэтажную структуру подземного города, представляющую собой опрокинутую пирамиду. Вскоре сложное переплетение шахт и штолен, идущих под разными уклонами, стало напоминать запутанный лабиринт, в котором легко можно было заблудиться. К концу первой четверти XIX века глубина проходки рудника составила уже более двухсот метров.

На самых нижних этажах-горизонтах жили, работали и умирали, не выходя на свет, каторжники, в том числе и пугачёвцы. В среднем люди доживали лишь до 32 лет. Все было предусмотрено для жизни под землей, в том числе и церковь: вырубленная в стене камера была оборудована всеми церковными атрибутами (иконостас, крест из камня, иконы, лампады). К работе не приступали до тех пор, пока не помолятся в подземном храме. «Требы» совершались священником «сверху» – из церкви. Тяжкая жизнь была под горой – в горе не лозами били, а батогом. За сутки нужно было пройти 17 см. твердой породы. Люди часто слепли, потому что большую часть времени работали в темноте – выдаваемые свечи быстро прогорали. Хоронили их тут же в отвалах шахт.

История жизни и тяжкого труда горных рабочих взволновала алтайского художника, члена Союза художников И. М. Мамонтова с тех пор, как он прочитал повесть краеведа П. А. Бородкина «Тайна Змеиной горы», в которой писатель использовал рассказ рудознатца Ф. Лелеснова, отыскавшего серебряные руды на горе Змеевой. Художник вспоминает, как выполняя эскизы к картине, мысленно спускался в шахту, воображал своих героев дробящими руду, везущими тачки, помогающими друг другу, возмущающимися, проклинающими судьбу и жизнь, думающими об освобождении и пытающихся освободиться. В поисках натурного материала художник съездил в Змеиногорск, где воочию увидел цвет руды и каменных отвалов, заброшенные шахты, ползущих на коленях в шахты макеты каторжников и многое другое. Идея картины еще многие годы зрела в душе художника, прежде чем воплотиться в окончательном варианте.

Художник так описывает свое произведение: «Сюжет был прост, схема композиции традиционно-классическая; на мой взгляд, в раскрытии исторической темы именно такая и подходила, не требующая выдумывать что-то новое, необыкновенное. Для меня новизна – это взгляд на историю глазами современного человека. И я был уверен, что если правдиво отображу, что у меня на душе, как я все это вижу, представляю – будет волновать и убеждать других» [4, 36].

Работа над картиной длилась около двадцати лет, в течение которых было сделано два больших варианта, к каждому образу написано множество этюдов, нашлись ответы на все возникающие вопросы, от исторических до чисто профессиональных. В 1987 году картина была представлена на краевой выставке, посвященной пятидесятилетию Алтайского края.

В произведении «Исход. Секретнокаторжные горы Змеиной» каждый образ каторжника прочувствован автором, каждая деталь органически живет в едином содержании, создавая единое звучание полотна и позволяя зрителю не только сопереживать с автором о происходящем, но и наслаждаться всеми фактурными богатствами живописного полотна. Уставшие согбенные фигуры с руками, закованными в кандалы, словно окружены красно-кровавым ореолом догорающих свеч. Мрачные каменные своды давят на плечи измученных людей и подчеркивают отчаяние и безысходность дальнейшей жизни каторжан.

Жизнь и тяжкий труд секретных колодников, работающих на самых нижних горизонтах Змеевского рудника, нашли отражение в картине А. Николаева «Каторжники Змеевского рудника». Произведение наполнено глубоким чувством сопричастности автора к происходящим событиям. Фигуры, стоящих на коленях и закованных в кандалы, людей, тянущих тачки, доверху нагруженные рудой, окольцованы низким сводом каменного прохода. Тусклый свет свечи акцентирует психологическое состояние героев, выявляя ощущение усталости, обреченности и внутренней динамики. Эмоциональная насыщенность картины органично соединилась с исторической документальной достоверностью, где каждая деталь, каждая частность отражают историю змеевских рудников.

Таким образом, произведения алтайских художников отражают документальные образы сквозь призму времени, позволяя передать дух эпохи изображаемого события, и ярко свидетельствуют о горячем интересе и серьезном внимании к региональной истории, раздумьях о судьбах людей, тяжким трудом добывавших богатства России и оставивших след своих славных дел на Алтае. Реалистическая жизненность произведений, посвященных историческим событиям и фактам становления горнорудного дела, отражает современное понимание далекого прошлого и позволяет приблизиться к пониманию истории Горной Колывани.

Список литературы

1. Бородкин П. Тайна Змеиной горы. Барнаул. Алтайское книжное издательство. 1976. 112 с.
2. Документы и материалы. Док №8 //Серебряный венец России. Барнаул. 2003. 525 с.
3. Киселева Н.Е. Исторические мотивы в произведениях алтайских художников во второй половине XX – начале XXI в. // Известия АлтГу. Изд-во АлтГу. 2007. №4/3. С. 103-106.

4. Мамонтов И. М. Секретнокаторжные Змеева рудника // Ползуновские чтения. Барнаул. 1991. С. 35.
5. Паршков В. Г. Сибирские деятели науки и искусства XVIII-первой половины XIX вв. // Мир науки, культуры, образования. № 6 (18) 2009. С. 92-94

Галанин С.Ф.
кандидат исторических наук, доцент кафедры ИСО КНИТУ (КАИ)
им. А.Н. Туполева (г. Казань)

ПРАВОВОЕ РЕГУЛИРОВАНИЕ РЕКЛАМЫ В СФЕРЕ МЕДИЦИНЫ В РОССИИ ВО ВТОРОЙ ПОЛОВИНЕ XIX ВЕКА

Сфера медицинских услуг и лекарственных препаратов была предметом особого внимания контролирующих рекламу органов.

«Временные правила о печати», утверждённые 6 апреля 1865 г., стали фактически законом о печати, объединившим все прежние постановления о печати и цензуре и действовавшим с поправками до ноября 1905 г. Они освободили от предварительной цензуры только столичную периодическую печать. В провинции она сохранялась. Даже перепечатки из столичных бесцензурных газет подвергались цензуре «самым тщательным образом наряду с прочими газетными статьями» [7, 1]. Цензура касалась и всех рекламных объявлений, в том числе и в сфере медицинских, врачебных услуг и лекарственных препаратов. «Временные правила о печати» 1865 г. можно рассматривать как основной законодательный акт, регулирующий рекламу в России до 1905 г., так как первый в истории России «Закон о рекламе» появился только в 1995 г. Впрочем, в середине XIX века закона о рекламе не было ещё нигде в мире.

Объявления о медицинских средствах не могли появиться в свет без разрешения медицинских факультетов (в университетских городах), или врачебных управ (в тех губерниях, где не было вузов), или непосредственно медицинского департамента МВД [5, 17-19]. Ещё в 1842 г. министр внутренних дел определил, что все объявления, "имеющие отношение к народному здравию", не должны печататься "без разрешения медицинского начальства" [3, 235]. Предписывалось наблюдать, чтобы в них не было "ничего такого, что могло бы оскорбить чувство благопристойности и приличия"[3, 231]. Коммерсанты, предлагавшие сомнительные лекарства, пытались обойти особую медицинскую цензуру и давали свою рекламу наравне с прочей на утверждение полиции. Это потребовало в 1898 г. особого разъяснения казанского губернатора полицмейстеру и уездным исправникам: "Все объявления, относящиеся до врачебной части, не подлежат полицейской цензуре" [1, 59].

Согласно распоряжению Главного управления по делам печати от 24 июня 1868 г. (№ 1531) в объявлениях о лекарствах должны были содержаться только название и место продажи, без восхвалений, поскольку "чаще всего" они "носят шарлатанский характер". Но восхваления - один из важных элементов рекламы. Поэтому сообщения о лекарствах часто содержали обширный перечень болезней, от которых они помогают, отзывы излечившихся и т.п. Взяв "Казанский биржевой листок" за 1889 г., мы найдём в нём рекламу препаратов, которая ещё в циркуляре Главного управления по делам печати от 18 сентября 1875 г. (№ 4021) названа шарлатанской: о целительном экстракте Гоффа, о слабительном порошке Роже, о капсюлях Гюйо и Клертана и др. [1, 64] Но меры правительства дали определённые результаты - к 1889 г. объявления о них стали предельно лаконичными и содержали только название средства, место продажи и цену. Это, конечно, снизило число обманутых.

Совершенно законодательно были запрещены рекламные объявления в газетах и прочих периодических изданиях "о средствах, не бывших на рассмотрении медицинского совета МВД и не разрешённых к привозу из-за границы" [4, 225-226].

Но и эти установления, направленные на охрану здоровья народа, далеко не всегда соблюдались. Два циркуляра Главного управления по делам печати 1884 г. по данному вопросу подвигли казанского отдельного цензора в январе 1885 г. к возбуждению судебного преследования против редакторов "Казанского биржевого листка" и "Волжского вестника" "за противозаконное печатание объявлений врачей и дантистов". Нарушения были усмотрены в 25 из 153 номеров «Казанского биржевого листка» за 1884 г. и почти во всех успевших выйти в 1885 г. номерах «Волжского вестника». У мирового судьи обвиняемые в своё оправдание заявили, что "объявления о медицинских средствах печатались на общих основаниях, с разрешения полицмейстера ... и что они не знали о существовании правила, по которому для напечатания объявлений о медицинских средствах требуется разрешение местного врачебного отделения". Судья их оправдал [1, 1-7]. Губернатор приказал перенести дело на съезд мировых судей, но убедившись в сложности решения, отложил обращение [1, 1-6]. Налицо правовая неурегулированность вопроса о медицинской рекламе. В ряде случаев закон нарушали даже полицмейстеры, ставя под ней свою визу.

Неоднократно Главное управление по делам печати напоминало губернаторам, "чтобы всякого рода врачебные объявления, публикации врачей, дантистов, а также объявления о продаже косметических и других неврачебных средств" появлялись в прессе лишь после утверждения специалистами в лице местных врачебных управлений. После очередного напоминания в 1886 г. владельцы казанских типографий в обязательном порядке письменно подтвердили, что все "врачебные объявления" будут печатать "не иначе как по рассмотрении и утверждении таких объявлений Казанским Врачебным Управлением" [1, 4-6].

Врачи могли означать в своих объявлениях "лишь учёные степени, фамилии, специальность, место жительства и час приёма" без "всякого восхваления способов лечения" [6, 1]. Объявления врачей, где не назывались имя и учёное звание, а сообщалось только о месте и времени приёма, были запрещены [5, 20]. Эти меры должны были ограничить недобросовестную рекламу медиков, в ряде случае даже не имевших необходимого образования и квалификации.

С целью усиления борьбы с шарлатанской медицинской рекламой, объёмы которой с годами росли, и увеличения доходов казны 18 июня 1890 г. выходит новое постановление. Теперь объявления о лекарствах, получив одобрение Медицинского совета, должны были помещаться в "Правительственном вестнике", и только затем - в других изданиях без изменения формы и содержания. При каждой публикации в качестве сертификата соответствия указывался номер "Правительственного вестника", в котором напечатано данное объявление. Повторные публикации уже не требовали особого разрешения. Объявления о лечении больных могли быть напечатаны и без предварительного помещения в "Правительственном вестнике", но с "разрешения врачебного управления" [5, 20]. За соблюдением порядка следила цензура. В 1893 г. издателя "Волжского вестника" Н.В. Рейнгардта за изменение содержания рекламы одного лекарства (в № 147), по сравнению с содержанием объявления, размещённого в "Правительственном вестнике", предупредили, что в случае повторного нарушения газете будет запрещена публикация частных объявлений [1, 1-2].

Заключая, можно сказать, что медицинская реклама являлась сферой особого внимания правительства. Причина такого внимания - возможные тяжкие последствия для здоровья людей, доверившихся рекламе шарлатанских лекарств и неумелых целителей. Хотя в целом такое регулирование не носило системного характера, что порождало массу нарушений. Контроль за исполнением правительственных постановлений был слабым.

Список источников:

1. Национальный архив Республики Татарстан. Фонд 1. Опись 3. Дело 2340. 1870-1881. Л.64; Дело 6789. 1885. Л.1-7; Дело 6780. 1885-1886. Л.21-21об.; Дело 7063. 1886. Л.4,6; Дело 8683. 1891. Л.1-6; Дело 11433. 1898. Л.59.
2. Сборник постановлений и распоряжений по делам печати с 5 апреля 1865 г. по 1 августа 1868 г. - СПб.,1868.
3. Сборник постановлений и распоряжений по цензуре с 1720 по 1862 г. - СПб.,1862.
4. Сборник узаконений и распоряжений правительства по делам печати. - СПб., 1878.
5. Устав о цензуре и печати. - СПб.,1900.

6. Циркуляр Главного управления по делам печати от 10 января 1883 г. № 296. (Национальный архив Республики Татарстан. Фонд 1. Опись 3. Дело 5996. 1883. Л.7-7об.).

7. Циркуляр Главного управления по делам печати. 1 июня 1899 г. № 4031. Национальный архив Республики Татарстан. Фонд 1. Опись 3. Дело 12152. 1899. Л.49.).

Гафурова В.М.
к.и.н., доцент
Магнитогорский государственный
технический университет им. Г.И. Носова
институт экономики и управления
кафедра ГМУ и УП
gvm_65@mail.ru

ПОЛИТИКА АРЕНДЫ В УСЛОВИЯХ НЭПА: ОСОБЕННОСТИ И ДЕФЕКТЫ (ПО МАТЕРИАЛАМ УРАЛЬСКОГО РЕГИОНА)

Гражданская война и политика «военного коммунизма» дезорганизовали экономику страны, разрушили техническую базу промышленности. Наибольшие потери понесла уральская промышленность: было разрушено около 70% предприятий. Потери, по неполным данным, оценивались в 539 млн. золотых рублей[3.361]. Систематическое снижение производства привело к тому, что Урал по объемам выплавки чугуна был отброшен к уровню 70-х гг. XVIII века. После завершения гражданской войны промышленное производство продолжало стремительно падать. В марте 1921 года на Урале были остановлены мартеновские и прокатные цеха на Аша-Балашовском, Усть-Катавском, Миньярском и Златоустовском заводах[5.177]. Аналогичная картина наблюдалась и в других промышленных районах. Так, например, в Петрограде встали 64 предприятия, среди них такие гиганты как Путиловский и Сестрорецкий заводы[5.177]. В этих условиях необходимо было в кратчайшие сроки запустить производство. Начался поиск путей выхода из сложившейся ситуации.

Поиск проходил в рамках новой экономической политики, предполагавшей сочетание основ централизованно-планового механизма и рыночных элементов, что предполагало, во-первых, проведение отбора предприятий с точки зрения эффективности и экономической важности. Во-вторых, привлечение частной инициативы в промышленность путем сдачи недействующих или слабо действующих предприятий в аренду. Но при этом государство с самого начала рассматривало аренду как механизм ограничения частной инициативы в промышленности.

При выработке новых организационных форм управления промышленностью было принято решение о том, что в аренду могут и должны сдаваться предприятия, которые не могут быть обеспеченны основными элементами производства, при гарантии получения удовлетворительного производственного эффекта и сохранения основного капитала. А наиболее сохранные и крупные предприятия тех отраслей, которые могли развиваться в соответствующих российских условиях, сохранялись за государством [4; 2]. Фактическая реализация поставленной задачи на местах была возложена на ГСНХ, которые осуществляли непосредственное управление промышленностью на местах. И самой важной проблемой для них было правильно оценить состояние хозяйства губернии и выделить предприятия, подлежащие сдаче в аренду. При этом сразу же были определены основные критерии отбора предприятий – техническая оснащенность предприятия. Наиболее важные, технически оборудованные предприятия составляли 15% от общего числа[6.6], остальные для государства интереса не представляли.

Право хозяйственных органов сдавать предприятия в аренду, законодательно было закреплено Декретом от 5 июля 1921 года. Особенностью было то, что сдача предприятий в аренду на Урале началась до принятия Декрета. Причиной этого было тяжелое экономическое положение в регионе.

Для реализации политики аренды уральские ГСНХ обладали крайне слабым аппаратом. Арендных отделов не было, юрисконсультские отделы не имели достаточного количества квалифицированных специалистов, а главное, они не чувствовали ответственности за возложенные на них функции. В тоже время центр и места уделяли вопросам аренды слишком мало внимания. ВСНХ ограничился рассылкой только одной инструкции и проекта типового договора. Облэкосо и Губэкосо со своей стороны сделали в этом направлении тоже очень мало.

Так, например, Пермский ГСНХ, рассматривая вопрос о сдаче в аренду предприятий, принял решение, что в каждом отдельном случае передача будет осуществляться по особому договору[7]. УфГСНХ разработал правила сдачи предприятий в аренду, в которых были относительно четко определены права и обязанности арендаторов. Согласно правилам, арендаторы получали достаточно большой объем прав. Они могли самостоятельно решать вопрос о назначении администрации на предприятии, устанавливать внутренний регламент работы, определять объемы производства, свободно распоряжаться произведенной продукцией, за исключением той части, которая подлежала отчислению в пользу государства. ЧГСНХ принял общее положение об аренде. В соответствии с этим «Положением» сдача предприятий в аренду в губернии началась позже, чем в других губерниях Урала (в августе 1921 года) [8]. ТюмГСНХ брал на себя обязательства постоянно снабжать сырьем в больших количествах арендаторов, особенно это касалось предприятий кожевенной промышленности.

Активное распространение аренды поставило на повестку дня вопрос о создании специальных подразделений при губернских хозяйственных органах. Губернский промышленный съезд, состоявшийся в октябре 1921 года, рассмотрел вопрос о необходимости перестройки аппарата ГСНХ по управлению промышленностью в условиях НЭПа и принял решение о создании отдела аренды при ГСНХ [9].

Эти факты привели к серьезным дефектам в арендной политике на Урале. Во-первых, в большинстве губерний предприятий сдавались в аренду без торгов в порядке соглашения Президиума ГСНХ с арендатором. Сырье передавалось без своевременного и точного учета. Во-вторых, из-за отсутствия технических возможностей и специалистов, практически не осуществлялся контроль за предприятиями, сданными в аренду, поэтому ни один арендатор не внес причитающуюся с него арендную плату. В-третьих, все договоры были составлены по несовершенной схеме, крайне неполной и настолько неряшливой по редакции, что они не всегда могли рассматриваться как юридический документ и естественно, многие арендаторы считали необязательным выполнение его условий. В-четвертых, ряд пунктов договоров содержали такие моменты, которые открывали широкие перспективы для спекуляции и являлись прямым нарушением существующих на тот момент законов. Так же в архивных фондах фактически нет договоров - подлинников, так как они не сдавались в ГСНХ. Этот факт свидетельствует о том, что дело сдачи предприятий в аренду находилось в хаотичном состоянии и подписанные документы не могли рассматриваться как официальные.

Таким образом, разнобой при сдаче предприятий в аренду, показатель того, что еще не было разработано четкого механизма защиты государственных интересов.

С августа 1921 по май 1922 года в пяти губерниях Урала к сдаче в аренду было намечено 721 предприятие, из них в аренду фактически было сдано 162 (т.е. 22%) [1].Все эти цифры свидетельствуют о том, что аренда была не очень популярна, надежды, возлагаемые на аренду, не оправдались. И в целом политика аренды оказалась неудачной в целом.

Литература

1. Вильдер. Что дала нам аренда //Уральский рабочий, 1922. 18 июня
2. Известия Челябинского Губкома РКП(б), 1921. №29-30.
3. Очерки истории коммунистических организаций Урала. Свердловск, 1971. Т.1.
4. Российский Государственный архив экономики (РГАЭ). Ф.3429. Оп.1. Д.2172.
5. Рыков А.И. Избранные произведения. М., 1990.
6. Теумин Я. Характеристика деятельности Губэкосо //Известия Екатеринбургского губернского комитета РКП (б). 1921. №11.
7. Уральский рабочий, 1921. 30 июля
8. Уральский рабочий, 1921. 20 сентября
9. Уральский рабочий, 1921. 19 октября

Реймер М.В.
Волгоградский государственный медицинский университет
mashaliru@yandex.ru

ОСОБЕННОСТИ ГЕРМЕНЕВТИЧЕСКОГО ПОДХОДА В БИОЭТИКЕ

В основе герменевтического направления в биоэтике лежат идеи французского философа Поля Рикёра, который предлагает рассматривать разумное действие как текст, к которому можно применить основные правила герменевтического метода [1]. Таким образом, герменевтическое направление в биоэтике рассматривает биомедицинское действие как текст, который становится объектом его диалектического объяснения и понимания. Данная статья анализирует вовлечение сторон, участвующих в решении биоэтической проблемы, в контекст. В центре внимание находится не само понятии контекста, а этическое и культурное сознание участников, которые должны понимать, что их участие в биомедицинском действии имеет этический и культурный смысл.

Герменевтический подход можно определить как исследовательский подход, в котором этическая креативность участников исходят из интерпретации действия. Такой подход, по мнению Бруно Кадоре, является частью определения биоэтики как «междисциплинарного метода критичного разъяснения значения и пределов биомедицинских инноваций с целью дать возможность участникам обладать этическим знанием о связи людей с болезнями и здоровьем»[2].

Необходимо отметить, что стороны, участвующие в решении биоэтической дилеммы, должны принимать во внимание психологические и социальные аспекты, которые не относятся напрямую к биомедицинскому действию. Особое внимание следует обратить на антропологический аспект, то есть необходимо учитывать культурный смысл реализации функции медицины.

Размышляя о биоэтике с учетом вышесказанного, можно говорить о процессе «исследование-действие». Этот процесс предоставляет средства для критической рефлексии об условиях этической креативности различных сторон и приводит к новому уровню ответственности, который описывается, исходя из свойств ясности биомедицинского действия. Если биоэтическое решение является центральным моментом обеспечения логики действия, то ответственность устанавливается в отношении этой логики, которая фактически определяет этичность действия. Так как биомедицинское действие увеличивает сферу ответственности, необходимо не только оценивать решение само по себе, но и ответственность медицины, которая способствует направлению этого действия.

Биомедицинское действие также дает некие представления, которые интерпретируются. Среди этих интерпретаций развиваются определенные концепции человеческой жизни и культуры, что тоже является предметом ответственности. Поэтому следует не только содействовать повышению уровня медицины, но и содействовать интеграции медицины в сферу общечеловеческих и культурных ценностей.

Данный подход отличается от нормативного подхода и приводит к критическому отношению к нормативности. Благодаря нему медицина принимает антропологическое и культурологическое значение. Это значение является общим для лечения и ухода за больными людьми, оно так же четко указывает на культурную и социальную роль медицины.

В соответствии с этим, целью герменевтического подхода является разработка интерпретации биомедицинского действия таким образом, чтобы прояснить моменты, в которые включена ответственность сторон. Данный метод при анализе ситуации предполагает установить дистанцию, при которой этот подход приводит к герменевтике созидания ответственности. Он включает в себя повествование о ситуации. Для того, чтобы рассказать о сложных обстоятельствах, которые привели к фрустрации и растерянности, необходимо время. Проговаривание ситуации предоставляет средства для объективизации ее различных определяющих элементов. Такая дистанция позволяет выявить субъективные реакции. Метод также включает изучение этичности действия. Биомедицинское действие возможно прочитать различными способами так, чтобы суметь идентифицировать элементы, которые являются частью его этичности.

Существуют три важных способа прочтения биомедицинского действия, помогающих установить дистанцию. Во-первых, определяется важность ответственности в отношении лечения, рассматривается баланс между объективностью организма и субъективностью пациента. Анализируется, как страдание и лечение могут помочь человеку описать свою болезнь в собственной истории.

Во-вторых, выясняются ограничения. Существуют различные ограничения в проблемных ситуациях биоэтического характера: ограничения самой болезнью, жизненным опытом пациента и его окружением, ограничения лечебным учреждением, социальными нормами, политической ситуацией. Сталкиваясь с этими ограничениями, необходимо не отрицать их, а напротив, осознать их и суметь проявить креативность.

В-третьих, установление дистанции требует принять во внимание связь со временем. Предполагается, что срочность решения в клинической практике часто возникает по причине того, что действие не рассматривается с точки зрения связи участвующих лиц (пациент, команда врачей, лечебное учреждение, политика в области здравоохранения) со временем. Зная об этом, участники могут продолжать свою креативную деятельность, не сомневаясь в том, что она может потерять значимость в развитии ситуации. Третий путь установления дистанции – это воспоминание о ситуации, размышления о медицинских функциях, которые выполнила команда медицинских работников в данной ситуации. Часто медицинские работники чувствуют, что, они могут сделать все возможное в своей практике, но у нет власти над общей направленностью, возложенной на них. Устанавливая дистанцию с принятыми решениями, команда медицинских работников может подвергать сомнению соответствие принятых решений с человеческими и культурными ценностями.

Таким образом, герменевтический подход в биоэтике не только помогает правильному решению биоэтической ситуации, но и содействует этической и культурной осознанности ее участников.

Литература

1. Ricoeur P. Le modele du texte: l'action sensee consideree comme un texte, in Du texte a l'action. Essais d'hermeutique II, Coll. Points- Essais, Paris, 1986. – 205-235 p.
2. Bruno Cadore. A hermeneutical approach to clinical bioethics// Clinical bioethics. A search for foundation. Corrado Viafora (Ed). Vol. 26 —The Netherlands: Springer, 2005. —23-61 p.

Хардиков А.В.

доцент кафедры акушерства и гинекологии, д. м. н., Курский
государственный медицинский университет, Россия.

Юзбашева А.И.

студентка 5 курса лечебного факультета, Курский государственный
медицинский университет, Россия.

НОВЫЕ ПОДХОДЫ К ПОВЫШЕНИЮ ЭФФЕКТИВНОСТИ ЛЕЧЕНИЯ КЛИМАКТЕРИЧЕСКОГО СИНДРОМА

Климактерический синдром (КС) – это «...своеобразный симптомокомплекс, осложняющий естественное течение климактерия. Он характеризуется нейропсихическими, вазомоторными нарушениями, возникающими на фоне возрастных изменений в организме» [3,241]. Обычно к возрасту наступления климакса накапливаются сопутствующие заболевания, что с одной стороны усиливает его патологическое течение, а с другой - затрудняет лечение. Пациенткам приходится принимать большое количество препаратов, что не всегда безопасно для организма, при этом результат лечения часто оказывается недостаточным. Наиболее эффективным является применение гормональных препаратов, однако для них существуют противопоказания. Поэтому разработка эффективных альтернативных методик лечения КС продолжает оставаться актуальной.

Целью исследования явилось изучение эффективности применения гирудотерапии в сочетании с негормональными препаратами при КС.

Пациенты и методы. Обследовано 38 пациенток 48 – 54 лет со средней степенью тяжести КС, которые разделены на 2 группы, сопоставимые по характеру сопутствующей соматической и гинекологической патологии, возрасту, имевшие противопоказания для гормональной терапии.

1 группа - 22 пациентки, получавшие для лечения КС негормональные препараты: Климадинон, Ременс, Климаксан, Климактоплан в стандартных дозировках, седативные, витамины. Лечение соматической патологии проводили согласно стандартам. Соматическая патология в группе представлена артериальной гипертензией (12), варикозной болезнью (5), сахарным диабетом (2), остеохондрозом шейного отдела позвоночника с вестибулопатией и цефалгией (10), пояснично-крестцового отдела (12), хроническим холециститом (6). Гинекологическая патология представлена миомой матки (11), фиброзно-кистозной мастопатией (6).

2 группа – 16 пациенток, у которых этиопатогенетическая медикаментозная терапия соматической патологии и КС проводилась аналогично, но была дополнена курсом гирудотерапии.

Соматическая патология в данной группе представлена артериальной гипертензией (11), варикозной болезнью(4), сахарным диабетом (2), остеохондрозом шейного отдела позвоночника с вестибулопатией и цефалгией (9), пояснично-крестцового отдела (11), хроническим холециститом(3). Гинекологическая патология представлена миомой матки (6), фиброзно-кистозной мастопатией (5).

Основанием для использования гирудотерапии в лечении КС явилось доказанное положительное влияние метода на гемодинамику[2,64,65], метаболические процессы, систему гемостаза [1, 68-71].

Лечение проводили по оригинальной методике, используя на одну процедуру 4-6 пиявок. Количество процедур 10-15 с интервалом 3-7 суток. Области воздействия: сосцевидные отростки, периаурикулярные зоны, проекция щитовидной железы, печени грудина, шейный и пояснично-крестцовой отделы позвоночника, копчиковая, перианальная зоны, нижние отделы живота. Курс лечения подбирался индивидуально (точки, количество, интервал между процедурами). Продолжительность курса - 2-3 месяца. Для оценки эффективности лечения использованы общеклинические методы, реоэнцефалография, опросник на основе индекса Купермана в модификации Е.В. Уваровой. [4,163,164]. Обследование проводили до лечения и после курса гирудотерапии.

Результаты. Средний возраст пациенток в сравниваемых группах не имел существенных различий и составил: в 1 группе 50,3±1,9 года, во 2 – 51,1± 2,1 года. Продолжительность клинических проявлений КС - 1,2± 0,3 года и 1,5±0,4 года соответственно. У 11 (50,0%) пациенток 1 группы и 7 (43,8%) пациенток 2 группы отмечался нерегулярный менструальный цикл, у 6 (27,3%) и (25,0%) пациенток соответственно в течение последних 6 - 9 месяцев менструации отсутствовали, а 5 (22,7%) пациенток 1 группы и 4 (25,0%) – 2 группы находились в постменопаузе.

Частота и выраженность нейровегетативных клинических проявлений КС в исследуемых группах до и после лечения представлены в таблице 1. Курс гирудотерапии в большей степени (p≤0,05) способствует уменьшению частоты и степени выраженности артериальной гипертензии, обусловленной патологическим климаксом. У 12,5% пациенток с климактерической гипертензией после курса гирудотерапии отмечена нормализация артериального давления, чего не наблюдалось при стандартном лечении. Частота спорадических головных болей и вестибулопатий после лечения более существенно уменьшилась у пациенток 2 группы: на 68,75% и на 56,25% соответственно по сравнению с 27,3% и 15,2% у пациенток 1 группы (p≤0,05). Снижение частоты сердцебиения в покое также было более выраженным после курса гирудотерапии – на 75,0% по сравнению с 36,4% при стандартном лечении (p≤0,05). У пациенток 1 группы плохая переносимость высоких температур и зябкость уменьшились только на 13,6%, в то время как после гирудотерапии данные симптомы регрессировали у 56,25% (p≤0,05). Чрезмерная потливость также более значительно уменьшалась после курса лечения с применением пиявки – на 50,0%, при стандартном лечении – на

12,8% (p≤0,05). После лечения склонность к отекам у пациенток 1 группы снизилась всего на 4,6%, во 2 группе уменьшение частоты данного симптома составило 31,25% (p≤0,05). В 1 группе лечение позволило устранить повышенную возбудимость и нарушения сна только у 22,7% пациенток, во 2 группе положительный эффект был более выражен – 56,25% (p≤0,05). Частота приливов жара в течение суток снизилась в 1 группе на 31,8% во 2 группе – на 62,5% (p≤0,05).Частота приступов спонтанного удушья более значительно уменьшилась у пациенток, получавших лечение пиявками - на 56,25%, в то время как в 1 группе - только 22,7% (p≤0,05).

Таблица 1

Частота и выраженность нейровегетативных клинических проявлений КС до и после лечения в сравниваемых группах (%).

Показатель	1 группа n=22		2 группа n=16	
	До лечения	После лечения	До лечения	После лечения
Повышение АД	100%	77,2%	100%	50,0%*
Головная боль	100%	72,7%	100%	31,25%*
Вестибулопатии	81,8%	63,6%	87,5%	31,25%*
Приступы сердцебиения в покое	100%	63,6%	100%	25,0%*
Плохая переносимость высоких температур	100%	86,4%	100%	43,75%*
Зябкость, ознобы	100%	86,4%	100%	43,75%*
Потливость	100%	77,2%	100%	50,0%*
Склонность к отекам	45,5%	40,9%	50,0%	18,75%*
Повышенная возбудимость	100%	77,3%	100%	43,75%*
Нарушение сна	100%	77,3%	100%	43,75%*
Приливы жара в течение суток≥5	100%	68,2%	100%	37,5%*
Приступы удушья в неделю≥3	100%	77,3%	100%	43,75%*
Симпатоадреналовые кризы	50,0%	40,9%	43,75%	25,0%*

* p≤0,05

Стандартное лечение всего на 9,1% позволило снизить частоту симпатоадреналовых кризов, курс гирудотерапии - на 18,75% (p≤0,05).У пациенток 2 группы отмечено более существенное уменьшение частоты и выраженности психоэмоциональных нарушений, обусловленных патологическим течением климакса (Таблица 2). Увеличение работоспособности и снижение утомляемости отметили 27,3% пациенток 1 группы и 68,75% пациенток 2 группы (p≤0,05). Улучшение памяти и снижение рассеянности имело место у 31,8% и 62,5% пациенток соответственно (p≤0,05). Частота раздражительности, плаксивости после курса гирудотерапии уменьшилась более существенно: на 62,5% по сравнению с 36,4% у пациенток, получавших стандартное лечение (p≤0,05).

Таблица 2

Частота и выраженность психоэмоциональных клинических проявлений КС до и после лечения в сравниваемых группах (%).

Показатель	1 группа n=22		2 группа n=16	
	До лечения	После лечения	До лечения	После лечения
Снижение работоспособности, утомляемость	100%	72,7%	100%	31,25%*
Рассеянность, снижение памяти	100%	68,2%	100%	37,5%*
Раздражительность, плаксивость	100%	63,6%	100%	37,5%*
Снижение либидо	54,5%	54,5%	50,0%	31,25%*
Навязчивые мысли, состояния (мнительность, страхи и т.д.)	63,6%	50,0%	62,5%	25,0%*

* p≤0,05

Стандартное лечение не оказывало влияния на измененное либидо, курс гирудотерапии обеспечивал повышение либидо у 18,75% пациенток со сниженным половым влечением (p≤0,05). Стандартное лечение позволило купировать или уменьшить степень выраженности навязчивых мыслей и состояний (мнительность, страхи и т.д.) только у 13,65% пациенток. Проведение курса гирудотерапии обеспечило положительный эффект у 37,5% пациенток, имевших данные нарушения (p≤0,05). При использовании гирудотерапии отмечен более выраженный регресс урогенитальных симптомов, связанных с климаксом по сравнению со стандартным лечением (таблица 3). В 1 группе не уменьшилась частота сухости, жжения во влагалище, курс гирудотерапии снижал частоту данных симптомов на 6,25% (p≤0,05). Частота диспареунии и цисталгии у пациенток 2 группы также снижалась более существенно, чем в 1 группе:

на 11,5% и 25,0% и 4,6% и 4,6% соответственно (p≤0,05). В обеих группах не произошло положительных изменений при недержании мочи.

Таблица 3

Частота и выраженность урогенитальных клинических проявлений КС до и после лечения в сравниваемых группах (%).

Показатель	1 группа n=22		2 группа n=16	
	До лечения	После лечения	До лечения	После лечения
Сухость, зуд, жжение во влагалище	27,3%	27,3%	25,0%	18,75%*
Диспареуния	40,9%	36,3%	37,5%	25,0%*
Цисталгия	45,5%	40,9%	37,5%	12,5%*
Недержание мочи	9,1%	9,1%	12,5%	12,5%

* p≤0,05

При реоэнцефалографии до лечения у всех пациенток с КС отмечались выраженные изменения мозгового кровотока: межполушарная асимметрия, снижение пульсового кровенаполнения, повышение тонуса артериол и прекапилляров, увеличение периферического сопротивления, затруднение венозного оттока. Данные изменения в большей степени были выражены в бассейне позвоночных и в меньшей – в бассейне сонных артерий. После лечения положительная динамика у пациенток 1 группы была незначительной. Во 2 группе положительные изменения были достоверно значимыми (p≤0,05) и более выражены в бассейне позвоночных артерий. Отмечено улучшение венозного оттока, снижение периферического сопротивления, тонуса приводящих сосудов и прекапилляров, нивелировалась межполушарная асимметрия.

Курс гирудотерапии оказал положительное влияние на течение соматической патологии: у пациенток с сахарным диабетом была снижена дозировка сахароснижающих препаратов, отмечено уменьшение признаков хронической венозной недостаточности при варикозной болезни. При артериальной гипертензии после курса гирудотерапии были снижены дозировки гипотензивных препаратов. При остеохондрозе отмечено уменьшение клинических симптомов и отсутствие рецидива более 6 месяцев.

Полученные результаты свидетельствуют о высокой эффективности гирудотерапии в лечении нейровегетативных, психоэмоциональных и урогенитальных проявлений КС.

Литература

1.Хардиков, А.В, Газазян М.Г. Гирудотерапия в лечении хронических сальпингоофоритов. /—Курск: ГОУ ВПО КГМУ Росздрава, 2008.— 116 с.

2.Хардиков, А.В., Газазян М.Г. Эффективность коррекции тазовой гемодинамики методом гирудотерапии у пациенток с хроническим сальпингоофоритом // Системный анализ и управление в биомедицинских системах. — 2010. — Т. 9. — № 1. — С. 64-66.

3. Сметник В.П., Тумилович Л.Г. Неоперативная гинекология: Руководство для врачей. - М.: Медицинское информационное агентство, 2002. – 591 с.

4.Гинекология. Руководство для врачей. / Под ред. Серова В.Н., Кира Е.Ф. – М.: Литтерра, 2008. - 840 с.

Хардиков А.В.

доцент кафедры акушерства и гинекологии, д. м. н., Курский
государственный медицинский университет, Россия

Петров С.В.

к. м. н., Россия, Курск, городская больница №6

Лядвин А.Ю.

студент 4 курса лечебного факультета, Курского государственного
медицинского университета, Россия

МОРФОФУНКЦИОНАЛЬНЫЕ ИЗМЕНЕНИЯ ПЛАЦЕНТЫ ПРИ НЕОСЛОЖНЕННОМ ПИЕЛОНЕФРИТЕ У БЕРЕМЕННЫХ

В последние годы в России отмечен существенный рост заболеваемости пиелонефритом, частота которого достигает 11,6% [1,51]. Доказана значимая роль данного заболевания в возникновении осложнений беременности, родов и пуэрперального периода. Однако пути реализации повреждающего воздействия до настоящего времени исследованы недостаточно.

Цель исследования: выявить характер морфологических и функциональных изменений плаценты при неосложненном пиелонефрите беременных.

Проведен анализ течения беременности и родов у 300 пациенток с неосложненным пиелонефритом (группа 1). Контрольную группу (2) составили 50 здоровых женщин без инфекционных процессов во время беременности. Пациентки были в возрасте от 19 до 35 лет, медиана составила 26,1±0,5 года; у всех беременность была одноплодной и завершилась срочными родами живым плодом без пороков развития. Проведено комплексное обследование, включающее клинические, лабораторные и инструментальные методы. Диагностика пиелонефрита включала данные анамнеза, клинического, лабораторного исследования мочи (общий анализ, анализ по Нечипоренко), крови (общий анализ, креатинин) ультразвукового исследований (аппарат Aloka 3600). Морфофункциональное исследование плаценты включало допплерометрическое исследование маточно-плацентарно-плодового кровотока в 3-м триместре беременности; оценку плода при рождении по шкале Апгар; оценку массы плода при рождении и морфологическое исследование последа, включавшее макроскопическое, морфометрическое и гистологическое исследования.

Данные морфологического исследования последов согласно классификации Цинзерлинга В.А. и Мельниковой В.Ф. (2010) [2] подразделялись на 4 группы: зрелая плацента, послед с воспалительными изменениями, компенсаторно-приспособительными и инволютивно-дистрофическими изменениями.

Статистическая обработка результатов проводилась с использованием программы «STATISTICA V 6.0» методом вариационной статистики с использованием критерия Фишера-Стьюдента (t). Статистически достоверными принимались различия при p<0,05.

Результаты. Нарушение фетоплацентарного кровотока различной степени выраженности диагностированы у 42,0% пациенток с пиелонефритом, в контрольной группе – только в 12,0% случаев. Преждевременная частичная отслойка плаценты (хориона) во время беременности или родов в группе 1 встречалась в 16,0 % случаев, в группе 2 в 2,0% случаев.

Средняя масса новорожденных при рождении составила 3269±40,5 граммов в 1 группе и 3382±38,1 грамма в группе сравнения (p≥0,5). Средняя оценка состояния новорожденного по шкале Апгар в группе 1 составила 7,2±0,2 балла, в контрольной 9,4±0,4 балла (p≤0,05). Неонатальная смертность отсутствовала в обеих группах.

При макроскопическом исследовании плаценты после родов получены следующие результаты. У пациенток исследуемой группы толщина плаценты в средней части менее 1.5 см выявлена в 39,0% случаев, а более 3,5 см – в 41,0%. В контрольной группе аналогичные показатели составили 14,0% и 10,0% соответственно. Средняя масса плаценты у здоровых пациенток (2 группа) составила 513,4±18,6 г. При наличии хронического пиелонефрита средняя масса плаценты составила 587±27,6 грамма (p<0,05). У пациенток 1 группы петрификаты, очаги инфарктов в плаценте имелись в 54,0%, в контрольной группе – в 12,0% случаев. Длина пуповины у пациенток с хроническим пиелонефритом была существенно меньше, чем у здоровых пациенток – 53,4±2,3 см и 62,2±2,6 см (p<0,05).

Нормальная гистоструктура плаценты с отсутствием патологических изменений в ней, а также в оболочках и пуповине была у 21,0%, пациенток с хроническим пиелонефритом, в контрольной группе – в 62,0% случаев.

У 31,0% пациенток с хроническим пиелонефритом выявлены воспалительные изменения в последе, включавшие лейкоцитарную инфильтрацию, обширные поля фибриноида в амниотических оболочках; лейкоцитарную инфильтрацию стенок сосудов пупочного канатика и прилегающего к ним вартонова студня (фуникулит); в плаценте - отек стромы, пролиферацию эндотелия сосудов с сужением их просвета, наличие в стволовых ворсинах лейкоцитарной инфильтрации, увеличение количества соединительнотканных элементов; выраженное отложение фибриноида в межворсинчатых пространствах, эндоваскулит. В контрольной группе аналогичные изменения обнаружены только в 8,0% случаев.

Компенсаторно-приспособительные изменения в виде нарушения созревания ворсин, выраженной васкуляризации ворсин, увеличения числа терминальных ворсин, истончения синцитиотрофобласта, образования синцитиальных почек, синцитиокапиллярных мембран при нормальном просвете сосудов диагностированы у 26,0% пациенток с хроническим пиелонефритом. В контрольной группе – в 17,0% случаев.

У 22,0% пациенток с хроническим пиелонефритом при гистологическом исследовании в плаценте выявлены инволютивно-дистрофические изменения: уменьшение межворсинчатых пространств, наличие афункциональных зон, гиалиноз, склероз и кальциноз стромы терминальных ворсин с утолщением стенок и уменьшением просвета артерий, очаги фибриноидного некроза, инфаркты, ишемии, кисты. В контрольной группе вышеописанные изменения обнаруживались значительно реже – в 13,0% случаев.

Полученные результаты свидетельствуют о неблагоприятном влиянии хронического пиелонефрита на формирование и функционирование фето-плацентарного комплекса, который и является одной из главных мишеней во время беременнности. В 79,0% случаев при наличии пиелонефрита выявляются структурные изменения плаценты, а практически у каждой третьей пациентки с хроническим пиелонефритом, даже при его неосложненном течении, в плаценте имеются воспалительные изменения, что свидетельствует о высоком риске реализации внутриутробного инфицирования в клинически выраженные формы у плода или новорожденного. Наличие компенсаторно-приспособительных и инволютивно-дистрофических изменений в плаценте свидетельствует о длительном неблагоприятном воздействии хронического воспаления в мочевыделительной системе на плацентарный комплекс. Пиелонефрит увеличивает риск преждевременных родов, плацентарной недостаточности, преждевременного излития околоплодных вод и хориоамнионита [3,82]. Перинатальная смертность при наличии неосложненного пиелонефрита достигает 28,0% [4,16]. Реализация всех этих осложнений происходит в основном через повреждение плацентарного комплекса.

Полученные результаты обосновывают необходимость проведения прегравидарной подготовки у пациенток с хроническими воспалительными заболеваниями мочевыделительной системы, а также тщательного наблюдения за формированием и функционированием фето-плацентарного комплекса и проведения адекватных лечебных мероприятий для снижения степени неблагоприятного влияния данного заболевания на течение беременности и ее исход.

Литература

1. Кокая, А.А. Особенности фетоплацентарной системы и состояние плода у беременных с хроническим и гестационным пиелонефритом / А. А. Кокая, А.Ф. Добротина, Н.А Егорова // Вестник ВолгГМУ. - 2003.-№1.-С.51-55.

2. Цинзерлинг, В.А. Перинатальные инфекции. (Вопросы патогенеза, морфологической диагностики и клинико-морфологических сопоставлений). Практическое руководство / В.А. Цинзерлинг, В.Ф. Мельникова. - СПб.: Элби СПб, 2002.-352 с.

3. Гуменюк, Е. Г. Современные подходы к профилактике и лечению инфекций мочевыводящих путей во время беременности / Е.Г. Гуменюк // Журнал акушерства и женских болезней. - 2005. том LIV выпуск 4.-С.81-87.

4. Бабаев, В. А. Показатели центральной гемодинамики и сократительной функции миокарда в процессе родов у пациенток с хроническим вторичным пиелонефритом / В.А. Бабаев, Н.М. Мазурская, И.Г. Никольская, Т.Г. Тареева // Российский Вестник акушера-гинеколога. - 2003.-№3.-С.15-19.

Прокопюк О.С.
ст.н.с., к.м.н. Институт проблем криобиологии и криомедицины
НАН Украины (г. Харьков)

Роенко А.А.
аспирант Институт проблем криобиологии и криомедицины
НАН Украины (г. Харьков)

Прокопюк В.Ю.
ст.н.с., к.м.н. Институт проблем криобиологии и криомедицины
НАН Украины   (г. Харьков)

Чижевский В.В.
ст.н.с., к.б.н. Институт проблем криобиологии и криомедицины
НАН Украины (г. Харьков)

НИЗКОТЕМПЕРАТУРНЫЙ БАНК ПЛАЦЕНТАРНЫХ БИООБЪЕКТОВ: НАУЧНЫЕ ПЕРСПЕКТИВЫ РАЗВИТИЯ В СФЕРЕ МЕДИЦИНСКИХ БИОТЕХНОЛОГИЙ

Возникновение, становление и разработка принципов функционирования низкотемпературных банков биологических объектов неразрывно связано с успехами криобиологических исследований. Развитие криобиологии в середине XX столетия способствовало выяснению основных механизмов криоповреждения биологических структур, развитию принципов криозащиты и созданию криоконсервованных биообъектов, которые после деконсервации сохраняли в определенной мере свои витальные характеристики. [1,768; 6,343].

Экспериментальное и клиническое использование криоконсервированных биологических объектов в свою очередь обусловило стремительное развитие в мире сети низкотемпературных банков различной специализации и криобанков плацентарных биообъектов в частности.

Фундаментальные научные исследования, проводимые сотрудниками Института проблем криобиологии и криомедицины НАН Украины (г. Харьков) стали основой для разработки эффективных программ низкотемпературного консервирования и способствовали созданию запасов долгосрочно хранящихся биологических материалов в широком видовом диапазоне: от растений и бактерий – до клеток и тканей теплокровных организмов [1,469; 5,25;7,63].

С 1983 года в институте разрабатываются биотехнологии создания криоконсервированных объектов плацентарного происхождения. Исследование криочувствительности плацентарной ткани, амниотической и хориальной оболочек последа, компонентов кордовой крови позволило разработать конкретные методы криоконсервирования указанных видов плацентарного материала [2,268; 3,292]. Были определены информативные показатели сохранности замороженного биоматериала, а также созданы адекватные методы оценки степени сохранности криоконсервированных объектов плацентарного происхождения [3,292]. Проведенные нами исследования показали, что предложенные криотехнологии обеспечивают высокую морфофункциональную сохранность плацентарных биообъектов.

Данные научные разработки позволили создать и заложить на долгосрочное низкотемпературное хранение криоконсервированные биопрепараты: синцитиотрофобластические фрагменты плаценты, гетерогенную суспензию клеток плаценты, первичную органотипированную культуру плаценты, криоэкстракт плаценты, фрагменты амниотической и хориальной оболочек последа, препарат на основе сыворотки плацентарной крови, суспензию ядросодержащих клеток кордовой крови и плацентарный лейкоконцентрат в аутологической плазме.

Для изучения биологического действия криоконсервированного плацентарного материала, а также оценки степени сохранности его свойств были созданы простые и воспроизводимые экспериментальные модели плацентарной недостаточности, антифосфолипидного синдрома (АФС) и атеросклероза. В частности, в данных модельных экспериментах показана высокая терапевтическая эффективность использования препаратов сыворотки кордовой крови. Применение данного криоконсервированного плацентарного материала позволило устранить характерные для АФС проявления гиперкоагуляции, нарушения в работе иммунной системы, а также патологические изменения в репродуктивной системе лабораторных животных [2,268; 3,292].

Наряду с этим, в процессе экспериментальных доклинических испытаний была верифицирована эффективность криоконсервированных плацентарных биообъектов в качестве иммунокоррегирующих средств, биопластического материала, стимуляторов репарации, сперматогенеза, овуляции, кроветворения. Доказано их регуляторное влияние на нейроэндокринные взаимодействия, способность купировать негативные последствия стресса, психофизического истощения, метаболических нарушений в организме и проч. При этом был определен механизм воздействия криоконсервированных плацентарных биообъектов на основные звенья патогенеза соответствующих заболеваний, поражений и патологических состояний. В настоящее время продолжается исследование биологических свойств и клинического потенциала плацентарных криопрепаратов [2,268].

Криоконсервированный плацентарный биоматериал представляет собой реальный и перспективный объект для хранения генетического материала человека и животных. Основанием для этого является наличие в плаценте клеток - предшественников практически всех органов и систем организма, которые несут в себе генетически детерминированную программу развития соответствующих анатомических структур [3,292; 4,289].

Важным моментом при создании криобанков плацентарных биообъектов является также формирование соответствующих аннотированных коллекций для долгосрочного низкотемпературного хранения биоматериала. Подобный подход позволяет проводить тесное сотрудничество между научно-медицинскими структурами, которые в своей деятельности используют криоконсервированный плацентарный биоматериал.

Потенциал криобанков, где хранится генетический материал человека, (и плацентарный, по нашему мнению, в первую очередь), рассматривается в качестве ключевого инструмента для обеспечения развития персонифицированной медицины, которая, как предполагается, должна стать общим подходом охраны здоровья человека в будущем. Декодирование персонального генома пациента (с использованием плацентарного материала), т.е. определение его генетического прогноза в сочетании с информацией относительно возраста, пола, образа жизни, повреждающих и вредных факторов, делает возможным индивидуальное прогнозирование риска возникновения и развития заболеваний. Активное участие позволяет потенциальному пациенту принять обоснованные решения относительно будущего своего здоровья, в том числе с возможным клиническим использованием собственного генетического материала.

Учитывая мировой опыт банкирования и опыт собственных исследований позволим сформулировать следующие научно-организационные принципы деятельности криобанка плацентарных биообъектов:

- приоритетом в деятельности низкотемпературного банка являются фундаментальные исследования в области криобиологии и криомедицины;

- основным методическим подходом в работе криобанка является ориентация на сохранность морфофункциональных характеристик криоконсервированных биологической объектов;

- специализация банка основывается на формировании аннотированных коллекций клеток, тканей, органов культуры и биосубстанций плаценты ауто-, алло-и ксеногенного происхождении в качестве экспериментального материала, а также стратегических запасов для биологии и медицины.

Низкотемпературные банки биообъектов инициировали новый виток научных медико-биологических исследований. Дальнейший прогресс в этой области может быть достигнут путем расширения сети криобанков на основе общих принципов их организации и деятельности с привлечением современных инновационных программ при всесторонней государственной поддержке.

Литература:

1. Актуальные проблемы криобиологии и криомедицины. Под. ред. акад. НАН Украины А.Н. Гольцева – Харьков: издательский дом „Райдер", 2012. – 768 с.

2. Плацента: криоконсервирование, клиническое применение/ Под ред. А.Н. Гольцева, Т.Н. Юрченко.-Х.:2013.- 268 с.

3. Плацента: криоконсервирование, структура, свойства, перспективы клинического применения. Под. ред. В.И. Грищенко, Т.Н. Юрченко. – Харьков: СПД ФЛ Бровин А.В., 2011. – 292 с.

4. Прокопюк О.С., Грищенко В.И, Бабийчук Л.А., Прокопюк В.Ю., Зубов П.М. Глава 16. Криоконсервирование плацентарных биообъектов, содержащих стволовые клетки / Стволовые клетки и регенеративная медицина: Под. ред. В.А. Ткачука. – М.: МАКС Пресс, 2011. – 320 с. – С. 289–303.

5. Прокопюк О.С., Прокопюк В.Ю. Криоконсервированные плацентарные биообъекты в тканевом аутобанке / IV Всероссийский симпозиум с международным участием «Актуальные вопросы тканевой и клеточной трансплантологии» 21-22 апреля 2010: сборник тезисов симпозиума. – Санкт-Петербург, 2010. – С. 24-25.

6. Пушкарь Н.С., Белоус А.М. Введение в криобиологию. – К.: Наукова думка, 1975. – 343 с.

7. Фуллер Б., Грин К., Грищенко В.И. Криоконсервирование для создания банка клеток: современные концепции на рубеже 21 столетия // Проблемы криобиологии.–2003.– №2.–С.62–83.

Юрченко Т.Н. - д.м.н., проф.; **Репин Н.В.** - д.б.н.; **Кондаков И.И.** - к.м.н.; **Говоруха Т.П.** - к.б.н.; **Марченко Л.Н.** - к.б.н.; **Строна В.И.** - к.б.н.

Институт проблем криобиологии и криомедицины НАН Украины, г. Харьков

МОРФО-ФУНКЦИОНАЛЬНОЕ СОСТОЯНИЕ ПОЧЕК ПРИ КОРРЕКЦИИ ЭКСПЕРИМЕНТАЛЬНОЙ ОСТРОЙ ПОЧЕЧНОЙ НЕДОСТАТОЧНОСТИ КРИОЭКСТРАКТОМ ПЛАЦЕНТЫ

Несмотря на значительные достижения в изучении этиологии и патогенеза, методов профилактики и лечения почечных заболеваний, острая и хроническая почечная недостаточность (ОПН, ХПН) продолжают оставаться одними из наиболее распространенных заболеваний [3,226;4,209].

Целью данного исследования было изучить возможности принципиально нового подхода к коррекции функциональных и морфологических изменений в тканях почек путем введения криоконсервированного экстракта аллогенной плаценты (КЭП) на фоне модели ОПН и ХПН. Проведено изучение выделительной функции почек, а также методами световой и электронной микроскопии изучена морфологическая картина ткани почек на всех стадиях развития и течения модельной патологии, а также после введения КЭП.

Исследования проводили на 55 нелинейных крысах-самцах 4-х месячного возраста, которым натощак, внутримышечно, однократно вводили 50% раствор глицерола в дозе 10 мл/кг массы тела. Животные были разделены на 3 группы: 1 группа – интактные животные; 2 группа – животные с моделью ОПН; 3 группа – животные с моделью ОПН, которым 3 раза за неделю, внутримышечно вводили КЭП в дозе 0,5 мл. на стадии «шоковой почки» - через 1 неделю после введения глицерола. Животных 2-й и 3-й групп выводили из эксперимента на 3 неделе (олигурическая стадия течения ОПН) и на 8-й неделе (стадия формирования интерстициального нефрита, который является субстратом ХПН) [2,49]. Перед выведением из эксперимента животных всех исследуемых групп помещали в обменные камеры, где в течение суток собирали мочу, в которой определяли уровень креатинина, в сыворотке крови также определяли уровень креатинина. Скорость клубочковой фильтрации (СКФ) рассчитывали по Ребергу-Тарееву. Гистологические препараты почки окрашивали гематоксилином и эозином. Полутонкие срезы окрашивали по Sato. Ультраструктуру почек изучали при помощи трансмиссионной электронной микроскопии. Статистическую обработку полученных данных выполняли при помощи программы Statgraph 2.0, используя непараметрический критерий Уитни-Манна.

Известно, что глицерол является осмотическим диуретиком, основным механизмом действия которого является значительное уменьшение реабсорбции ионов натрия в дистальных отделах нефрона. На фоне интоксикации глицеролом характерно быстрое нарастание клинической симптоматики ОПН (анурия, рост креатинина), в основе патогенеза которой лежит способность осмотически активных веществ в высоких дозах вызывать выраженную вазоконстрикцию артериол почек с развитием ишемии мозгового вещества [1,40]. Помимо этого, при быстром росте осмолярности в тубулярной системе происходит повышение концентрации ионов Cl- в пространстве между macula densa и мезангием клубочков. Этот сдвиг по принципу обратной связи запускает регуляторные механизмы почечного кровотока и также приводит к вазоконстрикции приносящих артериол клубочков, падению клубочковой фильтрации и развитию ОПН. Исследования функций почек, выполненные через 3 недели после введения глицерола показали, что состояние острого нарушения выделительной функции оставалось стабильным. Об этом свидетельствовали олигоурия, значительное, почти двукратное, снижение СКФ, гиперкреатининемия. Через 8 недель после введения глицерола отмечалось недостоверное улучшение всех показателей функционального состояния почек экспериментальных животных. Увеличился суточный диурез, СКФ, снизился уровень креатинина в моче. Однако, недостоверно по сравнению с предыдущим сроком наблюдения выросла концентрация креатинина в крови.

Введение КЭП вызывало улучшение показателей уже на 3 неделе течения ОПН: снижение уровня креатинина крови до 86,0±7,0 мкммоль/л, возрастание креатинина мочи до 8,42±0,1 ммоль/л, СКФ – до 0,36±0,9, против данных у нелеченных крыс: 262,0±29; 5,22±0,5 и 0,27±0,01 соответственно. Через 8 недель выявлено увеличение суточного диуреза до 21,4±0,2 мл против 1,04±0,1 и СКФ до 0,44±0,03 против 0,33±0,03 по сравнению с предыдущим сроком.

Функциональные нарушения почек, по-видимому, были связаны с нарушением почечного кровотока, которое обусловлено вовлечением ренин-ангиотензиновой системы.

Морфологические исследования показали, что на фоне нарушения кровоснабжения ткани почки через 3 недели после введения глицерола возникали вторичные повреждения канальцевого аппарата в виде дистрофии и некрозов эпителия проксимальных и дистальных извитых канальцев. Погибший и слущенный эпителий, попадая в собирательные трубочки, производил их закупорку, что приводило к атрофии эпителия трубочек и увеличению в разы их диаметра (щитовидная почка). Нарушение оттока ультрафильтрата вызывало достоверное по сравнению с нормой увеличение размеров капсулы Шумлянского-Боумена. Это негативно сказывалось в свою очередь на кровенаполнении клубочков, о чем убедительно свидетельствует снижение площади их капилляров. Эти события приводили к тому, что, несмотря на наличие регенерационных процессов в эпителии дистальных и проксимальных канальцев, там преобладали дистрофические и некротические процессы. На сроке 8 недель после введения глицерола метрические показатели площади клубочка, капсулы и сосудистых петель были достоверно ниже нормы. Повсеместно отмечались дистрофия и некрозы эпителия канальцев при достоверном увеличении их просвета. К дистрофическим и некротическим процессам присоединялось воспаление, наблюдалась лейкоцитарная инфильтрация интерстиция и интерстициальный отек. Дальнейшее увеличение интерстициального давления приводило к еще большему сдавлению канальцев и нарушению кровообращения в почке. Присоединившееся разрастание соединительной ткани в местах воспаления только усиливало сдавление сосудов интерстиция, что подтверждается кровоизлияниями и венозным полнокровием.

Таким образом, основным субстратом ОПН являются дистрофические и некротические процессы в эпителии проксимальных и дистальных канальцев, а также нарушение кровообращения. Переход в стадию ХПН имеет под собой другой субстрат, это – интерстициальный нефрит и нефросклероз.

При изучении препаратов почек животных, которым вводили КЭП, выявлено, что гиалиновокапельная дистрофия имела место в единичных эпителиоцитах, в интерстиции отсутствовало воспаление. Размеры клубочков не отличались от группы контроля, отсутствовали признаки нарушения лимфо- и кровообращения.

Введение криоэкстракта в ранние сроки ОПН корригирует функцию почек и предотвращает развитие ХПН.

Литература

1. Носкова А.П. Влияние фуросемида и Манитола на выживаемость крыс при острой почечной недостаточности. Фармакологическая регуляция функциии почек. // под ред.А.А.Лебедева.– Куйбышев: 1981.– С.40–44.

2. Юрченко Т.М., Говоруха Т.П., Марченко Л.М., Кондаков І.І., Рєпін М.В. Ультраструктура і функціональні особливості нирок щурів при моделюванні токсичної гострої ниркової недостатності // Эксперим. и клиническая медицина. – 2012. -№3 (56). – С. 49-53.

3. Ishani A., Nelson D., Clothier B. et al. The magnitude of acute serum creatinine increase after cardiac surgery and the risk of chronic kidney disease, progression of kidney disease, and death. // Arch Intern Med .- 2011.- V.171.- P.226-233.

4. Murugan R., Kellum J.A. Acute kidney injury: what's the prognosis?// Nat Rev Nephrol.- 2011.- V. 7.- P. 209-217.

Иванова О.Ю., Гавриш С.А., Великорецкая О.А.
профессор, д.м.н., кафедра акушерства и гинекологии КГМУ,
ассистент кафедры акушерства и гинекологии КГМУ,
аспирант кафедры акушерства и гинекологии КГМУ

СОСТОЯНИЕ ВАЗОМОТОРНОЙ ФУНКЦИИ ЭНДОТЕЛИЯ ПРИ БЕРЕМЕННОСТИ, ОСЛОЖНЕННОЙ УГРОЖАЮЩИМ РАННИМ ВЫКИДЫШЕМ

Эндотелиальный покров сосудов играет важную роль в процессе развития беременности. Дисфункция эндотелия приводит к нарушению первой и второй волны инвазии трофобласта, что провоцирует развитие локальной ишемии миометрия, увеличение тонуса матки и становится причиной осложненного течения беременности [2, 81]. Исследование вазомоторной функции эндотелия на ранних сроках беременности при осложненном ее течении является одним из перспективных направлений для понимания причин развития акушерской патологии в дальнейшем и возможности ее коррекции.

Цель работы: изучение состояния вазомоторной функции эндотелия при беременности, осложненной угрожающим ранним выкидышем.

Материалы и методы: обследовано 60 пациенток, находившихся в I триместре на стационарном лечении по поводу угрожающего выкидыша. Первую (контрольную) группу составили 30 беременных с угрожающим ранним выкидышем без признаков эндотелиальной дисфункции; вторую (основную) группу - 30 пациенток с развившейся угрозой прерывания беременности на фоне имеющейся эндотелиальной дисфункции.

Обследование беременных включало сбор анамнеза, общепринятое акушерское исследование и оценку сосудодвигательной функции эндотелия плечевой артерии в I триместре (10-12 недель).

Исследование функции эндотелия проводили с помощью линейного датчика 7,5 МГц и ультразвуковой системы Aloka-SSD-1700 путем создания постишемической реактивной гиперемии, которую вызывали 5-минутным сжатием плеча манжетой тонометра на давление, на 10 мм. рт. ст. превышающее систолическое АД, после чего давление устраняли, диаметр и скорость кровотока измеряли сразу после снятия манжеты в течение 60 секунд после ишемии. Эндотелий зависимую вазодилатацию (ЭЗВД) оценивали как процент прироста диаметра сосуда в ответ на ишемию. Увеличение диаметра плечевой артерии (ПА) через 60-90 секунд на фоне реактивной гиперемии на 10% и более считали нормальной реакцией. Меньшую степень дилатации или вазоконстрикцию оценивали как патологическую реакцию.

Статистическая обработка производилась с помощью персонального компьютера класса P III - 750 с помощью пакета прикладных статистических программ STATISTICA 6.0. При сравнении выборок использовали как стандартные методы вариационной статистики, так и непараметрические методы.

Полученные результаты. В основную группу вошли пациентки от 18 до 33 лет. Средний возраст обследованных составил 24,9±4,05 года, что не имеет статистически достоверных отличий от контрольной группы (p>0,05).

Экстрагенитальная патология была выявлена у 66,7% женщин основной группы, что в 2,5 раза больше, чем в контрольной. Структура данной патологии представлена воспалительными заболеваниями мочевыделительной 16,7%, дыхательной 16,7%, пищеварительной систем 10%, заболеваниями сердечно-сосудистой 16,7% и эндокринной систем 6,6%. Все заболевания были в стадии компенсации и не привели к существенному изменению общего состояния и течения беременности.

Курение в течение 3-5 лет отмечали 16,7% обследованных второй группы.

Исследование акушерско-гинекологического анамнеза выявило, что возраст становления менархе в основной группе составил 13,2±0,3 лет. В отличие от контроля, у 6,7% женщин отмечено длительное становление менструальной функции (около двух лет), у 10% пациенток цикл не установился.

Отягощенный акушерско-гинекологический анамнез наблюдался почти у всех женщин основной группы. У половины пациенток - 43,3% диагностированы воспалительные заболевания женских половых органов (хронический эндометрит, сальпингоофорит, кольпит), у 3,3% миома матки. У 30% обследованных в анамнезе искусственное прерывание беременности на ранних сроках гестации, в 10% случаев замершая беременность, 3,3% - самопроизвольный ранний выкидыш, 3,3% - внематочная беременность.

Осложненное течение беременности наблюдалось практически у всех пациенток, вошедших во вторую группу.

В I триместре осложнения беременности выявлены у 66,7% обследованных основной группы и были распределены следующим образом: ранний самопроизвольный выкидыш - 10%, частичная отслойка хориона 56,7%.

Осложнения II триместра беременности в основной группе наблюдались у 70,3% пациенток и были представлены угрожающим поздним выкидышем 40,7%, внутриутробным инфицированием 7,4%, поздним самопроизвольным выкидышем 3,7%, краевым предлежанием плаценты 7,4%, фетоплацентарной недостаточностью в стадии компенсации 11,1%.

В III триместре угроза прерывания беременности сохранялась у 57,7% женщин основной группы. Фетоплацентарная недостаточность в стадии компенсации наблюдалась у 19,2% пациенток. Развитие умеренной и тяжелой преэклампсии было выявлено у 15,4% и 3,8% женщин второй группы.

Сроки родоразрешения у женщин контрольной и основной групп заметно отличались. Так, в первой группе роды произошли на сроке от 38 до 39 недель беременности и закончились у большинства пациенток через естественные родовые пути, в 10% случаев было произведено оперативное родоразрешение, показанием для которого послужило наличие рубца на матке.

Во второй группе роды произошли на сроке от 28 до 39 недель. Срочные роды наблюдались у 26,9% женщин, у подавляющего большинства пациенток в этой группе роды были преждевременными: на сроке 28-33 недель беременности у 11,5% и 34-37 недель беременности у 61,5% женщин. Роды per vies naturalis произошли в 76,9% случаев, 23,1% беременных подверглись оперативному родоразрешению, показаниями для которого было наличие рубца на матке и дискоординация родовой деятельности не поддающаяся медикаментозной коррекции, вследствие незрелости шейки матки и неподготовленности механизмов регуляции родовых сил, а также усугубление интранатальной гипоксии плода.

В основной группе средняя масса тела новорожденных была достоверно меньше чем в контрольной и составила 2374,3±380,2г. При этом низкая масса плода наблюдалась в 61,5%, очень низкая в 11,5% случаев.

Большинство новорожденных основной группы сразу после рождения имели признаки гипоксии легкой степени, средняя степень диагностирована у 11,5% родившихся детей.

Исследование эндотелий зависимой вазодилатации, проведенное на ранних сроках беременности (10-12 недель) пациенткам основной группы, показало, что средние значения показателя диаметра ПА составили 4,1±0,6 мм, с начальной скоростью кровотока 9,8±2,8л/мин, соответственно, что было сопоставимо с контрольной группой (p>0,05).

После создания минутной окклюзии ПА уменьшение диаметра произошло на 14±1,23%, а скорость кровотока увеличилась на 9±0,2%. Через минуту после устранения компрессии продолжалось уменьшение диаметра ПА на 4,2±0,3%, скорость кровотока незначительно возросла на 2,07±0,07%. Общее уменьшение диаметра ПА составило 17,3±0,35%, скорость кровотока осталась прежней, что достоверно отличалось от результатов контрольной группы (p<0,05).

Таким образом, в основной группе реакция кровообращения в ПА на проведение компрессионной пробы проявлялась в виде вазоспазма, что доказывает наличие дисфункции эндотелия у этих пациенток.

В заключение, следует отметить, что в основной группе, где были выявлены экстрагенитальные заболевания по различным органам и системам, влияние экзогенных факторов (курение), риск развития дисфункции эндотелия и, как следствие, акушерских осложнений намного выше, чем в контрольной, что и подтвердили полученные результаты исследования вазомоторной функции эндотелия. При проведении пробы с ЭЗВД у женщин основной группы наблюдался стойкий вазоспазм, как следствие эндотелиальной дисфункции. Таким образом, несостоятельность эндотелия выявленная на ранних сроках беременности является маркером развития осложненного течения беременности задолго до начала клинических проявлений, что, соответственно, позволит улучшить исходы беременности и родов.

Список литературы:

1. Иванова О.Ю., Пономарева Н.А., Газазян М.Г., Великорецкая О.А. Использование маркеров иммунологической и эндотелиальной дисфункции в раннем прогнозе гестоза // Вестник Российского университета дружбы народов. – 2011.– № 1. – С. 118–123.
2. Иванова О.Ю., Газазян М.Г., Пономарева Н.А. Гемодинамические предикторы осложненного течения беременности // Материалы 11-го Всероссийского научного форума «Мать и дитя». – М., 2010. – С. 81–82.
3. Затейщикова А.А., Затейщиков Д.А. Эндотелиальная регуляция сосудистого тонуса: методы исследования и клиническое значение. // Кардиология. - 1998.- №9.- с. 68-80.

Таран А.С, Чепляева Н.И., Анисимова В.А., Спасов А.А., Жуковская О.Н.

аспирант кафедры фармакологии, Волгоградский государственный медицинский университет;

кандидат медицинских наук, младший научный сотрудник лаборатории антиоксидантных средств Научно-исследовательского института фармакологии, Волгоградский государственный медицинский университет;

кандидат химических наук, ведущий научный сотрудник, заведующий лабораторией органического синтеза Научно-исследовательского института физической и органической химии, Южный федеральный университет;

академик РАН, заведующий кафедрой фармакологии, Волгоградский государственный медицинский университет;

научный сотрудник лаборатории органического синтеза Научно-исследовательского института физической и органической химии, Южный федеральный университет

E-mail: alena-beretta-taran@mail.ru

ПОИСК НОВЫХ ВЕЩЕСТВ С ДПП-4 ИНГИБИРУЮЩЕЙ АКТИВНОСТЬЮСРЕДИ КОНДЕНСИРОВАННЫХ АЗОЛОВ

С учетом масштаба развивающейся эпидемии сахарного диабета (СД) существует острейшая необходимость разработки эффективного терапевтического алгоритма сахароснижающего лечения, приводящего к компенсации углеводного обмена и предупреждающего развитие тяжелых сосудистых осложнений этого заболевания. Терапевтические средства, применяемые для лечения сахарного диабета 2 типа (СД 2), наряду с эффективным сахароснижающим действием должны быть безопасны для пациентов.[1]Таким требованиям отвечает новый класс сахароснижающих средств, который относится к препаратам, основанным на использовании инкретинового эффекта(физиологических функций глюкагоно-подобного пептида-1(ГПП-1) и глюкозозависимого инсулинотропного пептида (ГИП)). Ингибиторы дипептидилпептидазы-4 (ДПП-4) характеризуются низким риском развития гипогликемических состояний и низкой частотой побочных эффектов. Ингибирование ДПП-4 приводит к увеличению концентрации гормонов кишечника (ГПП-1 и ГИП), что приводит к усилению выработки инсулина и подавлению выработки глюкагона.[2]На сегодняшний день можно выделить несколько селективных ингибиторов фермента, инактивирующего действие гастроинтестинальных гормонов, ситаглиптин, вилдаглиптин. В виду своей высокой эффективности и отсутствия неблагоприятных побочных эффектов, остается актуальным поиск новых высокоактивных и селективных ингибиторов ДПП-4 среди различных классов химических соединений.

ЦЕЛЬ

Провести экспериментальную оценку ДПП-4 ингибирующей активности 5R-2S-замещенных бензимидазола и 5R-2-алкил-аминозамещенных бензимидазола, потенциальных ингибиторов ДПП-4 в тест-системе invitro.

МАТЕРИАЛЫ И МЕТОДЫ

Для определения величины ингибирования смешивали 10мкл раствора исследуемого вещества (10-4 М/л) с 50мкл0,1 М Трис-HCl буфер с pH 8.4 и 40 мкл плазмы человека. В тест-системе исследовали тестируемые соединения (производные азолов) в концентрации 10^{-4} М/л,которые были синтезированы в Научно-исследовательском институте физической и органической химии (НИИ ФОХ ЮФУ). В качестве препарата сравнения использовали ситаглиптин (Sigma, США). Анализируемую смесь преинкубировали при 37°C в течение 5 мин. После преинкубации вносили 100мкл 1 мМ субстрата реакции Гли-Про-р-нитроанилида (Sigma, США),полученную смесь инкубировали при 37°C в течение 15 мин. Развитие желтого окрашивания в результате высвобождения 4-нитроанилина определяли при длине волны 405 нм используя прибор для считывания планшетов (ELx800, BioTec,США)[3].

Величину ингибирования рассчитывали по следующей формуле:

(контроль – тест/контроль)*100%.Значения IC50 подсчитывали, используя Graphit 4.0.15 (Erithacus Software, Ltd, UK).

РЕЗУЛЬТАТЫ ИССЛЕДОВАНИЯ И ИХ ОБСУЖДЕНИЕ

Согласно полученным результатам все исследуемые вещества обладают ДПП-4 ингибирующим действием (табл. 1).

Таблица 1. **ДПП-4 ингибирующая активность исследуемых соединений**

№	Величина ингибирования, % (M±m)
5R-2-алкил-аминозамещенные бензимидазола	
1	-41,72±20,63
2	-34,79±4,96
3	-42,08±2,70
4	-58,25±11,31
5	-54,57±18,46
6	-58,97±4,35
7	-52,35±17,39
8	-29,99±27,18
5R-2S-замещенные бензимидазола	
9	-40,95±9,38
10	-26,21±15,75

11	-41,11±10,16
12	-32,55±14,04
13	-35,28±11,54
14	-18,10±11,54
Ситаглиптин	-87,96±1,64*

*- достоверные отличия от контроля, Краскел— Уоллис с пос-тестом Данна (p≤0,05).

Среди 5R-2-алкил-аминозамещенных бензимидазола у веществ под лабораторными шифрами **4, 5, 6, 7** величина ингибирования была в 1,5 раза ниже, чем у препарата сравнения, ситаглиптина, а соединения **1, 2, 3, 8** проявили низкий уровень ДПП-4 ингибирующей активности. Группа 5R-2S-замещенных бензимидазола проявила меньшую активность в ингибировании ДПП-4, так величина ингибирования, не превышала 40 %.

ВЫВОДЫ

Таким образом, исходя из данных, полученных спектрофотометрическим методом определения ДПП-4 ингибирующей активности, 5R-2-алкил-аминозамещенные бензимидазола под лабораторными шифрами **4, 5, 6, 7** уступают по активности препарату сравнения, ситаглиптину, в 1,5 раза.

ЛИТЕРАТУРА:

1. Проект «Консенсус совета экспертов Российской ассоциации эндокринологов (РАЭ) по инициации и интенсификации сахароснижающей терапии сахарного диабета 2 типа», Дедов И.И., Шестакова М.В. Нормативные документы. Сахарный диабет (2011); 95-105.
2. The Dipeptidyl Peptidase (DPP)-4 Inhibitors for Type 2 Diabetes Mellitus in Challenging Patient Groups, David Kountz, AdvTher (2013) 30:1067–1085
3. Sigma-Aldrich. Enzymatic Assay of Dipeptidyl Peptidase IV (EC 3.4.14.5), SSGPNA01, 2006 Revised: 08/26/99:1-2. Sigma-Aldrich. St. Louis; 2006.

Кузнецова В.А.*, Соловьева О.А, Жуковская О.Н., Спасов А.А., Анисимова В.А.

докторант, кандидат медицинских наук, Волгоградский государственный медицинский университет, г. Волгоград;
аспирант, Волгоградский государственный медицинский университет, г. Волгоград;
научный сотрудник лаборатории органического синтеза научно-исследовательского института физической и органической химии, Южный федеральный университет, г. Ростов-на-Дону;
академик РАН, профессор, Волгоградский государственный медицинский университет, г. Волгоград;
кандидат химических наук, заведующая лабораторией органического синтеза научно-исследовательского института физической и органической химии, Южный федеральный университет, г. Ростов-на-Дону
E-mail: *sysoeva_va@mail.ru

АНТИГЛИКИРУЮЩАЯ АКТИВНОСТЬ НОВЫХ ПРОИЗВОДНЫХ БЕНЗИМИДАЗОЛА

Неферментативная реакция между восстановленными сахарами и аминогруппами белков является многостадийным процессом и приводит к образованию конечных продуктов гликирования (КПГ). Гликирование (неферментативное гликозилирование) белков очень медленный процесс, который играет важную роль в патогенезе осложнений сахарного диабета [4, 3; 10, 2], атеросклероза, остеоартрита, катаракты [3, 2], нейродегенеративных заболеваний [7, 2], что делает актуальным поиск ингибиторов гликирования белков. Первым и наиболее изученным веществом, ингибирующим гликирование белков, является аминогуанидин, который предотвращает формирование флуоресцирующих КПГ и глюкозо-производных поперечносшитых молекул коллагена [8, 5]. Однако клинические испытания данного препарата были остановлены в связи с его недостаточной эффективностью и наличием побочных эффектов (гастроинтестинальные симптомы, волчаночно-подобный, гриппоподобный синдромы, васкулит [1, 13], анемия [2, 6]). Кроме того, антигликирующую активность проявляют производные феноксиизомасляной кислоты [9, 8], вещества OPB-9195 [8, 7] и ALT-746 [11, 1], имеющие структурное сходство с аминогуанидином, пиридоксамин [8, 7], разнообразные производные изатина [6, 2]. Все вышеперечисленное обуславливает актуальность поиска веществ, предотвращающих образование КПГ, среди производных бензимидазола, структурно подобного изатину.

Цель. Поиск ингибиторов гликирования белков среди 5R-2-алкиламино- и 5R-2S-замещенных производных бензимидазола.

Материалы и методы. Реакцию гликирования воспроизводили по методу [5, 2]. Реакционная смесь содержала растворы бычьего сывороточного альбумина (1 мг/мл) и глюкозы (500 мМ) в фосфатном буфере (pH 7,4). В экспериментальные образцы добавляли растворы изучаемых веществ в конечной концентрации 10^{-3}М, в контрольные образцы – фосфатный буферный раствор в эквивалентном объеме (50 мкл). В качестве препарата сравнения использовали аминогуанидин. Для предупреждения бактериального роста в буферный раствор вносили азид натрия в конечной концентрации 0,02%. Все экспериментальные образцы инкубировали в течение 24 часов при 60°С. По истечении срока инкубации на спектрофлуориметре MPF-400 (Hitachi, Япония) при длинах волн возбуждения 370 нм и испускания 440 нм проводили определение специфической флуоресценции гликированного бычьего сывороточного альбумина (БСА). Статистическую обработку результатов проводили с использованием табличного редактора Microsoft Excel 2007 и непараметрических методов статистики.

Результаты. В ходе проведенных исследований была изучена антигликирующая активность 20 производных бензимидазола под лабораторным шифром АЖ. В результате показано, что среди 5R-2-алкиламинозамещенных бензимидазолов соединения АЖ-41, АЖ-43, АЖ-45, АЖ-47, АЖ-49-52 не проявили антигликирующей активности. Вещества АЖ-44, АЖ-46, АЖ-48 незначительно ингибировали флуоресценцию гликированного бычьего сывороточного альбумина в среднем на 13%. Среди 5R-2S-замещенных бензимидазолов соединения АЖ-53-56, АЖ-58 не обладали антигликирующей активностью, а вещества АЖ-57, АЖ-62 незначительно снижали флуоресценцию гликированного бычьего сывороточного альбумина в среднем на 9%. Соединение под лабораторным шифром АЖ-61 проявило антигликирующую активность средней степени, уменьшая специфическую флуоресценцию БСА на 30%, значительно уступая по активности препарату сравнения аминогуанидину, который понижал данный показатель на 70%.

Выводы. Таким образом, среди изученных соединений было выявлено 5R-2S-замещенное производное бензимидазола под лабораторным шифром АЖ-61, проявляющее антигликирующую активность. Это дает основания для последующей оптимизации химической структуры данного класса соединений с целью поиска новых высокоэффективных ингибиторов неферментативного гликозилирования белков.

Список литературы

1. Freedman, B.I. et al. Design and baseline characteristics for the aminoguanidine clinical trial in overt type 2 diabetic nephropathy (ACTION II) / B.I. Freedman, J.-P. Wuerth, K. Cartwright, R.P. Bain, S. Dippe, K. Hershon, A.D. Mooradian, B.S. Spinowitz // Control. Clin. Trials – 1999. – Vol.20(5). – PP.493–510.

2. Bolton, W.K. et al. Randomized trial of an inhibitor of formation of advanced glycation end products in diabetic nephropathy / W.K. Bolton, D.C. Cattran, M.E. Williams, S.G. Adler, G.B. Appel, K. Cartwright, P.G. Foiles, B.I. Freedman, P. Raskin, R.E. Ratner, B.S. Spinowitz, F.C. Whittier, J.-P. Wuerth // Am J Nephrol – 2004. – Vol.24. – PP.32–40.

3. Bras, I.D. et al. Evaluation of advanced glycation endproducts in diabetic and inherited canine cataracts / I.D. Bras, C.M. Colitz, D.F. Kusewitt et al. // Graefes Arch. Clin. Exp. Ophthalmol. – 2007. Vol.245(2). – P.249–257.

4. Goh, S.-Y., Cooper, M.E. The Role of Advanced Glycation End Products in Progression and Complications of Diabetes / S.-Y. Goh, M. E. Cooper // J. Clin. Endocrinol. Metab. – 2008. – Vol.93(4). – P.1143–1152.

5. Jedsadayanmata, A. In Vitro Antiglycation Activity of Arbutin / A. Jedsadayanmata // Naresuan University Journal – 2005. – Vol.13(2). – P.35-41.

6. Khan, K.M. et al. Synthesis of bis-Schiff bases of isatins and their antiglycation activity / K.M. Khan, M. Khan, M. Ali, M. Taha, S. Rasheed, S. Perveen, M.I. Choudhary // Bioorganic & Medicinal Chemistry. – 2009. – Vol.17. – PP.7795-7801.

7. Li, J. et al. Advanced glycation end products and neurodegenerative diseases: Mechanisms and perspective / J. Li, D. Liu, L. Sun, Y. Lu, Z. Zhang // Journal of the Neurological Sciences. – 2012. – Vol.317. – P.1–5.

8. Peyroux, J., Sternberg, M. Advanced glycation endproducts (AGEs): pharmacological inhibition in diabetes / J. Peyroux, M. Sternberg // Pathologie Biologie. 2006. – Vol.54. – PP.405-419.

9. Rahbar, S., Figarola, J.L. Novel inhibitors of advanced glycation endproducts / S. Rahbar, J.L. Figarola // Archives of Biochemistry and Biophysic. – 2003. – Vol. 419(1). – PP.63–79.

10. Ramasamy, R. et al. Receptor for AGE (RAGE): signaling mechanisms in the pathogenesis of diabetes and its complications. / R. Ramasamy , S.F. Yan, A.M. Schmidt // Ann N Y Acad Sci. – 2011. – PP.1243:88-102.

11. Wilkinson-Berka, J.L. et al. ALT-946 and aminoguanidine, inhibitors of advanced glycation, improve severe nephropathy in the diabetic transgenic (mREN-2)27 rat / J.L. Wilkinson-Berka, D.J. Kelly, S.M. Koerner, K. Jaworski, B. Davis, V. Thallas, M.E. Cooper // Diabetes. – 2002. – Vol.51. – PP.3283–3289.

Вязьмин А.Я., Клюшников О.В., Подкорытов Ю.М.
1) д.м.н., профессор, зав.кафедрой ортопедической стоматологии;
2) к.м.н., ассистент кафедры ортопедической стоматологии;
3) к.м.н., доцент кафедры ортопедической стоматологии Иркутского государственного медицинского университета
E: mail - klush.stom@mail.ru

ПОДГОТОВКА ПОЛОСТИ РТА К ПРОТЕЗИРОВАНИЮ

Для пациентов основной целью протезирования является восстановление жевательной функции и эстетики. Изготовленный по индивидуальному плану лечения съемный зубной протез существенно влияет на улучшение качества жизни пациента. Эти лечебно-профилактические мероприятия направлены на, адекватное диагнозу, восстановление и длительную стабилизацию формы и функции. При этом должны учитываться эстетические аспекты и динамика жевательной функции. Зубной протез соответствует этим высоким требованиям тогда, когда наблюдаются: восстановленная жевательная функция; прочная фиксация, легкое введение и выведение; эстетичный вид; безупречная фонетика; минимальное давление на ткань в психологически приемлемых границах; хорошая гигиена, простой уход; безупречное, точное техническое исполнение; биологически совместимые материалы; гарантия хорошей функциональности.

Во время консультации нужно выяснить, отвечает ли кламмерная конструкция бюгельного протеза представлениям, пожеланиям и возможностям пациента. В течении многолетнего применения кламмерный бюгельный протез хорошо зарекомендовал себя в разнообразных модификациях во всем мире. Опыт многих зуботехнических лабораторий показывает, насколько необоснованной является существующая негативная оценка кламмерного протеза при сравнении его с другими видами протезирования. При правильном диагнозе, подчеркиваю планировании и конструкции кламмерный бюгельный протез является вполне приемлемым функциональным решением. Превосходные качества современных кобальтохромовых сплавов и правильное изготовление гарантируют высококачественное протезирование. Изящная конструкция бюгельного протеза обычно без проблем встраивается в зубочелюстную систему. Благодаря стабильности формы, каркас бюгельного протеза надежно соединяет седловидные части концевых дефектов, дает хорошую опору и фиксацию за счет кламмеров. Тканевая переносимость кобальтохромовых сплавов – при условии правильных показаний и правильной обработки – оценивается как отличная. Сравнительно низкая теплопроводность и небольшой удельный вес повышают комфортабельность протеза.

Актуальные проблемы, включая неудачи при изготовлении и использовании бюгельных протезов, связаны сегодня меньше всего с технологическими процессами. Они появляются скорее из-за неуверенности при определении показаний и выборе конструкции. Современные приборы и материалы, инструкции по их применению и обслуживанию намного упрощают изготовление, но не решают вопросов планирования и конструирования. И хотя ответственность за решение этих двух задач несет в первую очередь врач-стоматолог, но он и зубной техник должны сообща искать индивидуальное решение для каждого пациента. Только на основании четких и конкретных данных зубной техник может точно выполнить запланированную врачом-ортопедом конструкцию и обеспечить хороший конечный результат.

Создание безупречного каркаса бюгельного протеза является трудной задачей даже для опытных зубных техников, квалифицированно исполняющих другие работы, если классический кламмерный протез отошел для них на второй план. Тот, кто сегодня интенсивно занимается технологией бюгельного протезирования, имеет широкий спектр конструкционных возможностей. Однако, не менее важно и интенсивное освоение навыков мастерства. Планирование и изготовление конструкций, соответствующих желаниям пациента и функциональной необходимости, должны проводиться совместными усилиями стоматолога и зубного техника.

Как правило, большинство пациентов хотят иметь зубной протез, который, в первую очередь, отвечает их эстетическим представлениям. Функциональные аспекты часто имеют лишь второстепенное значение или вообще остаются без внимания. Поэтому изготовление функционально безупречного зубного протеза, но с учетом пожеланий пациента во время планирования, находится на ответственности стоматолога.

Между самым простым стандартным кламмерным протезом и технически сложным комбинированным протезом существует с точки зрения функциональности, эстетики и комфортности огромные различия. Пациента нужно проинформировать о технических и финансовых альтернативах по каждому подходящему для него протезу. Во время консультации должны быть рассмотрены преимущества и недостатки отдельных возможностей протезирования, затронуты вопросы выбора материала, а также оговорены все финансовые условия. Тщательное обсуждение различных видов протезирования существенно помогает в выборе решения. Перед пациентом встает вопрос: сэкономить на расходах в данном случае или отказаться от других потребностей. Важно, чтобы он понял, какие преимущества имеет более дорогой протез. Пациенту должно быть ясно также и то, что речь здесь идет не только о восстановлении дефекта зубного ряда или жевательной функции. Дополнительные расходы он должен рассматривать как инвестицию в собственное здоровье и качество жизни. Но простой, недорогой вариант протеза тоже гарантирует восстановление жевательной функции. Реализация пожеланий в отношении эстетики и удобства протеза требует проведения дополнительных работ. Новые высококачественные биосовместимые материалы и современные технологии помогают создать удивительный косметический эффект. Если пациент увидит, что его индивидуальность только выигрывает от естественного внешнего вида, то он будет больше расположен к тому, чтобы инвестировать в зубной протез. По понятным причинам особенно у молодых пациентов с характерно выраженными дефектами зубного ряда существует огромная антипатия к съемным конструкциям. Нужно обязательно принимать во внимание связанный с этим страх, вырастающий вплоть до психических проблем. Опыт показывает, что этот круг пациентов лишь с большим трудом привыкает к частичным, съемным протезам. При поиске и выборе индивидуальных решений рекомендуется использовать такие легкодоступные вспомогательные средства, как наглядные модели, брошюры, каталоги, компакт-диски или видеокассеты. Эти пособия, кроме всего, наглядно информируют пациента и о очень высоких затратах труда как стоматолога, так и зубного техника.

При всех замечательных возможностях, существующих в современной стоматологии, нельзя забывать и о том, что пациенты не всегда могут или хотят иметь дорогостоящий протез. Иногда их финансовое положение позволяет выбор только простейшей конструкции. Следовательно, стоматолог должен создать функциональный зубной протез с помощью простых средств, но с использованием современных научных достижений.

Физиологически оправданным и финансово выгодным является кламмерный бюгельный протез и кобальтохромового сплава с литыми опорно-удерживающими кламмерами. Положение конструкции и вид удерживающих и опорных элементов существенно зависит от расположения оставшихся естественных зубов. Коронки на опорные зубы изготавливаются только в абсолютно необходимых случаях, например, вследствие недостаточной ретенции. При дефектах зубного ряда во фронтальной области практически невозможно избежать видимых кламмерных элементов. В ситуациях с малым количеством опорных зубов или при их неблагоприятном расположении необходим большой металлический базис. Такие, с функциональной точки зрения неизбежные ограничения, должны быть разъяснены пациенту до начала протезирования.

Но и при изготовлении недорогого протеза расположение кламмеров не должно определяться, подчеркиваем, произвольно или просто на глаз! При недостаточной глубине поднутрения подвергается опасности прочная и надежная посадка протеза. В свою очередь чересчур большая глубина поднутрения будет перегружать опорные зубы и осложнять ввод и снятие протеза. Без точного измерения модели безупречная функциональность частичного кламмерного протеза предоставляется случаю и может быть причиной неудачи протезирования. Вывод: профессионально изготовленный кламмерный протез является внешне простым, но вполне адекватным выбором.

В центре всего зубоврачебного лечения и протезирования стоит здоровье пациента. На врача стоматолога и на зубного техника ложится, таким образом, большая ответственность: врач-стоматолог отвечает за общую работу, включая правильный диагноз и лечение, зубной техник – за безупречное техническое изготовление протеза. В соответствии с разнообразием современных технологий врач-стоматолог обязан использовать весь мастерский потенциал и технические возможности лаборатории. Пациент должен быть уверен, что лаборатория обладает всеми необходимыми условиями для выполнения качественной работы.

На качество зуботехнических работ влияют не только испытанные, надежные технологии и качественные материалы. Очень важны рациональная организация труда, точное планирование, использование накопленного опыта и, что немаловажно, тесное взаимодействие врача, зубного техника и пациента.

Таким образом, здоровый пародонт зубов является важным условием для протезирования. Анамнез, исследование общего состояния пациента и диагноз составляют основу каждого ортопедического планирования. Прежде чем приступить к окончательному выбору конструкции протеза, предварительно должны быть проведены все необходимые мероприятия по удалению зубов, терапии кариеса и т.д. Поверхностное обследование полости рта и спешка с началом изготовления протеза часто оставляют не выявленными многие проблемы. Последствием такого неполноценного обследования будут недовольные, жалующиеся на боль пациенты, состояние которых после протезирования ухудшается.

**Михеенко Т.В, Мартьянова Е.В., Начаров Ю.В., Грибачева И.А.,
Попова Т.Ф., Дергилев А.П., Пятова А.Е., Киметова Е.В.**
Сведения об авторах:
1. Михеенко Татьяна Васильевна, к.м.н., зав. отделом Областного диагностического центра
2. Мартьянова Елена Владимировна, к.м.н., зав. центром психосоматической патологии «Гармония»
3. Начаров Юрий Владимирович, д.м.н., профессор кафедры патологической физиологии ГБОУ ВПО Новосибирский государственный медицинский университет Минздрава России
4. Грибачева Ирина Алексеевна, д.м.н., профессор кафедры неврологии ГБОУ ВПО Новосибирский государственный медицинский университет Минздрава России, mail - irengri@mail.ru
5. Попова Татьяна Федоровна, д.м.н., профессор кафедры неврологии ГБОУ ВПО Новосибирский государственный медицинский университет Минздрава России, mail- popovamed07@rambler.ru
6. Дергилев Александр Петрович д.м.н., профессор, заведующий кафедрой лучевой диагностики ГБОУ ВПО Новосибирский государственный медицинский университет Минздрава России
7. Пятова Анна Евгеньевна, аспирант кафедры неврологии ГБОУ ВПО Новосибирский государственный медицинский университет Минздрава России
8. Киметова Екатерина Валенуровна, субординатор кафедры неврологии ГБОУ ВПО Новосибирский государственный медицинский университет Минздрава России

НЕКОТОРЫЕ ОСОБЕННОСТИ ИММУНОМЕТАБОЛИЧЕСКОГО СТАТУСА У БОЛЬНЫХ С СОСУДИСТЫМИ КОГНИТИВНЫМИ РАССТРОЙСТВАМИ ПРИ ХРОНИЧЕСКОЙ ИШЕМИИ ГОЛОВНОГО МОЗГА

Введение. До настоящего времени патология сердечно-сосудистой системы остается основной причиной заболеваемости и смертности среди населения во всем мире. В связи с этим продолжается поиск новых факторов риска, идентификация которых позволила бы влиять на уровень смертности от этих заболеваний. Сегодня не вызывает сомнений тот факт, что в патогенезе сосудистых повреждений и атеросклероза важную роль играют циркулирующие в крови факторы воспаления и прокоагулянты [1,339].

По результатам большинства проспективных исследований, выявлена достоверная связь повышения уровня гомоцистеина в плазме крови с увеличением риска сердечно-сосудистых заболеваний и осложнений [2,592; 3,114; 4,845]. У лиц с повышенным содержанием ГЦ увеличивается риск развития ИМ и инсульта во всех возрастных группах независимо от курения, уровня холестерина и артериальной гипертензии.

Гомоцистеин является сильным, независимым фактором риска атеросклероза коронарных, периферических и мозговых сосудов. Каждое повышение уровня гомоцистеина на 5 мкмоль/л сопровождается увеличением риска заболевания мозговых артерий в 1,5 раза и периферических артерий - в 6,8 раз [5,1775]. Результаты клинических исследований позволили выявить связь от величины уровня общего гомоцистеина плазмы крови с толщиной слоя интимы-медии артерии, что подтверждает предположение о значимости гипергомоцистеинемии при повреждении стенки сосуда, в том числе и на ранних стадиях атеросклероза[6,4;7,114;8,65;9,44;10,341].

Материал и методы. Предметом изучения явилась группа больных с сосудистыми когнитивными расстройствами (СКР) при дисциркуляторной энцефалопатии (ДЭ) из 156 человек, которые были обследованы по единому диагностическому алгоритму.

Критериями включения явились: клинически установленный диагноз ДЭ I и II стадий, подтвержденный методами нейровизуализации (МРТ в условиях естественной контрастности и с искусственным контрастированием), возраст больных до 60 лет, умеренные клинические признаки атеросклероза с использованием данных липидемического профиля и отсутствие признаков выраженной сердечной недостаточности, отсутствие сопутствующих острых и хронических заболеваний, которые могли бы оказать влияние на течение болезни (сахарный диабет, патология щитовидной железы, коллагенозы, гнойно-воспалительные заболевания, синдромы эндогенной интоксикации и др.), отсутствие выраженного стенозирующего окклюзионного процесса крупных сосудов шеи и головы (по данными УЗИ), отсутствие острых кардиальных причин (инфаркт миокарда, аритмия, искусственные клапаны сердца, выраженная сердечная недостаточность при ИБС).

Критериями исключения явились: тяжелые соматические заболевания в стадии декомпенсации: инфаркт миокарда, нарушения ритма сердца, сердечная недостаточность, болезни крови, печени, декомпенсированный сахарный диабет, болезни щитовидной железы, системный атеросклероз, окклюзирующие поражения краниоцервикальных артерий.

К моменту нашего обследования под систематическим наблюдением неврологов по поводу ДЭ находилось 73,7% пациентов, по поводу других хронических заболеваний под наблюдением специалистов разного профиля находилось 66,7% пациентов.

Среди обследованных было 88 (56,4%) женщины и 68 (43,6%) - мужчины. Средний возраст составил 67,4±2,8 лет. Достоверных отличий по возрасту и тяжести состояния среди мужчин и женщин внутри обследованной группы выявлено не было.

Все больные были разделены на группы, согласно степеням тяжести ДЭ.

В контрольную группу были включены больные, сопоставимые с основной группой по полу и возрасту, у которых также выявлялись факторы риска возникновения цереброваскулярной патологии, но без признаков хронической церебральной ишемии, определяемых с помощью методов нейровизуализации. Для оценки биохимических и иммунологических параметров была обследована вторая контрольная группа – больные с ДЭ III (16 человек).

Определение концентрации гомоцистеина в сыворотке крови методом ферментативной циклической реакции. Содержание гомоцистеина определяли с помощью коммерческого набора фирмы «DiaSys Diagnostic Systems GmbH & Co, KG» (Германия).

Определение содержания цитокинов (интерлейкина-1β и 4, ФНО-α) в сыворотке крови выполнялось иммуноферментным методом с использованием коммерческих наборов ProCon («Протеиновый контур», Санкт-Петербург, Россия). Измерения проводили с помощью вертикального спектрофотометра «Multiscan MCC 340». Количественное содержание цитокинов в сыворотке крови и ротовой жидкости выражали в пкг/мл.

Анализ данных производился с использованием статистических пакетов STATISTIKA 5.

Стандартная обработка вариационных рядов включала расчет средних арифметических величин (М) и их ошибок (m), частоты снижения или повышения показателя, выраженной в процентах и определяемой с помощью таблиц Генеса, которые содержат информацию в виде значений М±m (Лакин Г.Ф., 1980). Достоверность различий средних значений оценивали с использованием непараметрических критериев Mann-Whitney, Kruskal-Wallis. Различия считали достоверными при 5% уровне значимости.

Сравнение средних величин в отдельных случаях осуществлялось с помощью параметрического критерия (t) Стьюдента. На основе критерия достоверности по таблице определялся уровень значимости полученного результата. Разность считалась достоверной при P<0,05.

Результаты и их обсуждение. В данном исследовании концентрация гомоцистеина в сыворотке крови у больных ДЭ с СКР I степени тяжести была существенно выше контрольного уровня (11,2 ± 1,21 и 8,9 ± 0,03 соответственно). У пациентов со II степенью содержание ГЦ была более, чем в 3 раза выше контроля (29,7 ± 2,37) и более чем в 2 раза – значения, определенного у больных с I степенью тяжести. И, наконец, у больных с III степенью ДЭ концентрация ГЦ становилась более чем в 4 раза выше контроля ($38,9 \pm 2,88$), почти в 3,5 раза, чем в 1-й группе и в 1,3 раза, чем во 2-й группе.

В эндотелиальных клетках ГЦ не только стимулирует образование свободных радикалов в эндотелиоцитах и повышает в них концентрацию ЛПНП и ЛПОНП, но также приводит к понижению продукции релаксирующего фактора и сульфатированных глюкозаминогликанов (ГАГ)-гепариноидов: Гипергомоцистеинемия (ГГЦ) понижает эластичность внутрисосудистой выстилки. При ней понижается синтез простациклина, а также усиливается рост артериальных клеток. Так формируется сосудистый компонент тромбоваскулярной болезни, который полностью идентичен механизму зарождения атеросклеротического процесса.

В последние годы получены данные, свидетельствующие об участии иммунных механизмов в патогенезе атеросклероза (Ross R., 1993). Результаты исследований указывают на присутствие иммуновоспалительного компонента в патогенезе атеросклероза, участие клеточного иммунитета в атерогенезе [11,435].

Атеросклероз характеризуется многими признаками, присущими хроническому воспалительному процессу: активация эндотелия, взаимодействие его с лимфоцитами, моноцитами, гладкомышечными клетками, что обусловливает продукцию цитокинов с формированием атеросклеротической бляшки. При переходе патологического процесса в хронический изменяется цитокиновый фон, характеризующийся проявлением взаиморегулируемых антагонистических связей между цитокинами. Взаимоподавляющие отношения способствуют локализации воспалительной деструктивной реакции, усилению репаративных процессов.

При изучении содержания провоспалительных цитокинов в сыворотки крови больных дисциркуляторной энцефалопатии, сопровождающейся СКР, были получены следующие результаты.

Концентрация ИЛ-1β в сыворотке крови больных ДЭ с СКР I и II степеней тяжести было достоверно выше контроля, но практически не различались между собой. При этом у пациентов с III степенью тяжести ДЭ содержание данного цитокина было максимальным, оно превышало не только контрольный уровень, но и значения, определенные у пациентов с I и II степенью ДЭ.

Таблица № 1

Содержание интерлейкина-1β и ФНО-α в сыворотке крови у больных дисциркуляторной энцефалопатией различной степени с СКР (пкг/мл).

Степень тяжести	ИЛ-1β (M±m)	ФНО-α (M±m)
Доноры	32,6 ± 3,75	23,3 ± 2,16
I	41,8 ± 3,21*	34,3 ± 3,27*
II	49,7 ± 3,37*	47,5 ± 3,95*/**
III	58,9 ± 2,88*/**/***	54,6 ± 2,99*/**/***

Примечание: * - обозначены величины, достоверно отличающиеся от контроля, ** - обозначены величины, достоверно отличающиеся от значений в группе I, *** - обозначены величины, достоверно отличающиеся от значений в группе II.

Содержание ФНО-α в сыворотке крови у больных с дисциркуляторной энцефалопатией и сосудистыми когнитивными расстройствами прогрессивно повышалось с утяжелением степени тяжести данного заболевания. У пациентов с I степенью тяжести ДЭ концентрация ФНО-α была достоверно выше контрольного уровня, со II степенью – более чем в 2 раза по сравнению с контролем и почти на 40% - со значениями пациентов с I степенью тяжести. Максимальная концентрация ФНО-α в сыворотке крови оказалась у больных ДЭ с III степенью тяжести – она значительно превышала не только контроль, но и уровни данного цитокина, определенные у пациентов с менее тяжелым течением изучаемой сосудистой патологии ЦНС [12,91].

По мере прогрессирования атеросклероза происходит усиление клеточного ответа, то есть активация Th1-лимфоцитов. Ключевым цитокином в запуске каскада воспалительной реакции является ФНО-α, который быстрее других цитокинов секретируется макрофагами, а в ограниченном количестве – и активированными Th1-клетками. Поэтому высокий уровень ФНО-α у больных с ДЭ I степени тяжести может свидетельствовать о наличии острой воспалительной реакции. При переходе воспалительного процесса в хронический и дальнейшем прогрессировании заболевания у больных со II и III степенями тяжести дальнейшее увеличение содержание ФНО-α происходит на фоне увеличения продукции ИЛ-6 – цитокина, который, по данным многих авторов, играет центральную роль в воспалительном ответе [13,237]. Основной вклад ИЛ-6 в патогенез воспаления определяется, в первую очередь, индукцией и регуляцией синтеза острофазовых белков, а также участием В-лимфоцитов в стимуляции, антителообразовании, дифференцировке цитотоксических Т-лимфоцитов, привлечении лейкоцитов в очаг воспаления, регуляции уровня фибриногена и функции тромбоцитов и т. д. [14,2].

Концентрация ИЛ-6 в сыворотки больных ДЭ с СКР I степени тяжести практически не отличалась от контрольного значения. Однако при II степени ДЭ содержание данного цитокина существенно превышало контроль и значения при I степени тяжести изучаемой сосудистой патологии ЦНС. И, наконец, при наиболее тяжелой – III степени ДЭ концентрация ИЛ-6 была максимальной и превышала не только контрольный уровень, но и значения, определенные у больных с I и II степенью тяжести.

Повышение концентрации ИЛ-6 в крови часто связано с повреждением тканей: при травмах, ишемии, ожогах, воздействии септических и асептических раздражителей, иммунных реакциях гиперчувствительности и аутоиммунных заболеваниях. Данный цитокин является одним из основных регуляторов воспалительного процесса и стимулирует развитие плазмоцитоза и гипергаммаглобулинемии, а также активирует гипоталамо-гипофизарно-надпочечниковую систему [15,13].

ИЛ-6 является как провоспалительным, так и противовоспалительным цитокином. Он вырабатывается клетками иммунной системы, а также вспомогательными клетками, обладающими иммунной функцией (моноцитами, макрофагами, лимфоцитами, эндотелиоцитами, астроцитами и клетками микроглии), и клетками, не имеющими прямого отношения к иммунной системе (остеобластами, клетками стромы костного мозга, кератиноцитами, синовиальными клетками, хондроцитами, эпителиоцитами тонкой кишки, клетками Лейдига в яичках, фолликулярно-звездчатыми клетками гипофиза, клетками стромы эндометрия, клетками трофобласта и гладкими мышечными клетками кровеносных сосудов) [16,2;17,603;18,2095].

ИЛ-4 продуцируется в основном $CD4^+$ и $CD8^+$ лимфоцитами, В-лимфоцитами и макрофагами. Интерлейкин-4 (ИЛ-4) участвует в дифференцировке Т-хелперов: Th-0 в Th-1 и Th-2. Под действием ИЛ-4 происходит переключение В-лимфоцитов на синтез Ig E, а также усиливается дифференцировка в цитотоксические Т-клетки, активируются макрофаги, усиливается их цитотоксичность, индуцируется пролиферация NK-клеток [19,1531].

Концентрация ИЛ-4 в сыворотке крови больных ДЭ с СКР I степени тяжести достоверно не отличалась от контрольного значения. По мере утяжеления процесса происходило и нарастание содержание данного цитокина. Так при II степени тяжести дЭ уровень ИЛ-4 становился существенно выше контроля и значений у пациентов с I степенью тяжести ДЭ. При наиболее тяжелом течении данного заболевания (III степень тяжести) содержание ИЛ-4 в сыворотке крови становилось максимальным и значительно превышало контроль и уровни у больных с I и II степенью тяжести ДЭ.

Таблица № 2

Содержание ИЛ-4 в сыворотке крови у больных дисциркуляторной энцефалопатией различной степени с СКР (пкг/мл).

Степень тяжести	Концентрация ФНО-α (M±m)
Доноры	25,2 ± 2,32
I	30,8 ± 2,39
II	39,8 ± 2,74*/**
III	48,3 ± 3,56*/**/***

Примечание: * - обозначены величины, достоверно отличающиеся от контроля, ** - обозначены величины, достоверно отличающиеся от значений в группе I, *** - обозначены величины, достоверно отличающиеся от значений в группе II.

Влияние данного цитокина на организм зависит от его концентрации. Так в средних дозах ИЛ-4 может выступать синергистом ИЛ-2 в плане стимуляции образования LAK-клеток, полученных как из периферической крови, так и лимфоцитов, инфильтрирующих опухоль. В то же время ИЛ-4 как в низких, так и в высоких дозах ингибирует продукцию ИЛ-2 лимфоцитами и ИЛ-2-индуцированную цитотоксичность LAK-клеток [20,60].

Заключение. При дисбалансе содержания про- и противовоспалительных цитокинов, на фоне активации как клеточного, так и гуморального звеньев иммунной системы возможно присоединение к основному заболеванию аутоиммунного компонента, который может усугублять ишемическое повреждение клеток ЦНС и, тем самым выраженность клинических проявлений СКР.

Список литературы

1. Нагорнев В.А. Роль иммунного воспаления в атерогенезе. / В.А Нагорнев, В.С. Рабинович. Вопросы медицинской химии, 1997; Т. 43: Вып. 5: С. 339—347.

2. Blacher J. Relation of plasma homocysteine to cardiovascular mortality in a French population. J. Blacher, A. Benetos, J. Kirzin et al. Am J Cardiol, 2002; Vol.90: N6: P.591–595.

3. Шевченко О.П. Гомоцистеин – новый фактор риска атеросклероза и тромбоза. Клиническая лабораторная диагностика, 2004; № 6

4. Verhoef M.J. et al. Homocysteine metabolism and risk of myocardial infarction: relation with vitamins B6, B12, and folate. Am. J. Epidemiol, 1996; 143: 845–859.

5. Graham M. Plasma homocysteine as a risk factor for vascular disease: the European concerted action project. / M. Graham, L. Daly, H. Refsum et al. JAMA, 1997; Vol.277: N 22: P.1775–1781.

6.   Hansrani M. Homocysteine in myointimal hyperplasia. / M. Hansrani, J. Gillespie, G. Stansby. Eur J Vasc Endovasc Surg, 2002; Vol.23: P. 3–10.

7.   Баранова Е.И., Большакова О.О. Клиническое значение гомоцистеинемии (обзор литературы). Артериальная гипертензия, 2004; №10: с. 1-19

8.   Баркаган З.С., Костюченко Г.И., Котовщикова Е.Ф. Гипергомоцистеинемия как самостоятельный фактор риска поражения и тромбирования кровеносных сосудов. Патология кровообращения и кардиохирургия, 2002; №1: с. 65-71.

9.   Ефимов В.С., Цакалов А.К. Гомоцистеинемия в патогенезе тромбоваскулярной болезни и атеросклероза. Лаб. Мед, 1999; №2: с. 44-48.

10.   Clarke R., Armitage J. Vitamin supplements and cardiovascular risk: review of the randomized trials of homocysteine-lowering vitamin supplements. Semin Thromb Hemost, 2002; 26: 341-348

11.   Tracy R.P. Inflammation markers and coronary heart disease. R.P. Tracy. Curr. Opin. Lipidology, 1999; Vol. 10: P. 435-441. Dinarello C.A. Role of pro- and anti-inflammatory cytokines during inflammation: experimental and clinical findings. J. Biol. Regul. Homeost. Agents, 1997; Vol. 11: P.91-103.

12.   Castell J.V. Interleukin-6 is the major regulator of acute phase protein synthesis in adult human hepatocytes. / J.V. Castell, M.J. Gomez-Lechon, M. David et al. FEBS Lett, 1989; Vol. 24: P. 237-239.

13.   Kishimoto T. The biology of interleukin-6. Blood, 1989; Vol. 71: P. 1-10.

14.   Ватутин Н.Т. Инфекция как фактор развития атеросклероза и его осложнений. Кардиология, 2000; № 2: С. 13-22.

15.   Persson J, Nilsson J, Lindholm M Cytokine response to lipoprotein lipid loading in human monocyte-derived macrophages. Lipids in Health and Disease 2006; 5;17:1-8

16.   Stollenwerk M, Lindholm M, Porn-Ares M, Larsson A, Nilsson J, Ares M Very low-density lipoprotein induces interleukin 1-beta expression in macrophages. Biochem Biophys Res Commun 2005; 335: 603-608

17.   Dinarello C, Biologic basis for interleukin-1 disease. Blood 1996; 87: 2095-2147

18.   Olofsson P, Sheikine Y, Jatta K, Ghaderi M, Samnegärd A, Eriksson P et al. A functional interleukin-1 receptor antagonist polymorphism influences atherosclerosis development: The interleukin-1β: interleukin-1 receptor antagonist balance in atherosclerosis. Circ J 2009; 73: 1531-1536

19.   Arend W, Guthridge C, Biological role of interleukin1 receptor antagonist isoforms. Ann Rhem Dis 2000; 59: 60-64

**Попова Т.Ф., Грибачева И.А., Корнач Н.В., Фонин В.В.,
Люткевич А.А., Дергилев А.П.**

Сведения об авторах:

1. Попова Татьяна Федоровна, д.м.н., профессор кафедры неврологии ГБОУ ВПО Новосибирский государственный медицинский университет Минздрава России, mail- popovamed07@rambler.ru

2. Грибачева Ирина Алексеевна, д.м.н., профессор кафедры неврологии ГБОУ ВПО Новосибирский государственный медицинский университет Минздрава России, mail - irengri@mail.ru

3. Корнач Наталья Викторовна, к.м.н., заведующая Региональным сосудистым центром города Новосибирска

4. Фонин Вячеслав Васильевич, к.м.н., заведующий нейрохирургическим отделение Регионального сосудистого центра города Новосибирска

5. Люткевич Анна Александровна, к.м.н., доцент кафедры госпитальной терапии ГБОУ ВПО Новосибирский государственный медицинский университет Минздрава России

6. Дергилев Александр Петрович д.м.н., профессор, заведующий кафедрой лучевой диагностики ГБОУ ВПО Новосибирский государственный медицинский университет Минздрава России

ВЛИЯНИЕ АНГИОСПАЗМА И СОСУДИСТЫХ ФАКТОРОВ РИСКА НА ИСХОДЫ СУБАРАХНОИДАЛЬНОГО КРОВОИЗЛИЯНИЯ

Введение. Наибольшую распространенность представляет вариант субарахноидального кровоизлияния (САК) аневризматической этиологии (65-77%), в связи с чем данная форма острого нарушения мозгового кровообращения рассматривается в рамках нейрохирургической проблемы [1,62;2,126]. Как фактор риска возникновения спонтанных САК признана также артериальная гипертензия (5-8%), приводящая к изменению стенок сосудов в виде плазморрагий, фибриноидного некроза с расширением артерий в виде милиарных аневризм. В процессе организации кровоизлияний наблюдается пролиферация клеток арахноэндотелия, лептоменинкс склерозируется, формируются локальные расширения и сужения арахноидального пространства, что может привести к нарушениям циркуляции цереброспинальной жидкости [3,189]. Одним из наиболее тяжелых и частых осложнений САК является ангиоспазм с развитием ишемии мозга [1,44]. В 30 — 70% случаев после САК наблюдается образование очагов инфаркта, которые могут повлиять на исход болезни. В дальнейшем эти пациенты нуждаются в длительной реабилитации, поскольку в клинической картине преобладают симптомы ишемического повреждения мозговой ткани [4,67]. Выбор тактики и стратегии ведения больных с САК, осложненном вазоспазмом, остается весьма проблематичной задачей [5,1556]. В последнее время все большее значение придается изменениям локальной гемодинамики, обусловленным повышенной зоной агрегатообразования и адгезии клеток в зоне вазоспазма с последующим продвижением агрегатов по кровотоку и блокадой микрососудов. Несмотря на то, что ангиоспазм развивается преимущественно в крупных сосудах, в то же время в мелких сосудах вслед за параличом, обусловленным реактивной гиперемией, возникает нарушение ауторегуляции мозгового кровотока со снижением перфузионного давления, что тесно связано с развитием неврологической симптоматики [1,28].

Материал и методы исследования. Группу обследованных составили 129 неоперированных пациентов с клиническими признаками субарахноидального кровоизлияниями, у которых диагноз был подтвержден методами компьютерной томографии (КТ) и люмбальной пункции. Противопоказания для оперативного лечения определялись в каждом случае нейрохирургом. Кроме того, в эту группу вошли пациенты, у которых методом ангиографии не был выявлен субстрат для оперативного лечения или был заявлен отказ от данного метода самим больным или его родственниками. Степень тяжести САК оценивалась по классификации, предложенной W. Hunt и R. Hess, которая сопоставима с показателями количественной оценки нарушения сознания по шкале Glasgow. Состояние больного оценивалось трижды: на 3-4 сутки – начало вазоспазма; на 10-14 день – максимальное развитие вазоспазма; на 21 день болезни — период активизации больного. К этому времени также падает риск повторного САК. Для оценки выраженности вазоспазма использовалась транскраниальная допплерография (ТКД) как основной неинвазивный метод оценки состояния кровотока в интракраниальных артериях. Статистический анализ осуществлялся на персональном компьютере «Pentium» с использованием пакетов статистической программы STATISTICA 8. Для анализа полученных результатов использовали расчет средних арифметических величин (М), их ошибок (m) и среднеквадратичного отклонения (δ). Сравнение средних величин в отдельных случаях осуществлялось с помощью параметрического критерия (t) Стьюдента. Разность считалась достоверной при Р<0,05. Для установления связей между параметрами использовался корреляционный анализ с подсчетом ранговых коэффициентов корреляции (r) К. Спирмена.

Результаты. Среди обследованных больных было 55,04% (71 чел.) женщин и 44,96% (58 чел.) — мужчин. Средний возраст больных составил 49,7±1,2 лет (δ ± 14,8). Средний уровень расстройства сознания по шкале Глазго составил 12,7±0,6 (δ ± 11,8) балла. Установлено, что почти половина больных (48,1%) имела III и IV степень тяжести болезни. Столько же примерно (51,9%) составили в совокупности крайние позиции тяжести САК, то есть I-II и V степени тяжести. Для полноты исследования было проведено сравнение клинической степени тяжести течения САК по W. Hunt и R. Hess и тяжестью САК по КТ-признакам с использованием критерия C.M. Fisher. Установлена корреляционная связь между клинической степенью тяжести САК и КТ-признаками тяжести кровоизлияния (r=0,78). Большое значение для понимания течения и исходов субарахноидального кровоизлияния имеет тот факт, что 15 пациентов (11,6%) с III КТ-типом имели IV и V степень тяжести и 9 человек (6,9%) имели V степень тяжести при II КТ-типе кровоизлияния. Вместе эти пациенты составили группу с неблагоприятным клиническим типом течения САК. Исследование больных по возрастным группам показало, что возникновение САК возможно в любом возрасте и может протекать с различной степенью тяжести. Только в группе старческого возраста существует положительная корреляционная связь между возрастом и тяжестью течения САК (r=0,53). Считается, что ограничением для оперативного лечения являются сопутствующие соматические заболевания [6,17;7,644]. Это позволило показать, что имеющиеся сопутствующие соматические заболевания в дальнейшем усугубляют течение САК. В данном исследовании установлено, что на 129 больных САК, среди которых у 32 сопутствующих факторов риска не было, что составляет четверть пациентов (24,8%), приходится 161 фактор риска. Это указывает на сочетание нескольких факторов риска у одного пациента. При этом 81,1% всех факторов риска в совокупности приходится на пациентов с IV и V степенями тяжести по сравнению с 38,7% у больных с I-II и III степенями тяжести в совокупности (Р<0,05), что свидетельствует о влиянии сосудистых факторов риска на тяжесть течения САК. Установлена положительная корреляционная связь (r=64) между количеством сосудистых факторов риска у больного и тяжестью течения САК. В рамках заданного алгоритма было изучено клиническое течение сосудистого спазма на разных этапах болезни. Данные ТКДГ свидетельствуют о том, что у 26 человек (23,9%) на 3-4 сутки САК не было ускорения линейной скорости кровотока и эта цифра сопоставима с показателем I-II степени тяжести на 14-е сутки болезни (27,1% — 26 чел). В то же время ускорение ЛСКсист до 200 см/с имели 28,4% (31чел), а свыше 200 см/с уже 47,7% (52 чел.), что соответствовало более тяжелым степеням (при III и IV-V) тяжести на 14-е сутки (30,3% и 42,8% соответственно), часть из которых (9 чел. — 7,0%) умерли до наступления периода максимального вазоспазма. Таким образом, данные ТКДГ уже на начальных этапах болезни могут являться прогностическим признаком тяжести течения САК, что соответствует данным литературы [8,1348]. Кроме того, было проведено сопоставление данных ТКДГ, КТ и клинических данных у больных с инвалидизирующим исходом болезни. Таких оказалось 30 человек, что составило 34,1% от 88 больных САК, доживших до 21-го дня болезни. При этом III степень тяжести имела место почти у четверти (20,5% — 18 чел.) пациентов, а IV степень тяжести составила лишь шестую часть (13,6% — 12 чел.), ни один из больных с V степенью тяжести не дожил до конца острого периода болезни

Выводы. Течение и исходы САК, осложненного вазоспазмом, в группе неоперированных больных зависят от клинической степени тяжести болезни, сроков госпитализации, возраста пациента, сопутствующих факторов риска, их сочетаний и выраженности. Для прогнозирования течения болезни и определения ее исхода на ранних этапах, а также для выбора реабилитационных программ целесообразно принимать во внимание выявленные особенности течения САК, осложненного вазоспазмом, в зависимости от локализации вторичных ишемических повреждений в различных бассейнах кровоснабжения головного мозга, в том числе корковых ветвях, и ультразвуковые данные, полученные при исследовании магистральных сосудов шеи и головы. Летальный исход у неоперированных больных с субарахноидальным кровоизлиянием имеет место у трети пациентов, среди которых более половины умирают непосредственно от кровоизлияния, почти четверть — от вазоспазма с формированием обширных очагов инфаркта, остальные — при тяжести состояния субарахноидального кровоизлияния III степени имеют сопутствующие сосудистые факторы риска, которые значительно утяжеляют течение основного заболевания и приводят к летальному исходу.

Список использованной литературы

1. Крылов В.В., Гусев С.А., Титова Г.П., Гусев А.С. Сосудистый спазм при субарахноидальном кровоизлиянии. М.: ООО «Аким» 2001; 208.

2. Алифирова В.М. Инсульт. Эпидемиология, лечение, профилактика. Томск 2009; 292

3. Гулевская Т.С., Моргунов В.А. Патологическая анатомия нарушений мозгового кровообращения при атеросклерозе и артериальной гипертензии. М.: Медицина 2009; 295

4. Кадыков А.С., Черникова Л.А., Шахпаронова Н.В. Реабилитация неврологических больных. М.: ООО «ПК «ФАРМАСОФТ» 2008; 554.

5. Robert D., Stevens Neeraj S., Naval Marek A., Mirski Giuseppe Andrews Intensive care of aneurismal subarachnoid hemorrhage: an international survey. Intensive Care Med. 2009; 35: 1556-1566.

6. Roganovic Z., Pavlicevic G., Tadic R., Djirkovic S. Risk factors for the onset of vasospasm and rebleeding after spontaneous subarachnoid hemorrhage. Vojnosanit Pregl. 2001; 58 (1): 17-23.

7. Macdonald R.L., Rosengart A., Huo D., Karrison T. Factors associated with the development of vasospasm after planned surgical treatment of aneurysmal subarachnoid hemorrhage. J. Neurosurg. 2003; 99 (4): 644-652.

8. Suarez J.I., Qureshi A.I., Yahia A.B., Parekh P.D., Tamargo R.J., Williams M.A., Ulatowski J.A., Hanley D.F., Razumovsky A.Y. Symptomatic vasospasm diagnosis after subarachnoid hemorrhage: evaluation of transcranial Doppler ultrasound and cerebral angiography as related to compromised vascular distribution. Crit Care Med. 2002; 30 (6): 1348-1355.

Баранова О.В.

ПСИХОФИЗИОЛОГИЧЕСКИЙ СТАТУС И ПСИХОСОМАТИЧЕСКИЕ НАРУШЕНИЯ У ЛИКВИДАТОРОВ РАДИАЦИОННОЙ АВАРИИ НА ЧАЭС

Особенностью психосоматических заболеваний у ликвидаторов в отдаленном периоде является сочетание эффектов биологического действия ионизирующего излучения с гормональными изменениями. Во время пребывания в зоне аварии функциональные гормональные изменения сочетаются с вегето-сосудистыми изменениями, быстро возникающими и развивающимися как реакция организма на биологическое действие малых доз ионизирующего излучения. При этом психологические последствия радиационной аварии могут превосходить эффект от прямого биологического действия излучения, или быть сопоставимы с ним[1;25].

К настоящему времени установлено, что деятельность в экстремальных условиях, к которым несомненно относится работа по ликвидации последствий радиационной аварии на ЧАЭС, приводит к формированию устойчивой стресс-индуцированной нейродинамической функциональной системы с патохарактерологическими и вегетативными компонентами, которые являются значимыми в течение последующих лет.

Воздействие экстремальных факторов деятельности сопровождается нарушением межполушарных взаимоотношений в головном мозге и формированием психосоматических нарушений. При этом нарушается взаимодействие нейродинамических процессов в субдоминантном полушарии, снижается функциональный резерв головного мозга, ограничивается развитие нейрофизиологических процессов адаптации, регулирующих внутри- и межполушарные взаимодействия. Отягощаются проявления эмоционального стресса в деятельности функциональных систем организма. Клинически это проявляется в виде невротических вегето-сосудистых и психопатологических синдромов.

Изучение адаптационных процессов в организме человека требует новых подходов к оценке взаимосвязанных реакций мозга и выявлению их роли в отдаленном посттравматическом периоде на фоне сформировавшихся психосоматических нарушений[2;22].

Обследованы ЛПРА в возрасте 34 - 69 лет, из них 410 участвовавших в ликвидации последствий аварии на ЧАЭС в 1986 - 1987 гг., 20 участвовавших в ликвидации аварий на атомных подводных лодках и 12 участвовавших в испытаниях ядерного оружия на полигонах. Контрольная группа состояла из 30 здоровых мужчин в возрасте 23 - 65 лет, геронтологическую группу составили 54 мужчины в возрасте 60 -65 лет.

Комплекс исследований, проводимых в стационарных и амбулаторных условиях, включал анализ ЭЭГ с применением стандартных функциональных нагрузок , тест САН и обследование по методике Крепелина. Регистрацию фоновой биоэлектрической активности (БЭА) лобных, центральных, теменных, затылочных и височных областей коры обоих полушарий осуществляли по международной схеме "10-20" на компьютерных энцефалографах серии "Диагност" фирмы "Медицинские компьютерные системы" (Санкт-Петербург) и ''Телепат-103'' Использовали монополярную коммутацию относительно ипсилатерального ушного электрода.

При анализе данных ЭЭГ-обследований ЛПРА оценивали амплитуду, частоту, индекс ритмов ЭЭГ в стандартных диапазонах, особенности паттерна БЭА, наличие патологических паттернов и знаков. Для количественной оценки спектральной мощности ритмов (СМР) ЭЭГ, распределения СМР по конвекситьной поверхности, ее асимметрии использовался компьютерный анализ ЭЭГ. Оценивалась как суммарная СМР, так и в дельта-, тета-, альфа- и двух бета-диапазонах. Производилось топографическое картирование распределения ритмов по конвексу Количественные значения ритмотопограммы, при необходимости могли уточняться по графикам Фурье-спектра, графикам энергии спектра, авто- и кросскорреляционным функциям для каждого из 16 отведений.

Анализ ЭЭГ-данных позволил проанализировать динамику индивидуальных изменений и проводить статистический анализ внутри массива электрофизиологических показателей состояния ЦНС у ЛПРА, то есть проследить динамику на индивидуальном и популяционном уровнях. Статистическая обработка результатов проводилась по непараметрическим критериям с обсуждением статистически значимых результатов.

Соматическая заболеваемость среди ЛПРА во многом стрессорного происхождения. В пользу этого свидетельствует тот факт, что у 30% ЛПРА основное заболевание имело место до аварии, но после работ обострилось, либо течение ухудшилось, что подтверждает положение о том, что психосоматические нарушения развиваются при совпадении неблагоприятного состояния функций внутренних органов и нарушения функций адаптации. Согласно концепции избирательного поражения внутренних органов в период стрессовых нагрузок нарушение функций в первую очередь развивается в той системе, воздействие которой предшествует стресс [3;20].

Кроме того, наибольший прирост заболеваемости отмечен при сочетании ИБС с ГБ, что свидетельствует о вкладе в развитие данной патологии нервно-эмоционального компонента. Далее, заболевания желудочно-кишечного тракта, особенно язвенная болезнь, являются ведущими у ЛПРА. Наиболее характерным признаком, отличающим течение язвенной болезни у ликвидаторов является большая частота "немых" язв, их множественность и большие сроки рубцевания[5;336]. Имеется много признаков стрессорного происхождения язв у ЛПРА. Установлен факт тенденции к гиперкортицизму у ЛПРА. Уровень кортизола, одного из основных гормонов стресса, у большинства ЛПРА находится на верхней границе нормы.

У больных наличие правого типа межполушарной асимметрии в большей степени связано с изменениями выраженности α- и β-ритмов, чем наличие других вариантов межполушарного взаимодействия. Среднее значение α-ритма в подгруппе больных с правополушарным доминированием составляет $34,3\pm0,9$ %, средняя выраженность β-ритма – $18,2\pm1,3$ %. В подгруппе больных без межполушарной мозговой асимметрии или с левополушарным доминированием средняя выраженность α-ритма составляет $41,3\pm0,8$ %, средняя выраженность β-ритма–$15,8\pm0,7$ %. Отмечены значимые обратные взаимосвязи выраженности α-ритма с уровнем алекситимии, ситуативной тревоги и личностной тревожности. Изменения индекса β-ритма взаимосвязаны с рассматриваемыми здесь психологическими параметрами еще более интенсивно. Представляется также важным, что изменения биоэлектрической активности у обследованных больных регистрировались в области проекции лимбико-ретикулярного комплекса, в зонах локализации не только эмоциогенных структур, но и вазомоторных центров, интегрирующих регуляцию вегетативных и соматических процессов.

Анализ динамики выявленных психофизиологических нарушений у ЛПРА, сопоставление ее с результатами углубленного клинического обследования и эпидемиологической характеристикой заболеваемости данного контингента позволяют сделать вывод, что патогенез психофизиологических расстройств, характеризующийся развитием стойкой межполушарной ассиметрии, определяется церебральными сосудистыми изменениями, в том числе атеросклеротическими, и сопряженными с ними нарушениями энергообеспеченности тканей мозга.

Истощение функциональной активности ЦНС, обусловленное необратимыми поражениями в структурах мозга, нуждается в своевременном выявлении современными программными электрофизиологическими методами ранней диагностики и в адекватной терапевтической коррекции[4;69]. Компьютерные диагностические комплексы (КДК) предусматривают автоматическую интерпретацию результатов обследования, основанную на выработанных специалистами критериях оценки ЭЭГ. КДК могут тиражироваться и использоваться в медицинских учреждениях разного профиля, не имеющих высококвалифицированных специалистов по диагностике ЦНС. КДК могут быть включены в единую информационную сеть с возможностью оказания консультативной помощи .

Литература

1.Баранова О.В., Королева Т.М., Шубик В.М. Некоторые показатели здоровья ликвидаторов Чернобыльской аварии (отдаленные последствия).//Радиационная гигиена.Спб.-2012.-Т.5-№2.-С.20-25.

2. Гуськова А.К. Радиация и мозг человека // Актуальные и прогнозируемые на рушения психического здоровья после ядерной катастрофы в Чернобыле: Матер.междунар.конф., г.Киев,24-25 мая,1995.-Киев: Ассоциация «Врачи Чернобыля»,1995.-С.22.

3. Краснов В.Н., Петренко Б.Е., Войцех В.Ф. и др. Психические расстройства у ликвидаторов последствий аварии на Чернобыльской АЭС. Сообщение 2 : Клинико-патогенетические и патопластические взаимосвязи // Социальная и клиническая психиатрия. - 1993. - Т.3, вып. 4. - С. 6-20.

4.Нягу А.И., Логановский К.Н. Изменения в нервной системе при хроническом воздействии ионизирующего излучения // Журн.невропатологии и психиатрии.-1997.-№2.-С.62-69.

5.Шубик В.М. Радиационные аварии и здоровье.-СПб.:НИИ радиац.гигиены.-2003.-336с.

Савотина Н.А.

доктор педагогических наук, доцент, Федеральное государственное научное учреждение «Институт семьи и воспитания» Российской академии образования, г. Москва

ТРЕБОВАНИЯ К ТЕХНОЛОГИИ ПРОЕКТИРОВАНИЯ ГРАЖДАНСКОГО ВОСПИТАНИЯ В ВУЗЕ

Сегодня в социально-педагогической практике активно используется термин «программно-целевое проектирование». В гражданском воспитании он определяется нами как система знаний об оптимальных способах преобразования и регулирования отношений в духе формирования ценностной нормативности (взгляд на реальность с точки зрения выраженности государственных, общественных, национальных интересов), а также практика алгоритмического применения совокупности методов, приемов и средств формирования гражданственности. Как и любая технология, технология проектирования гражданского воспитания должна иметь свой фундамент, базирующийся на углубленном изучении законов общественного функционирования; операционализации процессов и единстве технологических процедур (иногда алгоритмы закрепляются в нормативных, законодательных документах, методических разработках - алгоритм проведения гражданского форума, беседы, дискуссии и т.п.); четком определении субъектов управления; расширении способов взаимодействия с социальными институтами общества.

Технология проектирования гражданского воспитания может иметь следующие формы: модель, проект, включающий концептуальное обоснование, определение цели и задач его реализации, механизм реализации с поэтапным (пошаговым) описанием, материальное и кадровое обеспечение, временные ресурсы и планируемые результаты; программу; план.

Оправданность предлагаемой нами технологии проектирования гражданского воспитания студентов определяется ее функциями, которые реализуются в совокупности или используется тот или иной их набор, в зависимости от воспитательной ситуации в конкретном вузе:

-аналитико-прогнозная (выявление и учет ценностных ориентиров и направленности будущих специалистов, потенциал для развития гражданских качеств, мониторинг адаптационных процессов в студенческой среде, прогноз изменения существующих параметров);

-диагностическая (анализ существующих актуальных и потенциальных проблем гражданского воспитания, связанных с воспитанием патриотизма, превенцией экстремизма, национализма, исследование проблемного поля социальной ситуации в студенческом социуме);

-системно-моделирующая (определение методов, приемов, средств гражданского воспитания, характера разрешения сложившейся ситуации, определение системы помощи на различных уровнях);

-проектно-организаторская (алгоритмическая разработка проекта);

-активационная (содействие активации потенциала социального функционирования социума, побуждение к развитию самопомощи и взаимопомощи; тренинги, консультации по созданию толерантных отношений в студенческом социуме, правовая и юридическая помощь студентам);

-организаторская (подбор и расстановка кадров, доведение до исполнителей заданий, определение способов стимулирования) и др.

Необходимость создания специальной технологии проектирования гражданского воспитания подтверждается и результатами анализа существующих государственных, региональных и локальных программ по патриотическому и гражданскому воспитанию, которые показывают, что программы разных уровней имеют общие недочеты: ориентированность на молодежь, безотносительно к возрасту и специфике социума; функциональная насыщенность программ, ограниченная знаниевым компонентом; декларативный характер формулируемых задач; формальный подход к выбору исполнителей, вовлечение незаинтересованных и случайных людей.

Как и любая другая социально-педагогическая технология, технология программно-целевого проектирования гражданского воспитания предполагает алгоритмическое применение оптимальных методов и средств; рациональное расщепление процесса на взаимосвязанные этапы, фазы и операции; поэтапную координацию действий по их выполнению и коррекции. Определение технологических фаз механизма реализации программно-целевого проектирования гражданского воспитания поможет избежать неоправданной затраты сил, связанных со спонтанностью и стихийностью воспитательных ситуаций. Технологическая схема проектирования включает 5 основных этапов:

1 этап - постановка исходной цели и формулирование задач.

2 этап - оценка текущего состояния объекта трансформирования (студенческого социума) в конкретном учебном заведении. Оценка проводится в соответствии с выбором поставленных задач. В нашем исследовании это: 1. Развитие гражданского самосознания личности студента. 2. Воспитание политической и правовой культуры студента. 3. Воспитание будущих специалистов в духе патриотизма, веротерпимости и культуры межнационального общения. 4. Развитие навыков социальной активности, обогащение социального опыта по общению с представителями других культур. В ходе оценки текущего состояния объекта подразумевается решение следующих задач: анализ с помощью избранных оценочных критериев сильных и слабых сторон студенческого социума, системы управления в вузе; наличие профессиональных кадров и необходимой материальной базы; ранжирование недостатков предыдущей деятельности вуза в данном направлении (которые могут быть устранены внутри системы управления силами преподавателей и недостатки, которые не могут быть устранены собственными усилиями); моделирование связей системы воспитания вуза с другими объектами в социальной структуре подведомственной территории.

Эта стадия является ключевой при подготовке программы гражданского воспитания. Сформулированные на этой стадии выводы представляют базовую позицию для последующего проектирования. Их назначение: мотивировать руководителей и исполнителей к деятельности по гражданскому воспитанию, создать представление о реальных перспективах и возможностях преодоления многих кризисных явлений в студенческом социуме.

3 этап - определение потенциала студенческого социума в решении проблем гражданского воспитания будущего специалиста.

Потенциал студенческого социума определятся на основе его текущего состояния (предыдущий этап) и намеченных задач деятельности: как расширить информационное поле студента в области гражданского воспитания; как организовать социальное поле деятельности для развития социальной компетентности студентов; как определить границы поля самоподготовки, реализации субъектности студента; какие направления поликультурной подготовки более целесообразны в условиях данного студенческого социума; какой воспитательный комплекс (с учетом национально-регионального компонента) поможет гармонизации патриотических чувств и культуры межнационального общения; как расширить сферу деятельности по гражданскому воспитанию, оптимально сочетая с другими видами воспитания т.д. Поиск ответов на такие вопросы - процесс, предусматривающий расхождение во мнениях, допускающий выявление нескольких путей достижения цели.

4 этап - разработка программы гражданского воспитания.

Проект программы обычно готовится специальной группой разработчиков, дорабатывается с использованием необходимых критериев, требований к его качеству: профессиональная оснащенность программы; отсутствие декларативности, общих заявлений, эмоциональности; отсутствие подробной детализации; учет специфики студенческого социума и национальной специфики места нахождения вуза. Это позволяет не только увидеть интегрированную картину ситуации гражданского воспитания в вузе, наиболее острые проблемы, но и применить определенный комплекс действий по разрешению этих проблем, либо предотвратить негативную динамику их развития.

5 этап – контроль реализации программы и ее коррекция.

Разумеется, процесс программно-целевого проектирования не исключает дополнительных промежуточных стадий, появление которых может быть продиктовано изменением ситуации в социуме, появлением новых нормативно-законодательных актов и т.п., но в целом его основное содержание можно суммировать пятью представленными этапами проектирования.

Данная технология – не шаблонный механизм деятельности по гражданскому воспитанию, она представляет собой организационную модель решения проблем гражданского воспитания в профессиональной подготовке будущего специалиста.

Бубнова Л.М.
преподаватель, ГБОУ СПО «Поволжский государственный колледж»
Самара, Россия
e-mail: 89608317212@mail.ru

КАДРОВЫЙ ДЕФИЦИТ ПЕДАГОГОВ КОЛЛЕДЖА ТЕХНИЧЕСКОГО ПРОФИЛЯ

Анализ имеющейся ситуации кадрового состава квалифицированных педагогов технического профиля среднего профессионального образования показывает проблему формирования готовности будущих специалистов технического профиля в условиях колледжа к педагогической деятельности.

В современных условиях рынка труда необходимость в специалистах технического профиля очень велика. Между тем существующий кадровый дефицит педагогов технического профиля не позволяет выпускать их больше.

Проблема формирования готовности будущих специалистов технического профиля в условиях колледжа к педагогической деятельности многоаспектна и связана с необходимостью разрешения основных противоречий:

- между необходимостью совершенствования подготовки специалиста технического профиля в условиях колледжа и недостаточной разработанностью методического обеспечения этой подготовки;

-между отсутствием связей сложившейся системы профессиональной подготовки специалистов технического профиля и профессиональной подготовки специалистов к педагогической деятельности;

- между необходимостью обеспечения конкурентоспособности будущих специалистов технического профиля в условиях колледжа и очевидным кадровым дефицитом педагогического состава со знанием технических специальностей.

Проблема профессионального отбора студентов – будущих педагогов технических специальностей, формирование у них профессионально-важных качеств на сегодняшний день является очень актуальной. Основными знаниями у этих специалистов безусловно будут являться знания технического профиля. К основным профессионально важным качествам педагога технических специальностей, обеспечивающим успешность выполнения профессиональной деятельности, относятся: коммуникативные способности (общение и взаимодействие с людьми, умение устанавливать контакты), умение слушать, вербальные способности (умение говорить четко, ясно, выразительно), способность к самоконтролю, высокий уровень логического мышления, эрудированность, любознательность и обучаемость, терпимость, интерес и уважение к другому человеку.

Профессиональная жизнь педагога технического профиля имеет своего рода психологическое противоречие. В основу классификации профессий, разработанную Е. А. Климовым. положен критерий «объекта труда», т.е. того, на что или на кого направлена активная, преобразующая деятельность человека-профессионала. [1,42]

Студенты поступившие на обучение профессии по обработке металла, механической сборке и монтажу машин и электроприборов, профессии по ремонту, наладке и обслуживанию машин, приборов, аппаратуры будут относится к **профессии типа «человек – техника».** Основу данной профессиональной сферы составляют такие предметы, как физика, химия, математика, черчение.

От человека, выбравшего техническую профессию, требуется, чтобы он интересовался техникой и любил ее, имел стремление к ручному труду, предпочитал точность и был направлен на осуществление измерительных действий. С этим большинство студентов осмысленно пришедших на обучение в колледж с техническим направлением успешно справляется.

Но даже освоив свою специальность на «отлично», стать педагогом технического профиля для них проблематично. Часто наблюдается такая ситуация: молодого специалиста технического профиля берут на должность преподавателя специальных дисциплин или мастером производственного обучения, но проработав незначительное количество времени они увольняются. Основной причиной большинство из них называют сложность в общении со студентами, отсутствии субординации, дисциплины на уроке. Все это можно объяснить реальным отсутствием педагогических навыков. Имея I уровень- (минимальный) репродуктивный, по специфической характеристики продуктивности педагогической деятельности, по которой педагог может и умеет рассказать другим то, что знает сам, является **непродуктивным** [2,29] и недостаточным для современного педагога.

Профессия педагога, связанная с обучением, развитием, воспитанием, обслуживанием, руководством и контролем за деятельностью людей будет относится к **профессии типа «человек – человек».**

Главное содержание труда в данной профессиональной сфере состоит в умении активно взаимодействовать с людьми, общаться. Кроме того, профессионал в данной сфере должен иметь как бы двойную подготовку: хорошо ориентироваться в той производственной области, в которой осуществляется работа, а также быть подготовленным к эффективному деловому общению с людьми.

К качествам, препятствующим эффективной профессиональной деятельности педагога технических специальностей относятся: психическая и эмоциональная неуравновешенность, замкнутость, нерешительность, отсутствие склонности к работе с людьми, неумение понять позицию другого человека, ригидность мышления, низкий интеллектуальный уровень развития [3,271].

На наш взгляд, чтобы успешно можно было решать вопрос профессионального становления будущего специалиста педагога технического профиля, необходимо:

- выявить сущность формирования готовности будущих специалистов технического профиля в условиях колледжа к педагогической деятельности;

- определить педагогические условия формирования готовности будущих специалистов технического профиля в условиях колледжа к педагогической деятельности;

- разработать программу формирования готовности будущих специалистов технического профиля в условиях колледжа к педагогической деятельности:

- проверить экспериментальным путем эффективность разработанной технологии подготовки будущих специалистов технического профиля в условиях колледжа к педагогической деятельности.

ЛИТЕРАТУРА

1. Климов Е.А. Психология профессионального самоопределения. – Ростов-на-Дону: Изд-во Феникс, 1996; 2-е изд. – М.: Изд. центр «Академия», 2004, с.-295.

2.Кузьмина Н.В. Профессионализм личности преподавателя и мастера производственного обучения. М., 1990, с.-198.

3. Романова Е.С. 99 популярных профессий. Психологический анализ и профессиограммы. 2-е изд. – СПб.: Питер, 2004, с-520.

Лосев А.Л.

преподаватель ГБОУ СПО «Поволжский государственный колледж»,

kateloss@yandex.ru

ПОДГОТОВКА ПРЕПОДАВАТЕЛЕЙ ТЕХНИЧЕСКИХ ДИСЦИПЛИН ДЛЯ РАБОТЫ В СРЕДНИХ СПЕЦИАЛЬНЫХ УЧЕБНЫХ ЗАВЕДЕНИЯХ

15 мая 2013 года распоряжением Правительства Российской Федерации №792-р была принята Государственная программа РФ «Развитие образования на 2013-2020 годы», согласно которой основной целью является обеспечение высокого качества российского образования в соответствии с меняющимися запросами населения и перспективными задачами развития российского общества и экономки и повышение эффективности реализации молодежной политики в интересах инновационного социально-ориентированного развития страны.

Основной задачей данной программы является формирование гибкой, подотчетной обществу системы непрерывного образования, развивающей человеческий потенциал, обеспечивающей текущие и перспективные потребности социально-экономического развития Российской Федерации [1,2].

Другим базовым документом, определяющим стратегическое развитие страны, является Распоряжение Правительства Российской Федерации от 8 декабря 2011 года №2227-р «Об утверждении Стратегии инновационного развития РФ на период до 2020 года», в котором обозначены приоритетные направления: развитие кадрового потенциала в сфере науки, образования, технологий и инноваций, а также адаптация системы образования с целью формирования у населения с детства необходимых для инновационного общества и инновационной экономики знаний, компетенций, навыков и моделей поведения, а также формирование системы непрерывного образования[5,2].

Иными словами, требование сегодняшнего дня к специалисту – это не только его высочайшая квалификация в определенной сфере, но и его способность к адаптации в постоянно меняющихся условиях.

В российской системе профессиональной ориентации традиционно существуют неразрывно связанные между собой три этапа: начальная профориентационная деятельность в средней общеобразовательной школе, среднее профессиональное образование, получение высшего профессионального образования в ВУЗах. Вполне естественно, что системе среднего профессионального образования отводятся сейчас ключевые позиции, так как в основе модернизации производства был и остается человек, как рабочий, так и управленец среднего звена – мастер. И именно средним специальным учебным заведениям необходимо поднять процесс подготовки современных специалистов на качественно иной уровень.

Первое десятилетие XXI века характеризуется весьма существенным усовершенствованием материально-технической базы развития среднего образования (оснащение современным оборудованием учебных мастерских, наличие постоянного доступа к интернет – ресурсам, более тесные связи с промышленными предприятиями при прохождении студентами производственной практики, расширение межотраслевых связей).

Однако, как отмечают исследователи состояния среднего профессионального образования, наблюдается весьма существенное снижение качества подготовки специалистов.

По мнению В. М. Миниярова и И. Г. Ружниковой, в последние десятилетия, несмотря на то, что общество востребует личность с развитой познавательной деятельностью, с высоким уровнем общеобразовательной и профессиональной подготовки, увеличивается число учащихся с негативным и безразличным отношением к учебной деятельности[3,4].

Различные социологические опросы показывают, что в сознании большей части студентов доминантой является отнюдь не получение качественного образования, а сугубо меркантильные требования: стабильная заработная плата, комфортный уровень жизни, положение в обществе. И лишь незначительная часть обучающихся напрямую связывает достижение желаемых жизненных стандартов с качеством получаемого образования.

Исследователи этой проблемы по-разному определяют ее источники. М. В. Стафий полагает, что причиной тому является недостаточное внимание к социально-психологическим и личностным качествам выпускников[4,146]. Существует мнение, что основой данных противоречий в педагогической практике является определенная рассогласованность между ориентацией преподавателя на формирование ответственного отношения учащихся к процессу обучения и стремлением педагога сформировать у них представление о том, что их ответственность за результаты учения должна сочетаться со свободой в выборе его содержания и форм (Ю. В. Лопухова) [2,6]. Она же считает, что формирование ответственного отношения учащихся к учению реализуется не всегда успешно из-за того, что отсутствуют исследования, раскрывающие реальные пути формирования ответственного отношения к учению средствами свободного воспитания, в частности – соответствующей подготовке учителя. Не подготовленные специально, учителя не всегда видят возможность реализации таких ценностно наполненных понятий, как «свобода выбора», «согласование свобод», «моральная ответственность»[2,7].

Проблемам отношения студентов к учебной деятельности посвящены также работы И. А. Кондратьева, Г. А. Шевчук, Р. В. Левашова, А. М. Акбаевой, И. И. Устьянцевой и др.

Мы считаем, что вышеперечисленные факторы несомненно оказывают влияние на качественный уровень выпускников. Однако, существует, как минимум, еще одна причина, не нашедшая пока адекватного отражения в современных работах по изучению данной проблематики.

Суть ее в следующем: получение как начального, так и среднего профессионального образования в специализированных учебных заведениях проходит по двум, тесно связанным между собой направлениям: освоение курса среднего (полного) общего образования, которое практически не отличается от аналогичного в средней школе, и профессионального блока дисциплин, который имеет свою специфику в конкретном учебном заведении. И практически в любом из них существует проблема нехватки педагогов - профессионалов, преподающих узкопрофильные учебные дисциплины. Преподаватель технического профиля – человек, получивший профессионально-педагогическое образование, обладающий как традиционными педагогическими навыками, так и соответствующей отраслевой подготовкой. Такое образование можно получить в профильных профессиональных учебно-педагогических заведениях, соответствующих действующим государственным стандартам. Наряду с данной системой существуют и другие схемы подготовки кадров. Человек получает соответствующее профессиональное инженерно-техническое образование, а потом приобретает необходимые преподавателю знания в области педагогики, психологии и методики. Либо профессиональный педагог получает дополнительно техническую специальность. В силу краткосрочности такой подготовки (которая к тому же носит иногда чисто формальный характер), последние два варианта, несмотря на их распространенность, не позволяют обеспечить должный уровень подготовки, отвечающий требованиям сегодняшнего дня. Поэтому довольно часто возникают конфликтные ситуации, в основе которых лежит взаимное непонимание обучающего и обучающегося. Недостаток педагогического такта, толерантности, может в конечном итоге привести к снижению интереса студента к той или иной дисциплине, а иногда и к выбранной специальности в целом. Такого же эффекта может достичь и высококлассный педагог, не имеющий достаточной квалификации в качестве преподавателя узкопрофильной технической дисциплины. Данная «традиционная» система повышения квалификации, на наш взгляд, никогда не была эффективной и, скорее всего, в обозримом будущем она прекратит свое существование.

Единственной возможной системой подготовки современных преподавателей технического профиля на сегодняшний день является система инженерно-педагогических учебных заведений, но и там, несмотря на, как минимум, удовлетворительные условия обеспечения учебного процесса, лишь немногие студенты ставят перед собой цель связать в перспективе свою жизнь с педагогической деятельностью.

Проведенное первичное анкетирование студентов ГБОУ СПО «Поволжский государственный колледж» (г. Самара) инженерно – педагогического отделения по четырем специальностям (150415 «Сварочное производство», 151031 «Монтаж и техническая эксплуатация промышленного оборудования, 190631«Техническое обслуживание и ремонт автомобильного транспорта», 051001 «Профессиональное обучение по отраслям («Технология машиностроения»)» показало, что абсолютное большинство студентов приняло решение обучаться на данных специальностях исключительно с целью овладения профессией сварщика, монтажника промышленного оборудования, автомеханика и специалиста в области машиностроения и даже теоретически не рассматривает себя в роли преподавателя, наставника или мастера производственного обучения.

На наш взгляд, вопрос ориентирования студентов инженерно-педагогических учебных заведений (отделений) на педагогическую деятельность является проблемой общегосударственного уровня, требующей скорейшего решения. Необходим более глубокий и всесторонний анализ ситуации, а так же разработка специальных программ, способствующих изменению положения в лучшую сторону.

Литература:

1. Государственная программа Российской Федерации «Развитие образования на 2013-2020 годы» - М.:2013.
2. Лопухова Ю. В. Формирование ответственного отношения студентов педагогического колледжа к учению. – Самара: СамГПУ, 2010.-108с.
3. Минияров В. М. , Ружникова И.Г. Психология позитивного отношения учащегося к учебной деятельности. – Самара: Офорт, 2010.-143с.
4. Стафий М. В. Концепция профессионального мотивирующего воспитания и обучения в системе среднего профессионального

образовании. –М.: Университет им. В.И. Вернадского. №7-9(30), 2010;

5. Распоряжение Правительства Российской Федерации «Об утверждении стратегии инновационного развития Российской Федерации на период до 2020 года». – М.: 2011.

Druzhinina M.
PhD, professor
Translation and Applied Linguistics department
Institute of Philology and Intercultural Communication
Northern (Arctic) Federal University
m.druzhinina@narfu.ru
Lisitsyna A.
a first-year master student of master program
"Applied Linguistics: Foreign Languages for Professional Purposes"
Institute of Philology and Intercultural Communication
Northern (Arctic) Federal University

TANDEM LEARNING IN APPLIED LINGUISTICS: FROM PRACTICAL EXPERIENCE

The goal of the article is to present to wide circles of scientific community practical results of tandem language learning that is in current use in master program "Applied Linguistics: Foreign Languages for Professional Purposes", as well as to introduce creative solutions and fresh elements of the technique, and to define ways and trends of its further development.

Master program under review is being realized at Northern (Arctic) Federal University (hereafter NArFU) in the city of Arkhangelsk since 2012. It represents
a team effort of the best specialists of Institute of Philology and Intercultural Communication such as linguists, methodologists, culturologists and interpreters, who became the winners of NArFU educational contest in 2011. Innovative idea and creative approach of the course lie firstly in integrating cultural, language and professional values, secondly in combining linguistic, pedagogic and information disciplines in training process, and thirdly in forming general-cultural, professional and special competences. Moreover, this program puts emphasis on practical skills development and has pronounced applied nature.

Mission of the program consists in training of specialists in the sphere of applied linguistics to solve professional tasks concerned with international activity in the priority lines of the Arctic North development. Master students are supposed to communicate efficiently in professional area with people who speak a foreign language, to be a good hand at scientific and technical translation, to operate with business correspondence and special documentation, to develop and support international projects, to do educational work, as well as to work independently in the sphere of applied linguistics. They are also supposed to be aware of business custom rules, to use information technology in professional activity, to be engaged in research, and to be able to work in a team.

To solve such complicated tasks teaching staff is required to do continual search of creative and novel ideas of linguocultural and professional nature, and realize them in training process. Since this master program is oriented at bachelors and specialists who have basic education in different areas of knowledge, the curriculum is designed so as to provide the dynamics of evolution of learners' abilities to use foreign languages as means for solution of professional tasks; among fields are for instance management, economics, education, advertising.

This particular scientific-applied idea is realized both in the classes and when writing masters' theses, at that the subjects of the theses have pronounced integrative nature. Masters' theses for example examine features of the texts of business correspondence and international documentation, deal with time management at English lessons, etc. Applied character of masters' theses and all the creative projects shows itself in design of practical recommendations for wide circle of interested parties. Among final products of master students' works are terminological dictionaries, packages of correspondence samples, document translation, which are in great demand in the region. So this article is a creative result of instructor and master student's intellectual co-work.

One way to form a polycultural and multilingual person during the second foreign language acquisition is tandem learning technique applied to our master program. The idea of learning in tandem arose in Germany in the late 1960s and gained popularity at once. Basic principles of learning in tandem are autonomy and reciprocity [1]. Today this technique is in active use as a tool to intensify the process of learning languages and cultures. When realizing this technique, Internet is widely applied. For instance international centers are created, special-purpose web-sites are designed, and remote learning is in common practice [2].

To our mind, some distinct elements of tandem learning are efficiently realized not only in process of reciprocal language training of native speakers but also in process of communication in two foreign languages between master students who study English and German as the first or the second foreign language. At that there is no need for the level of language competence to be equal.

In our case two master students who have comparable German skills were concerned with it at B1-B2 level with the support of instructor. Along with co-mastering German, one-way English teaching took place in the classes, that is to say one master student who speaks fluent English was grounding in it another one. At that instructor's assistance was minimal. When any problems arose, all the necessary comments were given in German that contributed to development of ability to switch quickly from one language to another.

After putting the ideas of tandem learning into action, we, like many foreign counterparts [3], found out the following beneficial effects – motivation to self-actualization, stimulation to the search of uncommon solutions, cultivation of team-work habits, development of flexible thinking and active language skills, improvement of language training quality. Besides, learning in tandem made the process of languages acquisition more interesting, absorbing and exciting. It gave learners an opportunity to show their worth, to display their creative potential and talent for teaching others.

Positive results of tandem learning in master program in many respects were achieved thanks to live interest in success and high motivation of master students themselves. Novelty and originality of the technique, as well as some difficulties that emerged during training process, not only gave learners no feelings of disillusionment or alienation but, on the contrary, provided a stimulus to display their creative and managerial abilities, to do their best in the classes. What is more, learning in tandem caused learners' aspiration for making an independent search and review of additional information about the technique in order to share it with each other later. That way the level of master students' mutual responsibility increased, and the quality of preparedness for the classes noticeably improved.

So after having the situation analyzed, we came to a certain conclusion – tandem learning technique which is realized in master program "Applied Linguistic: Foreign Languages for Professional Purposes", with its creativity and novelty, should be considered as effective means for training process optimization and improvement.

The main results of tandem learning implementation consist not only in forming positive motivation and development of general-cultural, professional and special competences, but also in appearance of concrete applied products of linguistic nature which come in handy in different kinds of business of the region. In our opinion, the very promising lines for development of described technique are program internationalization, cooperation with foreign partners, joining international tandem network, search of innovative forms of teaching and their further improvement, as well as optimization of integrative courses and disciplines.

References

1. Solontsova, L. (2009) *History of foreign languages learning methods: a course for linguistics students and foreign language teachers and lecturers*, Pavlodar: ECO. Pp. 104.
2. International Tandem Network (1995) *Language Learning in Tandem.* Online. Available at: www.sfedu.ru/tandem/learning/idxrus11.html (accessed 14 February 2014).
3. Lewis, T. (2005) 'The effective learning of languages in tandem' in James A. Coleman and J. Klapper (ed.), *Effective Learning and Teaching in Modern Languages*, London and New York: Routledge. P. 166–172.

Давыдова Л.С.

Давыдова Людмила Сергеевна – доцент, кандидат педагогических наук, кафедра педагогики и психологии начального обучения и дошкольного воспитания Северо-Восточного государственного университета
(г. Магадан   e-mail: fdpo@svgu.ru)

ИДЕИ ТРИЗ И НЕКОТОРЫЕ АСПЕКТЫ ЕЕ ПРИМЕНЕНИЯ В ОБРАЗОВАНИИ

Педагогика как все науки развивается закономерно. Выявление этих закономерностей – задача сложная, и современные способы их описания не всегда решают проблемы, в том числе в образовании. Выстраивая свою собственную образовательную политику, к примеру, не каждое государство и не всегда учитывает скорость устаревания профессиональных знаний. Нарастающий темп изменений в мире не только снижает их ценность, но также порождает неизвестные желания и возможности. Здесь на память приходит знаменитая фраза из «Алисы в стране чудес»: надо бежать со всех ног, только чтобы остаться на том же месте (Л.Кэрролл).

Безусловным удобством уходящей педагогики было постоянство. При незначительных темпах развития общества статичная и линейная модель «ЗУН» (знания, умения, навыки) была вполне оправдана. Однако, образование, продолжительное время основанное на ЗУНах прошлого, постепенно меняет ситуацию и приводит к его остановке, даже откату на ранее пройденный этап. Такая ситуация сложилась в конце XX века и напоминала бег белки в колесе: движение колеса есть, а его перемещения нет.

Сегодня со всех сторон раздаются требования «повысить эффективность образования», причем на практике она часто оборачивается «интенсивностью».

Не соответствует ли требованиям настоящего времени какая-то иная модель образования? М.Гафитуллин предлагает ее в виде: ЗУН + ПТ, где ЗУН – известные знания, умения, навыки. П – познавательная, Т – творческая деятельность, в результате которых появляются ЗУНы нового качества – компетенции [7,16].

Несмотря на то, что в свое время был найден, казалось бы, простейший путь обеспечения эффективности образования – принуждение к учебе и наказание оценкой за недостаточную прилежность, приобретенные таким образом знания полностью подавляли в ребенке любовь к свободе, самоуважение, уверенность в своих силах. По причине недостаточной прилежности дети начинали отставать, пока «насовсем», на всю жизнь не ссорились со школой. Определенную роль какое-то время еще играла потребность в коллективе, подражательное поведение и возможность повышения престижа за счет своих достижений

Некоторую несостоятельность отечественного образования доказывает и тестирование школьников на экзаменах разного уровня. Не только практика, но и наука подтверждают: подобный контроль нисколько не развивает творческое мышление, не приучает к исследовательской деятельности, не вызывает желания «добывать» и обрабатывать информацию.

Самостоятельное целеполагание, выходящее за рамки сформулированных требований, некоторые тестовые задания все-таки предусматривают. Пути достижения цели в *открытых* задачах, как правило, достаточно вариативны и готовых технологических приемов решения не имеют. Однако, входящие в состав любой деятельности задачи чаще всего носят репродуктивный, исполнительский характер с четко определенными, не допускающими отступлений от установленного порядка операциями, известными всем средствами и способами получения результатов. Такие алгоритмизированные задачи *закрытого* типа и сейчас составляют большинство в любом учебнике.

А, между тем, возможность формировать способы умственных действий (анализ, синтез, сравнение) в методологии дореволюционного и советского периодов просматривалась более отчетливо. «Открытые» задачи, даже в первом классе были нормой. Вот, например: *У ёжика на иголках яблоко. Куда и зачем он его несет?*

Все знают: ежи не едят яблок, они насекомоядные. «Такие задания, – пишет А.Гин, – служат психологическими кнопками, включающими исследовательский инстинкт», но их в современной школе по-прежнему недостаточно [2,3].

Разумеется, соотношение задач открытого и закрытого типа в той или иной деятельности различно, что и дает основание некоторым авторам говорить о существовании творческих профессий, как таковых: учитель, инженер, актер, художник, режиссер и др. К сожалению, умение решать логические задачи до сих пор относят к разряду особых способностей.

Наше общество в настоящее время медленно, но неуклонно продвигается в направлении от навыка к таланту и компетентности. Появляются педагогические технологии, требующие не только исполнительских, но и творческих способностей. Пришло время наставников, умеющих ориентироваться и активно действовать в условиях дидактики нового поколения, проявлять большое терпение и мастерство, любовь и уважение к личности ребенка, заботу и искреннюю поддержку всех его «сигналов» роста. Тем более учителей, ищущих сильные решения в обучении детей – сегодня не мало, их творческое начало по-прежнему востребовано. Обилие проблем не мешает им любить детей и получать удовольствие от работы.

К сожалению, отказаться от привычного способа влиять и прививать молодежи собственные ценности, знания и черты поведения, большинство педагогов пока не готовы. Проблема в том, что мы должны учить своих воспитанников решать проблемы и выживать в современном, быстро меняющимся мире, в котором сами плохо ориентируемся.

Подойдем к проблеме конструктивно, т.е. по схеме: Если не так, то как разрешить противоречие? Может быть, нужен новый учебный предмет?

Самым сильным инструментом формирования творческой личности сегодня называют *теорию решения изобретательских задач (ТРИЗ)*, созданную выдающимся российским изобретателем, писателем-фантастом Генрихом Сауловичем Альтшуллером (1926 – 1998).

«Разумеется, – писал автор уникальной азбуки талантливого мышления – введение в школьные программы нового предмета, да еще столь своеобразного – дело, требующее немалых усилий и времени. Но дело необходимое...» [1; 7].

Во-первых – ТРИЗ вводит в школу технологию творчества, дает навыки диалектического мышления;

во - вторых – оживляет знания – в значительной степени пассивные;

в третьих – заставляет учащихся задуматься над стилем жизни, выбором целей, планировании их достижения и выходом на творческий режим [7,11].

Современная ТРИЗ рассматривается, как методика обучения искусству пользоваться полученными знаниями, как выработка стиля творческого мышления, позволяющего анализировать проблемы в любой области жизни и находить им наиболее точное, оптимально экономичное решение.

За многие тысячи лет существования цивилизации, с времен появлением первых орудий труда, все изменилось. Неизменной осталась только технология создания новых изобретений – метод проб и ошибок. По своей сути это крайне неэффективный способ. При решении сколько-нибудь трудных задач приходится совершать тысячи и десятки тысяч «пустых» операций. К методу проб и ошибок привыкли. Слово «творчество» и «перебор вариантов» стали синонимами. И это понятно. Любой инженер (конструктор) ищет оптимально компромиссное решение в каждом конкретном случае. Но, пытаясь обычным, уже известным путем повысить уровень какой-либо системы, он непременно ухудшает другие ее показатели. Изобретатель должен сломать компромисс: улучшить не один, а все характеристики [1; 6].

Древнейшее из всех занятий человека – изобретательство, всегда обращало на себя внимание. Проанализировав десятки тысяч патентных описаний, Г.С. Альтшуллер сделал уникальное открытие: технические системы развиваются по объективно существующим законам. Их можно определить и использовать для сознательного, целенаправленного решения не только изобретательских, но и творческих задач: научных, художественных, социальных, педагогических и т.д. Системный подход к проблеме позволил автору теории доказать, что сходные противоречия в различных областях человеческой деятельности разрешаются однотипными приемами, их всего сорок. Например, по одному из принципов – «Объединения», когда: а) можно соединить однородные или предназначенные для смежных операций объекты; б) объединить по времени однородные или смежные операции, созданы современный телефон, авторучка, диван-кровать и многие другие предметы [4,118].

Тот же принцип находим в пословицах и сказках: «Репка», «копейка рубль бережет», «вместе тесно, а врозь скучно» и др.; в художественных произведениях известных живописцев (Леонардо да Винчи, Рембрант-ван-Рейн, Карл Брюллов, Сальвадор Дали, Александр Дайнеко и др.).

Система обучения ТРИЗ, включающая государственные и общественные формы (институты повышения квалификации, курсы в НИИ, на предприятиях в вузах и др.) в 80 – 90-х годах прошлого века быстро развивалась. Здесь надо справедливо отметить, что творческий стиль мышления взрослых специалистов, основного контингента тогда обучающихся, к сожалению, вырабатывался с большим трудом. Эффективность преподавания и применения теории, по мнению руководителей проекта, могла бы резко повыситься, если бы основные ее положения осваивались раньше.

В своих выступлениях на встречах с педагогами Г.Альтшуллер неоднократно отмечал, что придет пора разработки новых учебных программ, позволяющих освоить технологию решения проблем не только людям далеким от техники, но и даже детям раннего возраста. Примерно тогда же появился и термин ТРИЗ-Педагогика.

Педагогическое направление в ТРИЗ разрабатывают многие, давно и, в целом, успешно. Массовое обучение детей решению творческих задач начато около 40 лет назад, и уже нет сомнений в том, что это возможно. Теория решения изобретательских задач нисколько не устарела. Это по-прежнему четкая научная дисциплина: доказательная, основанная на данных и подтвержденная фактами, полезная в инженерном деле и других сферах, куда она в последнее время активно проникает. ТРИЗ в этом плане имеет универсальную полезность, так как дает мощный инструмент познания окружающего мира, начиная с дошкольного детства (А.Страунинг, С.Гин, А.Нестеренко и др.).

Богатый опыт обучения многим школьным дисциплинам, доступно описан в работах И.Викентьева, А.Зусмана, Б.Злотина, Ю.Саламатова, А.Корзуна и других авторов. Их первые эксперименты на уроках показывали удивительные результаты: уже после теоретического (лекционного) ознакомления с ТРИЗ школьники без грубых ошибок могли построить модель задачи и элементарно разрешить противоречие. У них появился интерес к учению, чтению книг. Они спокойнее, чем их сверстники стали воспринимать проблемные ситуации. Необходимость в содействии учителя при этом существовала только на первом этапе.

На самом деле введение новой методики в современное образование предполагает никак не дополнение существующих программ, а их перестройку, необходимость которой уже давно предъявляет время. Обучение ТРИЗ в образовательных учреждениях (детский сад, школа) может успешно проводиться на задачах и упражнениях, относящихся к самым различным областям знания. Здесь главное – в игровой занимательной форме открыть ребенку мир творчества, «заразить» его творческим азартом и выработать элементы культуры мышления. Речь не идет о превращении всех в профессиональных изобретателей. Цели иные.

Первая цель: развить (в наиболее благоприятном для этого возрасте) вкус к творчеству.

Вторая цель: использовать ТРИЗ как «живую» воду, стимулятор интереса к достаточно трудным учебным предметам: физике, химии, математике.

Теория творчества сегодня остро необходима школе, а теории нужна школа. Очень важно, чтобы будущие инженеры, изобретатели и ученые с детства привыкали к основным операциям творческого мышления: планомерному анализу систем, выявлению противоречий, определению идеального конечного результата (ИКР) и т.д.

Учитывая, что развитие всех систем без исключения подчинено сходным закономерностям, необходимо, по возможности, представить себе всю линию ее развития. Если подумать – это не трудно. Каждый исследуемый объект из чего-то состоит, частью чего-то является. Надо также проследить его путь, начиная с прошлого, в настоящем и продолжить эту линию в будущем.

Тем не менее, изначально скептическое отношение к теории технического творчества педагогов (учителей и многих преподавателей вузов), специалистов по современным методам обучения, трудность одновременного преподавания своего предмета и, применения для его изучения элементов ТРИЗ, вызывают определенное смятение. Только лучшие из методистов разрешат это достаточно обостренное противоречие, и будут смело управлять образованием в третьем тысячелетии.

Настоящая тенденция развития демократии в стране настоятельно требует идти в обучении от детских желаний, их потребностей, следовать «исследовательскому поведению», свойственному каждому разумному существу. Можно предположить, что творчество для человека играет ту же роль, что витамины, «их нужно немного, но если их нет – болезни и нарушение развития неизбежны». Лишение творчества, опаснее всего для молодого организма, считает А.Зусман [5].

Чаще всего вхождение ребенка в творчество происходит стихийно, под влиянием родителей, педагогов или других авторитетных взрослых. Кто так или иначе к этому предрасположен, проявляет интерес, увлечь удается без труда. Первые публичные успехи, преодоление в последующем трудностей, поддержка со стороны близких людей и сознательная опора на свои природные способности позволяют каждому включиться в творческий процесс, испытать от этого большое удовольствие и, в дальнейшем жить только в таком режиме.

Природные инструменты формирования творческого мышления у детей, как известно, со временем ослабевают и, почти полностью исчезают, сохраняясь только у отдельных личностей. Причины этой обидной потери разнообразны: овладение языком, логикой, наконец, «магнитофонная» система обучения. Но самой главной причиной является инстинктивное понимание родителями и учителями того, что избыток творческих людей опасен для индустриальной эпохи. «Общество, заботясь о своем спокойствии, – пишет А.Зусман, – интуитивно боится творческих детей». Действительно, они непредсказуемы, склонны к нарушению дисциплины, традиций, запретов, хотят все делать по-своему, требуют повышенного внимания. Отсюда закономерно отсутствие в большинстве случаев условий для поощрения, закрепления и развития их творчества. Именно поэтому, отдельные «ньютоны и эйнштейны», часто возникают вопреки педагогике, как «брак» в работе учителя [7,29].

Тормозом в развитии современной системы образования является также психологическая инерция большинства современных специалистов. Вне зависимости от региона страны, образовательного учреждения, опытные, но уставшие педагоги по-прежнему дают своим воспитанникам (учащимся, студентам) достаточно устаревшие знания. Оказавшись лицом к лицу с взаимоисключающими требованиями, они ощущают полное бессилие, инстинктивно стараются избегать и не замечать противоречий.

Современное информационное общество, к которому сегодня стремительно движется весь мир, настоятельно требует от педагогики решения двух главных проблем: обеспечить детям овладение «взрослым» мышлением (логикой) и при этом сохранить у них элементы «детскости». Если посмотреть на таблицу составляющих мышления А.Зусмана и Б.Злотина, то легко обнаружить аналогию между так называемым «тризовским» и детским мышлением [7,26].

Их близость не случайна: творческое освоение нового материала предполагает не только *узнавание и называние* объекта (предмета или явления), его признаков и свойств, лежащих на поверхности и не требующих доказательств, но и *описание* его с помощью определений, повествования с объяснением связей и отношений между признаками.

Только такой путь познания позволяет педагогу перевести детей на новый, *системный* уровень восприятия окружающего мира во всех его проявлениях. Какими физиологическими или психологическими механизмами обеспечивается эта огромная работа, пока не исследовано.

Применить системный подход в преподавании школьных дисциплин, в первую очередь физики и химии, группа ученых впервые попробовала в 80-х годах прошлого века. Оказалось эффективно: ученики быстро осваивали соответствующие разделы курса, легко ориентировались в совершенно незнакомом материале. Этот опыт отражен в книге «Изобретатель пришел на урок» [7].

Вдохновленные первыми успехами авторы стали проводить отдельные уроки по литературе, общественным наукам, истории, географии, и снова успех (Б.Злотин, А.Нестеренко, С.Ефремов, О.Алешина и др.).

Для развития «детской» ТРИЗ необходимо разобраться: что такое ТРИЗ-Педагогика? Существует ли она, или есть более скромное направление: Педагогика + ТРИЗ? В первом случае речь идет о новой педагогической системе, во втором – о применении ТРИЗ в педагогике. Какой путь выбрать, педагог решит сам. Но делать выбор все равно придется.

Специальное применение ТРИЗ в обучении, без сомнения, совершенно поменяет ситуацию, позволит активизировать творчество учащегося, научит его задавать нестандартные вопросы, основанные, например, на упрощенном варианте алгоритма решения изобретательских задач (АРИЗ) и законах развития систем. «Это, – по мнению Б.Злотина, – сможет делать любой педагог, если захочет [7,22].

Споры о ТРИЗ и ее границах в популярной и научной литературе продолжаются. Вопросы: является ли она наряду с остальными школьными программами одной из программ, или распространяется шире? Как далеко должна заходить? Какие задачи в образовании может решить? – по-прежнему открыты. Новости Фонда Г.С.Альтшуллера постоянно публикуются на официальном сайте и в официальной электронной рассылке.

Все вышесказанное вдохновляет сторонников Триз-технологии развивать учебные программы для детей разного возраста. Центры детского творчества работают в Ульяновске, Обнинске, Ангарске и др. городах не только России. Опубликованные в нашей стране книги и статьи по ТРИЗ переведены в США, Японии, Финляндии, Германии, Польше, Корее и других странах. С ее помощью сделаны тысячи открытий, в том числе и в педагогике.

Ситуация должна развернуться! Из всего вышесказанного можно сделать оптимистический вывод о необратимости развития этого процесса. И нам придется этим заниматься в ближайшие годы.

Литература

[1] Альтшуллер Г.С. Найти идею: Введение в ТРИЗ – теорию решения изобретательских задач / Генрих Альтшуллер. – 5-е изд. – М.: Альпина Паблишер, 2012. – 402

[2] Гин А.А., Андржеевская И.Ю. 150 творческих задач: для сельской школы: Учеб.-метод. пособие. – М.: Народное образование, 2007. – 234 с.: ил.

[3] Гин С.И. Занятия по ТРИЗ в детском саду: пособие для педагогов дошкольных учреждений. – М.: 2008. – 144 с.

[4] Давыдова Л.С. Теория и практика развития творческой личности : учеб. пособие. – Магадан : СВГУ, 2012. – 153 с.

[5] Злотин Б.Л., Зусман А.В. Изобретатель пришел на урок. – Кишинев: Лумина, 1989. – 255 с.

[6] Меерович М.И. Теории решения изобретательских задач / М.И. Меерович, Л.И. Шрагина. – Минск: Харвест, 2003. – 428 с. – (Библиотека практической психологии).

[7] Новые ценности образования: ТРИЗ-педагогика // 2003, выпуск 1(12)

[8] Страунинг А.М. Задачи вокруг нас. Как знакомить детей с окружающим миром. Учебно-методическое пособие. – Обнинск: Изд. «Принтер», 2000. – 124 с. – (ТРИЗ – дошкольникам и младшим школьникам).

[9] www.altshuller.ru/news

[10] www.triz-ri.ru/subscr

Волкова Т.В.
МБОУ НОУ №17 (Муниципальное бюджетное общеобразовательное
учреждение начальная общеобразовательная школа №17),
учитель изобразительного искусства

РОЛЬ ВОСПРИЯТИЯ НА УРОКАХ ИЗОБРАЗИТЕЛЬНОГО ИСКУССТВА В ФОРМИРОВАНИИ ХУДОЖЕСТВЕННОЙ КУЛЬТУРЫ УЧАЩИХСЯ НАЧАЛЬНЫХ КЛАССОВ

Еще с XVIII века изучение феномена художественной культуры велось с различных подходов: морфологический (Г. Лессинг, Г. Гегель, Ф. Шеллинг, А. Шопенгауэр и др.); культурологический (А. И. Арнольдов, Ю. Н. Давыдов, Ю. М. Лотман); аксиологический (М. С. Каган, И. Кант и др.); деятельностный (М. М. Бахтин, Г. В. Драч и др.) и др.

В настоящее время понимание художественной культуры ведется с точи зрения различных наук (философии, эстетики, социологии, психологии, искусствоведения и др.) и рассматривается в следующих категориях:

- в качестве самостоятельного слоя культуры (В. Е. Давыдович, М. С. Каган и др.);
- как часть духовной культуры (Л. Н. Коган и др.);
- как часть эстетической культуры (Л. А. Буровкина, И. П. Ильинская, Н. И. Киященко, Г. С. Лабковская, В. К. Лебедко и др.)
- как личностное образование (Е. Ю. Ежова, В. А. Мальцева, Л. А. Рапацкая и др.).

Мы отмечаем, что художественная культура выступает не только как процесс или явление в обществе, но и как интегрированное личностное образование. Личностный аспект художественной культуры учащихся начальных классов свидетельствует о способности ребенка к творческой деятельности: чем выше уровень художественной культуры, тем в большей степени проявляется интерес у учащихся к художественно-творческой деятельности, появляются способности воспринимать искусство.

Процесс формирования художественной культуры учащихся является целенаправленным процессом освоения художественных ценностей, культурных норм, содержащихся в образах искусства, и происходит через художественно-творческую деятельность. Для того чтобы учащиеся младших классов имели возможность выявлять эти ценности и нормы в процессе общения с искусством, необходимо научить воспринимать произведения, понимать художественные образы искусства. Поэтому, в процессе обучения следует обращать внимание на изучение художественного языка искусства, что происходит в процессе художественно-творческой деятельности [4].

В этой связи уроки изобразительного искусства в системе общего образования являются действенным механизмом формирования художественной культуры учащихся. С.П. Ломов, С.А. Аманжалов отмечают важное влияние художественно-творческой деятельности на развитие учащихся: «Отвечая внутренним потребностям ребенка в творчестве, изобразительная деятельность сопровождает его от начала дошкольного и до того времени, когда кончаются занятия по изобразительному искусству в школе. Меняясь по своему характеру на каждой ступени, изобразительная деятельность дает детям доступные им средства познания жизни, развивает зрительное восприятие, воспитывает эстетическую восприимчивость к прекрасному в жизни и искусстве, художественный вкус, художественные способности» [3, с. 5].

М.А. Ариарский и Г.П. Бутиков находят, что современный мир обладает потенциалом культуры. Однако, в обществе, в его большей части, несформированны ценностные ориентации, потребности в искусстве. Причина этого связана с несовершенством механизмов приобщения людей к миру прекрасного [1].

К сожалению, к искусству зачастую складывается отношение как к некоему виду развлечения. Снижение духовно-нравственных качеств общества влечет за собой отсутствие потребности в общении с искусством.

Поэтому актуальной становится проблема развития восприятия учащихся начальной школы, эмоционально-ценностного отношения к произведениям искусства, как фактора формирования художественной культуры личности учащихся начальных классов. Потребность в общении с художественными произведениями связана определяется процессами восприятия. В. С. Кузин связывает восприятие не только с чувственным образом, но пониманием, осознанием конкретного предмета и явления. «Осмысленность восприятия достигается через понимание значения объектов и явлений, т. е. посредством мыслительной деятельности человека в процессе восприятия» [2, с. 154].

В трудах Б.Г. Ананьева, А.Н. Леонтьева, С.Л. Рубинштейна под личностью понимается качество индивида, которое развивается в процессе художественно-творческой деятельности и оказывающее влияние на самого индивида. По мнению психологов личностью человек становится в процессе деятельности. Следует отметить, что процесс формирования художественной культуры личности на уроках изобразительного искусства - это не просто освоение знаний и умений художественно-творческой деятельности, но прежде всего, развитие мотивации, потребности общения с искусством, которая возникает в процессе эмоционального переживания. Мотивация, эмоциональное отношение тесно связаны с процессом восприятия искусства и его произведений. Восприятие является процессом отражения предметов и явлений действительности в многообразии их свойств и сторон, непосредственно действующих на органы чувств [2]. По мнению психологов С.Л. Рубинштейна, П.М. Якобсон и др. и педагогов Н.А. Ветлугиной, Е.А. Флериной способность к учащихся к восприятию является результатом процессов обучения и воспитания.

Для учащихся младших классов процесс художественного восприятия связан не только познанием, но и эмоциональным отношением (Б.М. Теплов, П.М. Якобсон, А.В. Запорожец и др.). Поэтому, для учащихся начальных классов важны доступность образа художественного произведения. При развитии восприятия учащихся большое значение имеет возможность сравнение работ разных художников, в которых учащиеся увидят различные художественные образы единой тематики.

Изобразительное искусство является интегрированным по своему содержанию общеобразовательным предметом. Именно потому, способствуют развитию образного мышления, эмоциональному отношению к произведениям искусства.

Эмоциональные переживания учащихся начальной школы лежат в основе развития способности к восприятию, без которого формирование художественной культуры учащихся не будет успешным.

Список литературы:

1. Ариарский М.А. Прикладная культурология на службе равития личности / М.А. Ариарский, Г.П. Бутиков / Педагогика. - 2001.- №8. - С. 9 – 16;
2. Кузин В.С. Психология. Учебник. 4-е изд. Перераб. и доп. М.: АГРАР, 1999 г. – 304 с.
3. Ломов С.П. Аманжалов С.А. Методология художественного образования: Учебное пособие. –М.: МПГУ, 2011. – 188 с.;
4. Малюков А.Н. Психология переживания и художественное развитие личности: Научно-методическое пособие. - Дубна: Феникс, 1999. - 256 с.

Котло Т.И.
доцент, кандидат педагогических наук, доцент кафедры высшей алгебры и геометрии ФГАОУ ВПО «Северо-Кавказский федеральный университет», г. Ставрополь

Ищенко А.А.
ассистент кафедры высшей алгебры и геометрии
ФГАОУ ВПО «Северо-Кавказский федеральный университет»,
г. Ставрополь
hochu_v_kosmos@mail.ru

ПЛАНИРОВАНИЕ МАТЕМАТИЧЕСКОЙ ПОДГОТОВКИ СТУДЕНТОВ НЕМАТЕМАТИЧЕСКИХ СПЕЦИАЛЬНОСТЕЙ (НАПРАВЛЕНИЙ)

Социально-экономические перемены, происходящие в современном российском обществе, влияют на характер деятельности и стратегию развития образовательных систем, формируют новые приоритетные цели государства, направленные на существенные позитивные перемены в области образования и науки. Широкое обсуждение в научном и педагогическом сообществе получил проект Концепции развития математического образования в Российской Федерации, что уже в текущем году приведет к модернизации математического образования.

В настоящее время дисциплина Математика включена в базовую часть практически всех ФГОС ВПО, в том числе профессиональная деятельность которых напрямую не связана с использованием непосредственно строгого математического аппарата.

Результатом современного математического образования для студентов нематематических специальностей (направлений) должны стать знания о сущности и законах математической науки, ее языка и основных методах. Полученные базовые знания, помогут студентам самостоятельно сконструировать образовательную траекторию: пополнять свои знания из литературы по специальности, в которой используются математические методы и модели; решать те математические задачи, к которым сводятся прикладные задачи, возникающие в ходе профессиональной деятельности по основной специальности; пользоваться математическими пакетами прикладных программ, которые полезны при решении этих задач.

Сложность формирования программы курса "Математика" для конкретной нематематической специальности состоит в том, что необходимо сформировать такую программу, которая содержит всю необходимую для выпускников этой специальности (направления) информацию, а также минимальный набор дополнительных разделов этого курса, необходимый для понимания и овладения этой информацией. Перед преподавателем стоят задачи: определить наиболее важные аспекты, расставить акценты при изучении каждого изучаемого в курсе Математике раздела, в зависимости от компетенций будущего специалиста, профессиональная деятельность которых напрямую не связана со специалистами-математиками, целесообразно используя математические пакеты прикладных программ.

Ниже приведена схема содержания высшей математики для студентов нематематических специальностей.

Мотивация изучения курса "Математика" студентами нематематических специальностей (направлений) напрямую зависит от того, насколько преподаватель сумеет убедить студента в том, что изучаемые разделы курса будут востребованы в его профессиональной деятельности по основной специальности.

Поэтому для составления программы курса Математики привлекаются педагоги-специалисты, владеющие информацией о том, какие математические знания и навыки используют выпускники нематематических специальностей в профессиональной деятельности.

Носителями этой информации также являются эксперты каждой конкретной нематематической специальности - представители работодателей: если будущая деятельность студента связана с наукой, то в качестве экспертов можно привлекать научные кадры высших учебных заведений и научных учреждений; если будущей деятельностью студента является практическая работа, то такими экспертами являются высококвалифицированные сотрудники соответствующих организаций.

Математический аппарат и математические знания необходимы для изучения и других профильных дисциплин учебного плана, напрямую не связанных с курсом Математика, поэтому необходима преемственность и взаимная работа разработчиков учебных планов и преподавателей, его реализующих. Разработчикам программы курса целесообразно вычислять, так называемый «коэффициент значимости» каждого раздела высшей математики для обучения и будущей профессиональной деятельности студентов.

Увеличение умственной нагрузки при изучении курса Математики на нематематических специальностях (направлений) заставляет преподавателя задуматься над тем, как поддержать у студентов интерес к изучаемому материалу, их мыслительную активность на протяжении всего курса обучения. В связи с этим нами ведутся поиски новых эффективных методов обучения и таких методических приёмов, которые активизировали бы мысль студентов, стимулировали бы их к самостоятельному приобретению знаний.

Литература

1. Указ Президента РФ № 599 от 7 мая 2012 г. «О мерах по реализации государственной политики в области образования и науки»;

2. Проект Концепции развития математического образования в Российской Федерации для обсуждения научным и педагогическим сообществом;

Корешков В.В.
доктор педагогических наук, профессор, декан факультета
изобразительных искусств
ГБОУ ВПО МГПУ
Новикова Л.В.
кандидат педагогических наук, доцент кафедры декоративного искусства
ГБОУ ВПО МГПУ.
novikovalubov@mail.ru

ХУДОЖЕСТВЕННАЯ ПЕДАГОГИКА НА СОВРЕМЕННОМ ЭТАПЕ

Художественное образование занимает особое место в культуре, искусстве, в развитии общества в целом, являясь одной из составляющих мирового прогресса. Художественное образование, во всем своем многообразии, влияя на морально – духовное, эстетическое, интеллектуальное развитие личности, необходимо каждому человеку для его успешной и полноценной жизни в современном обществе. Развитие личности возможно лишь комплексно и одновременно в различных сферах: социально – экономической, социально – психологической, научной, педагогической; т.е. гармоничное развитие личности обусловлено социальными требованиями, где значительное место отводится воспитанию творческой деятельности, искусству. Изобразительное искусство, как часть художественного образования, играет важную роль в формировании, столь необходимых человеку, творческих способностей в любой сфере его деятельности, активного влияния на социокультурное ее развитие. Культура человеку не принадлежит с рождения, она воспитывается с первых лет его жизни, становится частью личности. В новых условиях, основная цель которых становление и развитие личности, ее неповторимой индивидуальности и самобытности, ведущая роль принадлежит искусству. Оно обладает возможностью коснуться самых тонких струн в человеке, удовлетворяет его эстетические потребности, развивает вкус, воспитывает культуру.

Успех нашей страны в XXI веке, эффективность ее общественно – экономического развития во многом зависит от художественной образованности ее населения. Без определенного уровня которой невозможно выполнение амбициозных задач по внедрению современных инновационных технологий позволяющих создавать качественную и конкурентоспособную продукцию лежащую в основе экономической стабильности общества.

Россия имеет значительный опыт в использовании художественного образования для создания качественной продукции начавший складываться еще с времен петровских преобразований и реформ. Необходимо сохранить достоинства этой системы и преодолеть те сложности, которые мешают ее дальнейшему развитию. Повышение уровня художественной образованности сделает более полноценной жизнь россиян в современном обществе, одухотворит труд, облагородит быт, среду и самого человека.

Однако, не смотря на эти, всем хорошо известные истины художественному образованию на современном этапе развития нашего общества отводится второстепенное значение, с чем никак нельзя согласиться. В результате такого отношения к данной проблеме мы многое теряем и в вопросе духовного, нравственного и эстетического воспитания молодежи, на которую активно воздействуют различного рода массовые культуры.

Каковы, на наш взгляд, основные причины сложившейся ситуации в художественной педагогике и художественном образовании. Это, прежде всего, низкая мотивация молодежи к данной проблеме связанная с общественной недооценкой художественного образования на фоне потребительского отношения ко всему окружающему. Это декларирование ложных ценностей и широко пропагандируемая «экономическая успешность» по жизни. Это проблема содержательного характера, так как выбор художественного образования подчас определяется формально, не отвечающий потребностям рынка труда, оторванный от реалий жизни.

Востребованность будущих специалистов с художественным образованием практически не прогнозируется и не учитывается, они оторваны от современной науки, производства; уровень их подготовки снижается, что обусловлено целым рядом причин, в том числе и не всегда до конца продуманными реформами образования. Это кадровые проблемы – недостаток высокопрофессиональных специалистов художников, что связанно с низкой оплатой труда и снижением престижности педагогической профессии.

Изменение сложившейся ситуации необходимо для развития общества, для его процветания. Художественное образование лежит в основе формирования социально полноценной личности; оно воспитывает толерантность в современном многообразии культур нашего общества; пробуждает стремление к нравственному и духовному развитию. Оно стимулирует освоение культурного наследия своей страны и других народов. Этнохудожественная культура – базовое интегральное качество личности, проявляющееся в высоком уровне владения, определения и прогнозирования путей сохранения ценностей этнохудожественной культуры и базирующееся на сакральном понимании мира ее вещей, образов, постижении тонкостей уникальных технологий, традиционных видов творчества, на способности сохранять, развивать и передавать эти ценности новым поколениям в полиэтническом обществе.

В этой связи общество ставит перед художественной педагогикой следующие задачи, решение которых поможет его дальнейшему развитию.

Художественное образование должно стать передовой и привлекательной областью знаний и деятельности, получение художественного образования – осознанным и внутренне мотивированным процессом, направленным на его использование в любой сфере деятельности. В тоже время художественное образование владеет системообразующей функцией существенно влияющей на интеллектуальную готовность к самосовершенствованию и саморазвитию личности в основе современной педагогике.

Соловьева Ю.А.
кандидат экономических наук, доцент, НИИСО МГПУ

РАЗВИТИЕ ПОНЯТИЙ "ЭЛЕКТРОННОЕ ИЗДАНИЕ" И "ЭЛЕКТРОННЫЙ УЧЕБНИК"

Развитие электронных изданий тесно связано с развитием информационных технологий, Интернета и других медийных разработок. Первое официальное определение понятия «электронное издание» было дано в международном стандарте ISO 9707 в 1991 году: «документ, публикуемый в машиночитаемой форме и доступный для потребителей (в том числе издаваемые файлы данных и прикладное программное обеспечение)» [1]. Необходимость в точном определении понятий, связанных с электронными изданиями в России назрела к 2000-му, когда значительно вырос процент электронных изданий на рынке книг. В общественной жизни России в это время стали активно вводиться такие термины, как "электронное издание", "электронная книга" и др. В "Концепции электронных библиотек" появилось определение: "*электронное издание* - самостоятельный законченный продукт, содержащий информацию, представленную в электронной форме и предназначенный для длительного хранения и многократного использования неопределенным кругом пользователей, все копии (экземпляры) которого соответствуют оригиналу" [3]. Большая часть основных терминов, связанных с электронным книгоизданием, стали оформляться в ГОСТы, например 7.83-2001 где было сказано: "*электронное издание* — это электронный документ (группа электронных документов) прошедший редакционно-издательскую обработку, предназначенный для распространения в неизменном виде, имеющий выходные данные" [6]. В "Рекомендациях по созданию электронного учебника" О.В. Зиминой и А.И. Кириллова были даны следующие определения: "*электронное издание (ЭИ)* — это совокупность графической, текстовой, цифровой, речевой, музыкальной, видео–, фото– и другой информации, а также печатной документации пользователя. Электронное издание может быть исполнено на любом электронном носителе — магнитном (магнитная лента, магнитный диск и др.), оптическом (CD–ROM, DVD, CD–R, CD–I, CD+ и др.), а также опубликовано в электронной компьютерной сети; *учебное электронное издание (УЭИ)* должно содержать систематизированный материал по соответствующей научно–практической области знаний, обеспечивать творческое и активное овладение студентами и учащимися знаниями, умениями и навыками в этой области. УЭИ должно отличаться высоким уровнем исполнения и художественного оформления, полнотой информации, качеством методического инструментария, качеством технического исполнения, наглядностью, логичностью и последовательностью изложения; *электронный учебник - —* основное УЭИ, созданное на высоком научном и методическом уровне, полностью соответствующее федеральной составляющей дисциплины Государственного образовательного стандарта специальностей и направлений, определяемой дидактическими единицами стандарта и программой... " [7]. В последующие годы опредедлению понятий уделяли внимание многие ученые.

В 2012 году Федеральным институтом развития образования были разработаны рекомендации по разработке электронных учебников, где было сказано, что "*учебное электронное издание* – электронное издание, содержащее систематизированные сведения научного или прикладного характера, изложенные в форме, удобной для изучения ипреподавания, и рассчитанное на учащихся разного возраста и ступени обучения; *электронный учебник (ЭУ)* – учебное электронное издание, содержащее систематическое изложение учебной дисциплины, ее раздела, части, соответствующее учебной программе, под-держивающее основные звенья дидактического цикла процесса обучения, являющееся важным компонентом индивидуализиро-ванной активно-деятельностной образовательной среды и официально утвержденное в качестве данного вида издания" [12].

В своем выступлении на II Всероссийской конференции "ИТО-ЭОР-2012" "Типология электронных образовательных ресурсов как основополагающего компонента информационно-образовательной среды" Босова Л.Л., ссылаясь на ГОСТы, еще более детально разъяснила понятийный аппарат и расширила его. Среди учебных электронных изданий она выделила не только *электронные учебники*, но и *электронные учебно-методические комплексы, электронные учебные пособия, дополняющие учебники; электронные учебные пособия частично (полностью) заменяющие учебники, электронные справочные издания* [4, 3-9]

На сайте издательства "Русское слово" можно следующие трактовки понятий: *"учебное электронное издание* – электронное издание, содержащее систематизированные сведения научного и прикладного характера, изложенные в форме, удобной для изучения и преподавания, и рассчитанное на учащихся разного возраста и ступени обучения; *электронный учебник*– учебное электронное издание, содержащее систематическое изложение учебной дисциплины, ее раздела, части, соответствующее учебной программе, поддерживающее основные звенья дидактического цикла процесса обучения, являющееся важным компонентом индивидуализированной активно-деятельностной образовательной среды и официально утвержденное в качестве данного вида издания" [8].

Анализ приведенных выше определений понятий позволяет сделать вывод, что трактовка понятий "электронное издание", "электронный учебник, "электронное приложение к учебнику" и др. прошла длительный путь, при этом в настоящее время острой проблемы в разночнении понятий не существует.

Литература

1. ISO 9707:1991[Электронный ресурс]. - Режим доступа: http://rossert.narod.ru/alldoc/info/2z45/g33044.html
2. Агеев В.Н. Электронная книга: новое средство социальной коммуникации [Учеб. пособие для вузов по направлению "Книговедение и орг. кн. торговли"]. - М.: Мир кн., 1997. - 231 с.
3. Антопольский А.Б., Вигурский К.В. Концепция электронных библиотек Ж-л. Электронные библиотеки. — 1999. — Т. 2. — Вып. 2. [Электронный ресурс]. - Режим доступа: http://rd.feb-web.ru/vigursky-99.html
4. Босова Л.Л. Типология электронных образовательных ресурсов как основополагающего компонента информационно-образовательной среды // "Применение ЭОР в образовательном процессе" ("ИТО-ЭОР-2012" II Всероссийская конференция. Тезисы докладов (Москва, 8-9 июня 2012). - М.: АНО "ИТО". 2012 - С.3-10
5. Гиляревский, Р.С. О тенденциях развития электронных изданий / Р.С. Гиляревский // Книга: исслед. и материалы: Сб. 87: в 2ч. Ч.2 — М.: Наука, 2007.— С.17- 29
6. ГОСТ 7.83-2001 «Электронные издания. Основные виды и выходные сведения»
7. Зимин О.В., Кириллов А.И.. Рекомендации по созданию электронного учебника" 2001 г. [Электронный ресурс]. - Режим доступа: http://www.academiaxxi.ru/Meth_Papers/AO_recom_t.htm
8. Издательство "Русское слово" [Электронный ресурс]. - Режим доступа: http://www.drofa.ru/http://русское-слово.рф/
9. Козлова, Е.И. Направления развития российского рынка электронного книгоиздания /Е.И. Козлова // Книга: исслед. и материалы: Сб. 87: в 2ч. Ч.2 — М.: Наука, 2007.— С.62-71
10. Чикунов И.М. Электроные издания: определение, классификация [Электронный ресурс]. - Режим доступа: http://it-claim.ru/Library/Books/ITS/wwwbook/ist4b/its4/chikunov.htm
11. Электронные учебники: рекомендации по разработке". М.: Федеральный институт развития образования, 2012

Алексеева О.В.

старший преподаватель кафедры педагогики и методики начального образования, ФГБОУ ВПО НовГУ имени Ярослава Мудрого

ПОВЫШЕНИЕ ЭФФЕКТИВНОСТИ ПРОЦЕССА ХУДОЖЕСТВЕННОГО РАЗВИТИЯ ЗА СЧЕТ ИНТЕГРАЦИИ ИНТЕЛЛЕКТУАЛЬНОЙ И ХУДОЖЕСТВЕННОЙ ДЕЯТЕЛЬНОСТИ МЛАДШИХ ШКОЛЬНИКОВ

Воспитание человека, способного быть творцом и наследником художественной культуры является одной из важнейших задач художественного развития школьника в образовательном процессе.

Анализ проблем художественного развития младших школьников показывает, что большинство из них относятся к интеллектуальной сфере. К трудностям художественного развития относятся: неумение ставить изобразительную задачу; неумение анализировать предмет при изображении с натуры; непонимание смысла художественного произведения; трудность длительного наблюдения предмета в процессе его изображения; затруднения в создании замысла работы, в осмысленном использовании средств художественной выразительности; затруднения в восприятии и вербальной передаче эмоционально-эстетических характеристик. Большинство из этих трудностей относится к интеллектуальной сфере.

Вопреки распространенному заблуждению, что у художников доминирует образное мышление, основывающееся на работе правого полушария, данные психофизиологов свидетельствует о том, что люди искусства, например, профессиональные живописцы используют левое полушарие не реже, а наоборот, более интенсивно, чем обычные люди. Для них характерна интеграция способов обработки информации, представляемая различными полушариями [1]. Необходимость одновременной опоры на чувства и интеллект в художественном образовании указывает и Е.Е. Рудзик[5].

Возникновение идеи интеграции интеллектуальной и художественной деятельности связано с необходимостью организации одновременного рационального и чувственного освоения художественного наследия, при котором учащиеся будут целостно воспринимать художественные произведения, выявлять общие закономерности процесса художественного творчества.

В рамках художественного образования интеграция интеллектуальной и художественной деятельности проявляется в возникновении и решении изобразительных задач, не встречавшихся ранее в их опыте, появляющихся перед учащимися в процессе восприятия, анализа художественного произведения и создания собственного художественного образа, что должно, в свою очередь, благоприятно сказаться на повышении эффективности художественного развития детей.

На основании анализа работ Т.С. Комаровой, А.А. Мелик-Пашаева, Ю.А. Полуянова уровень художественного развития каждого ребенка целесообразно определять как интегральный показатель, следующие параметры: восприятие произведений изобразительного искусства (умение описывать, анализировать сравнивать различные образцы народного творчества, эмоциональное отношение к художественной деятельности), уровень овладения художественной и изобразительной деятельностью, эмоционально-эстетическое отношение к произведениям искусства, художественно-творческое решение работы при выполнении росписи по народным мотивам и при выполнении натюрморта с натуры, стилевое соответствие образцу, художественно-технические навыки (умение передать форму, строение и пропорции предмета, композиционное решение работы, адекватность цветопередачи, графическая подготовленность, степень завершенности работы). Уровень художественного развития каждого ребенка целесообразно определять как интегральный показатель

В связи с тем, что наибольшая динамичность в развитии интеллекта отмечается в первых и вторых классах [4], а наибольшие сдвиги в художественном развитии школьников наблюдаются к 3 классу [2] наиболее благоприятны для проведения на интегративной основе занятия в первых и вторых классах начальной школы.

Как показали результаты эксперимента по интеграции интеллектуальной и художественной деятельности, проводимого в 2005-2007 гг. в школах № 23 и гимназии № 4 г. Великого Новгорода, эффективность художественного развития зависит от организации образовательного процесса. Так самые высокие темпы художественного развития отмечались в экспериментальных группах, в которых осуществлялась интеграция интеллектуальной и художественной деятельности. За указанный период интегральный показатель художественного развития увеличился у первоклассников на 52%, а у второклассников вторых классах на 58%, в то время как контрольных классах, этот показатель увеличился на 5% и 10% у первоклассников и второклассников соответственно.

Можно отметить, что в процессе применения экспериментальной модели интеграции интеллектуальной и художественной деятельности в процессе художественного развития у учащихся появился ряд новообразований:

– системность применения художественных знаний;

– осмысленность в использовании средств художественной выразительности в художественно-изобразительной деятельности;

– использование анализа, объяснений, рассуждений при обращении к произведениям изобразительного искусства;

– сопоставление результатов работы художников и собственного художественного опыта;

– расширение художественных представлений, а также осознание и систематизация собственного художественного опыта.

Наличие этих новообразований позволяет говорить о позитивных сдвигах в художественном развитии, переходе на более высокий его уровень, на котором художественная деятельность является и интеллектуальной.

В третьему классу в экспериментальных группах у учащихся сохраняется интерес и положительное отношение к процессу и результату художественно-изобразительной деятельности, все учащиеся рассказывают о собственных предпочтениях в видах художественной деятельности, обосновывают их. Они уверены, что если долго практиковаться в любом виде художественно-изобразительной деятельности, можно достичь хороших результатов. В контрольных классах за исследуемый период было падение интереса к художественно-изобразительной деятельности. Особенно это заметно во вторых классах. Появились такие оценки своей деятельности, как: «какая-то ерунда», «ничего не получается», «я не умею рисовать».

Анализ данных, полученных в ходе формирующего эксперимента, позволяет сделать вывод о том, что обучение, в основе которого лежит интеграция интеллектуальной и художественной деятельности является эффективным механизмом художественного развития младших школьников.

Литература

1. Данилова Н. Н., Александров Ю. А. Психофизиология: Учебник для вузов [текст] / Н. Н. Данилова, Ю. А. Александров. - М.: Аспект Пресс, 2001.- 373 с.

2. Игнатьев, Е. И. Психология изобразительной деятельности детей [текст] / Е. И. Игнатьев. - М. : Учпедгиз, 1961. – 223с.: ил.

3. Изобразительное искусство детей в детском саду и школе: Преемственность в работе детского сада и начальной школы [текст] / Комарова Т. С. , Зарянова О. Ю., Иванова Л. И. и др.; под ред. Т. С. Комаровой. - М. : Педагогическое общество России, 1999. – 150 с.

4. Масленников, В. А. Развитие интеллектуальных способностей младших школьников [текст] / В. А. Масленников, НовГУ им. Ярослава Мудрого. – Великий Новгород, 2004. – 240с.

5. Рудзик Е.Е. Непрерывное профильное художественно-эстетическое образование в школе с углубленным изучением предметов искусства [текст] / Е.Е. Рудзик // «Ученые записки. Электронный научный журнал Курского государственного университета», 2008, №2(6)-Курск, // доступ по url= http://www.scientific-notes.ru/pdf/006-21.pdf.

Семиврагова И.Ю.
МБОУ ДПО (ПК) Центр развития образования г.о. Самара
iron-grey@mail.ru

ТЕОРЕТИЧЕСКИЙ АНАЛИЗ ПОНЯТИЯ «ПРОФЕССИОНАЛЬНАЯ ГОТОВНОСТЬ УЧИТЕЛЯ НАЧАЛЬНЫХ КЛАССОВ К МОДЕЛИРОВАНИЮ УЧЕБНОЙ ДЕЯТЕЛЬНОСТИ» В ОТЕЧЕСТВЕННОЙ ПЕДАГОГИКЕ

В условиях обновления системы образования и воспитания особое значение приобретает личность учителя, сочетающего в себе общую и профессиональную культуру, духовность, педагогическое мастерство. Изменение ценностно-смысловых ориентиров в образовании, необходимость подготовки педагогов к самостоятельному преодолению профессиональных трудностей ставит задачу дальнейшего совершенствования системы профессионального образования.

В связи с этим возрастает потребность в определении возможных путей формирования у специалистов готовности к овладению инновационными профессиональными технологиями педагогического взаимодействия и постоянной готовности к профессиональному и личностному росту в системе непрерывного образования. Формирование указанных качеств особенно актуально для учителей начальных классов, так как начальная школа представляет собой фундамент всего последующего обучения [15, 4]. Одним их средств реализации данного направления является формирование готовности учителя начальной школы к моделированию учебной деятельности.

Понятие «профессиональная готовность учителя начальных классов к моделированию учебной деятельности» в отечественной педагогике ранее не рассматривалось. Так как это понятие состоит из нескольких составляющих, то рассмотрим последовательно: вначале понятие «профессиональная готовность», затем «моделирование учебной деятельности».

Важнейшая проблема в общей системе подготовки специалиста - проблема готовности к профессиональной деятельности, ставшая предметом пристального внимания педагогических исследований.

В словаре С. И. Ожегова «готовность» рассматривается как состояние, при котором все сделано, все готово для чего-нибудь (логически от слова «подготовка») [13, 217].

В педагогической теории понятие «готовность» рассматривается как особое состояние личности, активизирующее ее деятельность и дающее возможность принимать самостоятельные решения [1], как наличие определенных способностей и многоуровневым, разноплановым личностным образованием человека – это та или иная степень подготовленности и настроенности духовных сил специалиста на решение поставленных задач в соответствующих условиях [18], как системообразующая установка к деятельности с позитивным результатом и стремлением к решению педагогических задач [1, 5].

Многие исследователи понимают готовность как результат профессиональной подготовки, как систему взаимосвязанных свойств и характеристик личности, как установку на будущую профессиональную деятельность (К. К. Платонов, И. К. Сергеев и др.) [14].

С точки зрения теоретиков личностного подхода, готовность соотносится с личными качествами, определяющими успешную деятельность, как единство личностно-значимых профессиональных свойств, которые отличаются по их роли в регуляции профессиональной и обыденно-эмпирической деятельности (В. С. Ильин, В. В. Сериков и др.) [4].

Понятие «профессиональная готовность» достаточно широко рассмотрено в трудах П. П. Блонского, Н. К. Крупской, А. С. Макаренко и других педагогов того времени. Однако проблема готовности данных авторов рассматривалась лишь как совокупность теоретических знаний, умений и навыков.

В последующем проблемы профессиональной готовности рассматривались в работах О. А. Абдулиной, К. М. Дурай-Новаковой, В. С. Ильина, В. В. Серикова, В. А. Сластенина и других исследователей.

В работах К. М. Дурай-Новаковой [7, 44] профессиональная готовность характеризуется как целостное явление. Наиважнейшую роль, по мнению автора, играют такие составляющие профессиональной готовности, как мотивация и общая подготовка к педагогической деятельности, установка на профессиональную деятельность, потребности и свойства личности, удовлетворение деятельностью, мобилизация умений.

Наиболее полное определение «профессиональной готовности» сформулировано В. А. Сластениным, который рассматривает ее как совокупность качеств конкретной личности, обеспечивающую ей успешность в реализации профессионально-значимых функций. В отличие от других исследователей, считающих категории «профессиональная готовность», «профессиональная пригодность», «профессиональная подготовка» идентичными, В. А. Сластенин, отмечает, что профессиональная готовность более широкое понятие, чем выше упомянутые категории. Автор отмечает, что профессиональная пригодность и подготовленность являются составными компонентами профессиональной готовности к деятельности. Необходимо обратить внимание на то, что в приведенных работах важная роль отводится мотивационному компоненту, поскольку считается, что сформированность мотивации является необходимой предпосылкой любой деятельности[18].

Исходя из общих принципов изучения профессиональной деятельности, ученые рассматривают профессиональную готовность на основе:

- принципов единства деятельности и сознания, взаимосвязи внешних и внутренних условий (С. Л. Рубинштейн) [17, 159],
- единства личности и деятельности (А. А. Леонтьев, В. Н. Мясищев) [22],
- ведущей роли активности в целенаправленной деятельности (Б. Г. Ананьев, Л. С. Выготский, А. Н. Леонтьев, В. Н. Мясищев и др.) [3; 22].

Рассматривая профессиональную готовность учителя к реализации целостного педагогического процесса, А. И. Мищенко отмечает, что готовность представляет собой целостное состояние личности и выражает нравственные характеристики направленности, сознания, стиль мышления, гражданскую и профессиональную позицию. Ученый считает, что составляющие профессиональной готовности - это мотивационный, теоретический и практический компоненты, а также готовность и способность к продуктивному педагогическому труду [10, 93]. Таким образом, профессиональную готовность можно обозначить как результат профессиональной подготовки и установку на будущую профессиональную деятельность, а также как систему взаимосвязанных свойств и характеристик личности [11, 103].

По мнению И.А. Зимней готовность к деятельности в рамках образовательного пространства предполагает строгое и системное овладение определенными знаниями и умениями, стойкую убежденность человека, социально-значимую направленность личности [8].

Проведенный анализ перечисленных научных работ показал, что готовность педагога к обучению школьников является системной характеристикой его личности, интегративным индикатором профессиональной подготовки и уровня мастерства в профессиональной деятельности.

Современные требования, предъявляемые обществом к качеству профессиональной подготовки педагога, связаны с наличием аналитических, прогностических, проективных, а также рефлексивных умений. В связи с этим, формирование готовности педагога к обучению, на наш взгляд, неразрывно связано со способностью моделирования учебной деятельности.

Основным понятием метода моделирования является модель. Слово "модель" происходит от латинского "modulus" - мера, образец. Оно имеет множество значений и оттенков и используется как в профессиональной, так и научной деятельности [2, 18].

Модель – это искусственно созданный объект в виде схемы, физических конструкций, знаковых форм или формул, который, будучи подобен исследуемому объекту (или явлению), отображает и воспроизводит в более простом и обобщенном виде структуру, свойства, взаимосвязи и отношения между элементами этого объекта [5].

Моделирование – это процесс разработки, обобщенного, абстрактно-логического образа в форме, удобной исследователю для его изучения. Моделирование относится к теоретическим методам исследования.

Являясь одним из методов научного исследования, моделирование широко применяется в педагогике. Метод моделирования является интегративным, он позволяет объединить эмпирическое и теоретическое в педагогическом исследовании, т.е. сочетать в ходе изучения педагогического объекта эксперимент с построением логических конструкций и научных абстракций.

В педагогической науке метод моделирования обоснован в трудах В.Г. Афанасьева, Б.А. Глинского, И.Б. Новик, В.А. Штофф и др. [21, 213; 14].

Определение моделирования, данное Г.В. Суходольским, трактует его "как процесс создания иерархии моделей, в которой некоторая реально существующая система моделируется в различных аспектах и различными средствами" [19, 56].

Применительно к педагогическим исследованиям понятие «модель» трактуется Е.В. Романовой как «обобщенный, абстрактно-логический образ конкретного феномена педагогической системы, который отображает существенные структурно-функциональные связи объекта педагогического исследования, представленный в требуемой наглядной форме и способный давать новое знание об объекте моделирования» [16].

Главная особенность метода моделирования состоит в опосредованном познании с помощью объектов-заместителей — моделей. Процесс моделирования включает три элемента: субъект (исследователь), объект исследования, модель, определяющую (отражающую) отношения познающего субъекта и познаваемого объекта [22].

Таким образом, анализ перечисленных работ показал, что под моделированием понимаются процессы как изучения и построения, так и применения моделей. Моделирование тесно связано с такими гносеологическими категориями, как абстракция, аналогия, гипотеза и другими: процесс моделирования обязательно включает и построение абстракций, и умозаключения по аналогии, и конструирование научных гипотез.

Исходя из вышеизложенного, следует, что решающим фактором обеспечения продуктивности педагогического труда, развития творческой инициативы учителя и, как следствие, повышения качества результата образования в целом является формирование профессиональной готовности учителя начальных классов к моделированию учебной деятельности, служащей реальной инновационной основой профессиональной деятельности в условиях современной школы.

Список литературы:

1. Бабанский Ю.К. Оптимизация учебно-воспитательного процесса. М.: Просвещение, 1982. - 192 с.
2. Браже Р. А., Гришина А. А..Моделирование в научном познании. / - Ульяновск: УлГТУ, 2007. - 58 с.
3. Выготский Л.С. Собрание сочинений: в 6-ти томах / Гл. ред. А.В. Запорожец. - Т. 4-5. - 367 с.
4. Вопросы взаимосвязи образования и самообразования: Тематический сб. науч. тр. / Челябинский политехнический ин -т; под ред. Г.Н. Серикова. -Челябинск, 1987. 149 с.
5. Громкова М.Т. Психология и педагогика профессиональной деятельности: Учебное пособие для вузов.–М.: ЮНИТИ–ДАНА, 2003.
6. Дахин А.Н. Моделирование в педагогике: попытка осмысления.: http://www.bibliofond.ru/view.aspx?id=103944.
7. Дурай-Новакова К. М. Формирование профессиональной готовности студентов к педагогической деятельности: дисс. д-ра пед. наук. М., 1983. 356 с.
8. Зимняя И. А. Педагогическая психология. Учебник для вузов. Изд. второе, доп., испр. и перераб. — М.: Издательская корпорация «Логос», 2000. — 384 с."
9. Маркова А.К. Педагогические критерии и ступени профессионализма учителя // Педагогика. 1995. - №6. – 63 с.
10. Мищенко А.И. Введение в педагогическую профессию. Новосибирск: Пед. ин-т, 1991. - 172 с.
11. Мищенко А. И. Формирование профессиональной готовности учителя к реализации целостного педагогического процесса: дисс. д-ра пед. наук. М., 1992. 387 с.
12. Монахов В.М. Педагогическое проектирование – современный инструментарий дидактических исследований // Школьные технологии. -2001. - №5. – 89с.
13. Ожегов С. И., Шведова Н. Ю. Толковый словарь русского языка: 80 000 слов и фразеологических выражений / Российская академия наук. Институт русского языка им. В. В. Виноградова. — 4-е изд., дополненное. — М.: Азбуковник, 1999. — 944 с.
14. Платонов К.К. Краткий словарь системы психологических понятий. - М.: Высш. школа, 1981. 175 с.
15. Примерная основная образовательная программа образовательного учреждения. Начальная школа / [сост. Е.С. Савинов]. – М.: Просвещение, 2010. – 191 с.- (Стандарты второго поколения).
16. Романова Е. С, Суворова Г. А. Психологические основы профессиографии (Практикум). – М., 1990.

17. Рубинштейн С.Л. Основы общей психологии: В 2-х томах / АПН СССР. М.: Педагогика, 1989. - 740 с.
18. Сластенин В.А. Каширин В.П. Психология и педагогика. – М.: Академия, 2001.
19. Суходольский, Г.В. Структурно-алгоритмический анализ и синтез деятельности / Г.В. Суходольский. - Л. : Изд-во Ленингр. ун-та, 1976. - 120 с.
20. Хуторской А.В. Современная дидактика: Учебник для вузов. СПб: Питер, 2001.
21. Штофф В.А. Моделирование и философия - М.: Наука, 1996. – 302 с.
22. Библиотека авторефератов и диссертаций по педагогике
http://nauka-pedagogika.com/pedagogika-13-00-01/dissertaciya-formirovanie-gotovnosti buduschego-pedagoga-k-professionalnomu samosovershenstvovaniyu#ixzz2kG2Ti700
http://www.dissercat.com/content/dissertatsiya-osobennosti-samosoznaniya-i-usloviya-ego-formirovaniya-u-doshkolnikov-s-zaderz#ixzz2lrxaWhTI
http://www.dissercat.com/content/dissertatsiya-osobennosti-samosoznaniya-i-usloviya-ego-formirovaniya-u-doshkolnikov-s-zaderz#ixzz2lrsZzi1u

Лукъянчук М.В.
Восточноевропейский национальный университет
имени Леси Украинки
аспирант

РАЗВИТИЕ ТВОРЧЕСКИХ СПОСОБНОСТЕЙ МЛАДШИХ ШКОЛЬНИКОВ КАК ПЕДАГОГИЧЕСКАЯ ПРОБЛЕМА В ПРОЦЕССЕ АССОЦИАТИВНОГО ОБУЧЕНИЯ

Ключевые слова: творческие способности, ассоциативное обучение, младшие школьники.

В современном мире остро стоит проблема творческого развития личности. Каждая цивилизованная страна заботится о творческом потенциале общества в целом и каждого человека в частности. Усиливается внимание к развитию творческих способностей личности, предоставляется ей возможности обнаружить их.

Педагогические и дидактические аспекты развития творческих способностей освещены в трудах Г.Альштулера, П.Аутова, М.Левитова, В.Сидоренко, М.Сказина, Ю.Столярова, Д.О.Тхоржевського и других, однако многие вопросы остаются нерешенными. Как и ранее, большинство учебного времени отводится репродуктивной, нетворческой деятельности, значительная часть задач в учебниках имеет также воспроизводственный характер.

Недостаточно изученным в теории и практике педагогики остается вопрос развития творческих способностей учащихся младшего школьного возраста в процессе ассоциативного обучения.

Для того чтобы разобраться в этом вопросе нужно прежде всего дать определение что такое творческие способности. Следовательно, нам нужно проанализировать такие понятия как "способности " и " творчество". Анализ педагогической, психологической и философской литературы [10], [4], [11] показывает, что способности - это индивидуально-психологические особенности, которые способствуют успешности одного или нескольких видов деятельности, имеющих компонентную структуру, сосредоточивают в себе всю психологию человека. Некоторые исследователи, в частности С. Грузенберг, Клименко, А. Левченко [3], [5], [6] определяют творчество как процесс рождения нового, который проходит в человеке: создание новых мыслей, чувств или образов, которые являются непосредственными регуляторами творческих действий.

Проанализировав понятия "способности" и "творчество" мы определили, что творческие способности - это индивидуально-психологические особенности, которые позволяют успешно выполнять творческую деятельность (общие творческие способности - любую творческую деятельность).

Способности проявляются в процессе овладения деятельностью. Творческие способности младшего школьника проявляются в том, настолько ребенок быстро и основательно, легко и прочно осуществляет учебную деятельность. Основными показателями творческих способностей являются: скорость и гибкость мысли, оригинальность, любознательность, точность [2, с.58].

Еще Блонский говорил, что развитие творческих способностей неотделимо от формирования исполнительских умений и навыков. Чем разностороннее и совершеннее умения и навыки учащихся, тем богаче их фантазия, реальнее их замыслы, тем более сложные задачи выполняют дети. [1, 29]

Следуя позиции ученых, определяющих творческие способности как самостоятельный фактор, развитие которых является результатом творческой деятельности младших школьников, выделим основные компоненты творческих способностей младших школьников: творческое мышление и творческое воображение.

Проанализируем первый компонент творческих способностей: творческое мышление и его развитие с точки зрения ассоциативного обучения.

Психологами установлено, что, при любом творческом процессе задача решается сначала в уме, а затем переносится во внешний план. Психолингвисты пришли к выводу, что развитие мышления человека неотделимо от развития его языка. Поэтому важнейшая задача в развитии творческого мышления учащихся - обучение их умению словесной деятельности, в том числе изучение иностранных языков. Именно такими помощниками в овладении языком младшими школьниками и выступают ассоциативные символы. Ассоциативное обучение является, как отмечается в словаре «The American heritage dictionary of the English Language» [12], одним из принципов обучения, основанный на предположении, что идеи и опыт усиливают друг друга и могут быть связанными, чтобы улучшить учебный процесс.

Второй компонент творческих способностей - творческое воображение. Младшие школьники большую часть своей активной деятельности осуществляют с помощью воображения. Их игры - плод буйной работы фантазии, они с увлечением занимаются творческой деятельностью. Психологической основой последней также является творческое воображение. Когда в процессе учебы дети сталкиваются с необходимостью осознать абстрактный материал и им требуются аналогии, опоры при общем недостатке жизненного опыта, на помощь ребенку тоже приходит воображение.

Значение воображения в младшем школьном возрасте является вышей и необходимой способностью человека. Вместе с тем, именно эта способность нуждается в особой заботе в плане развития. Если в период от 5 до 15 лет воображение специально не развивать, в последующем наступает быстрое снижение активности этой функции. Вместе с уменьшением способности человека фантазировать обедняется личность, снижаются возможности творческого мышления, гаснет интерес к искусству, науке и так далее.

Существует много способов и методов для развития творческого мышления и творческого воображения. Одним из них является ассоциативное обучение, в процессе которого также активизируется речевая и умственная деятельность. Эти слова можно подтвердить на примере нескольких умственных операций: речь мозга - это образы. И, прежде всего зрительные. Когда ребенок в своем воображении соединяет несколько зрительных образов, эта взаимосвязь фиксируется мозгом и в дальнейшем, во время воспроизведения один за другим образов такой ассоциации, мозгом воспроизводятся все ранее соединенные образы. Все это побуждает к развитию воображения, памяти и в общем умственной деятельности. Об этом упоминается в труде М. Зиганова и В. Козаренко [8] под термином мнемоника, который тесно связан с ассоциативным обучением.

Мнемонику И.А. Радченко и А.Н. Орлова, составители «Нового толкового словаря украинского языка», объясняют как «систему средств, облегчающих запоминание и увеличивающих объем памяти». [9, 387] Такие приемы еще называют искусственной памятью [7, 443].

Таким образом, исходя из всего вышесказанного, можно сказать, что ассоциативное обучение играет чрезвычайно важную роль в развитии творческого мышления и творческого воображения, а значит и в развитии творческих способностей.

Можно утверждать, что методика использования ассоциативных символов, применяемая в процессе ассоциативного обучения, непосредственно влияет на развитие творческих способностей, ведь целями ассоциативного мышления является получение новых оригинальных идей, создание смысловых связей, стимуляция воображения, улучшения запоминания.

Список литературы

1. Блонский П. П. Развитие мышления школьника./ М.: Педагогика, 1935.- 205с.

2. Великанова А. Одаренный ребенок - кто он? // Психолог. - 2006. - Июль. - № 25-26 - С.18-21.

3. Грузенберг С.О. Психология творчества. – Минск: Беларусь, 1993 – 230с.

4.Дырченко И.И. Что такое способности? // Вопросы психологии. – 1994. – №1 – С.33-37.

5. Клименко В. Механизм творчества: можно ли его развивать? / / Школьный мир. - 2001. - Январь. - № 2-3 - 95С.

6. Левченко О.А. и др. Творчество и креатотерапия. – Луганск: Изд-во Восточноукраинского ун-та. 1998. – 307с.

7. Мацько Л. I. Стилистика украинского языка: [учебник]. / Л. И. Мацко, А. М. Сидоренко, А. М. Мацко, [под ред. Л. И. Мацко]. – К. : Высшая школа, 2003. – 462 с1, с. 443

8. Мнемотехника. Запоминание на основе визуального мышления [Електронний ресурс] / м. Зиганов, В. Козаренко. – м. : Школа рационального чтения, 2001. – Режим доступа : http://www.e-reading.co.uk/bookreader.php/131416/Kozarenko%2C_Ziganov_-mnemotehnika._Zapominanie_na_osnove_vizual%27nogo_myshleniya.html

9. Новый толковый словарь современного украинского языка / [сост.: Радченко И.А., Орлова А. М.]. - К.: ЧП Голяка В. М., 2010. – 768 с.3, с. 387

10. Рубинштейн С.Л. Проблема способностей и вопросы психологической теории //Психология индивидуальных различий. Тексты. //Под ред. Ю.Б. Гиппенрейтер, В.Я. Романова. – М., 1982. – С.65-68 .

11. Татаренко М.Г. Развитие творческих способностей младших школьников средствами театрального искусства в условиях досуга: 13.00.06. - Теор. метод. в орг. культурно-просветительской деятельности; Автореферат дис.канд. пед. наук. - Київ. нац. ун-т культури i мистецтв. — К., 2006. — 21 с.

12. The American heritage dictionary of the English Language. – [Fourth Edition]. – [Електронний ресурс].– Режим доступу: http://www.ahdictionary.com/word/search.html?q=associative+learning&submi.x=0&submit.y=0

Карпенко С.Г.
старший преподаватель, кафедра физического воспитания спорта,
Минский государственный лингвистический университет, г. Минск,
Беларусь

ФИТСТАЙЛ – КОМПЛЕКСНАЯ АДАПТИВНАЯ СИСТЕМА ФИЗИЧЕСКОГО ВОСПИТАНИЯ СТУДЕНТОВ

Не существует быстрых и лёгких путей стать красивыми и физически сильными. Единственный путь к укреплению мышц проходит через сложную комбинацию упорных тренировок, выполнения упражнений, предназначенных для воздействия на соответствующие группы мышц, правильное питание.

Несмотря на то, что эффективность занятий зависит от различных факторов, количество повторений отнюдь не самым важным из них, главное – это качество выполнения упражнения, то есть надлежащая техника выполнения, интенсивность упражнения и концентрация внимания на выполняемом физическом упражнении.

Правильно составленная программа занятий поможет обрести желаемую форму, помимо улучшения физических и антропометрических данных фигуры, улучшит состояние здоровья, приведёт к снижению бытового травматизма, повышению работоспособности и придаст силы для разнообразной деятельности, улучшит качество жизни.

Слово «fit» переводится с английского как-годный, подходящий, здоровый, «style» - в переводе с английского означает стиль ,манера направление ,школа, «fitstyle» (фитстайл) - школа здорового, красивого тела. Фитстайл – авторская система занятий для женского контингента в системе физического воспитания высшей школы, которая включает адаптированные физические упражнения, направленные на развитие физических качеств, это динамичная модель двигательной активности, в которой используются упражнения и методики: йоги, пилатеса, аэробики, используются элементы массажа, расслабления, суставной гимнастики, корригирующей гимнастики, растяжки , а также упражнения с гантелями., резиновыми бинтами, массажными мячами, скакалкой, гимнастической палкой, утяжелителями.

В рамках высшей школы фитстайл предполагает углубленное, детализированное изучение и обучения технике выполнения упражнений на базе чего в дальнейшем происходит моделирование, изменение, усложнение физических упражнений, как в силовом, так и в координационном плане, а также изменение режимов тренировки на протяжении всех восьми семестров занятий физическим воспитанием в университете. Выполнение упражнений в предлагаемой нами фитстайл системе дает возможность каждому студенту выполнять физические упражнения на каждом занятии в соответствии с физическими возможностями, состояниям здоровья и регулировать нагрузку самотоятельно. Предлагаемая система фитстайл позволяет преподавателю следить и корректировать работу каждого студента персонально, не отвлекая при этом остальных занимающихся. Студентки на занятиях выполняют предлагаемые, предварительно детально разученные, комплексы физических упражнений.

Подготовительная часть занятия - разминка, которая включает в себя медленный бег 10-12 минут, растяжка 7–9 минут, состоящая из адаптированных упражнений системы йоги. Основная часть занятия включает силовые упражнения на мышцы ног в положении стоя и прыжки через скакалку (или бег 80–100метров) после каждого силового упражнения, в положении лежа на гимнастическом коврике упражнения на различные группы мышц не более 10-12 разновидностей упражнений для каждого курса свой подбор упражнений. Заключительная часть занятия состоит из растяжка в парах и массажа массажным мячом и выполнения упражнений на расслабление. Все упражнения в основной части занятия выполняются по типу круговой тренировки поточно-интервальным методом 1–2 круга, отличительная особенность основной части занятия по системе фитстайла от классической методики круговой тренировки в том что нет временного регламента выполнения предлагаемых упражнений .

Для определения эффективности данной системы занятии были использованы следующие тесты: оценка аэробно-анаэробной выносливости двенадцатиминутный бег, оценка силовых показателей-(динамическая выносливость) сгибание и разгибание рук в упоре от перекладины (высота 60см) и подъём прямых ног до вертикального положения, лежа на спине держась руками за первую рейку гимнастической стенки ,оценка скоростно-силовых показателей (взрывная сила) прыжок в длину с места.

Тестирование проводилось среди студенток первого курса в три этапа сентябрь 2012г., декабрь 2012г. и май 2013г., протестировано 76 студенток.

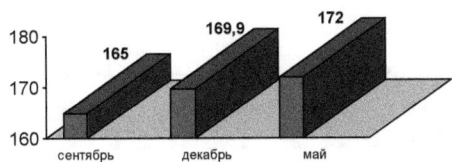

Рисунок 1. Прыжок в длину с места (длина в см), 1 курс 2012–2013 учебный год

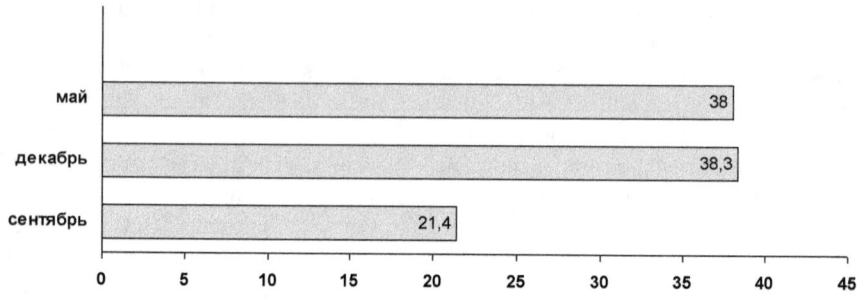

Рисунок 2. Подъем ног из положения лежа на спине, держась руками за первую рейку гимнастической стенки (количество раз). 1 курс 2012–2013 учебный год

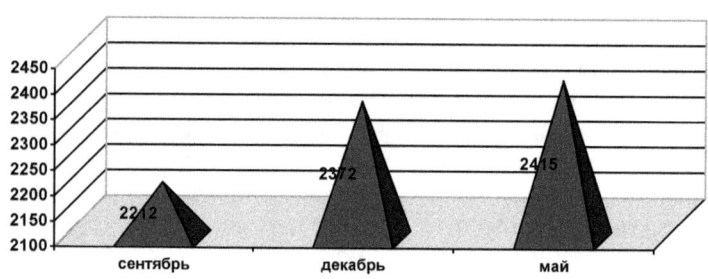

Рисунок 3. Двенадцатиминутный бег (пробегаемая дистанция в метрах). 1 курс 2012–2013 учебный год

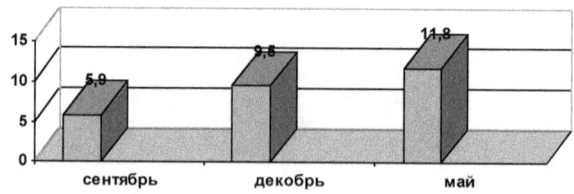

Рисунок 4. Сгибание и разгибание рук в упоре от перекладины (высота 60см, количество раз). 1 курс 2012–2013 учебный год

Предлагаемая система занятий показала улучшение показателей динамической силы: сгибание разгибание рук в положении стоя в среднем на 100% (рис. 4), подъем прямых ног из положения лежа, держась руками за первую рейку гимнастической стенки, в среднем на 79% (рис. 2), аэробно-аноэробной выносливости двенадцатиминутный бег в среднем на 7% (рис. 3), взрывная сила – прыжок в длину с места в среднем на 4% (рис. 1). Фитстайл в предлагаемом виде – это одна из моделей круговой тренировки, дающая достаточно высокую рабочую плотность занятия. Пульсовой режим занятий составляет: в подготовительной части занятия 60-100 ударов в минуту; – основная часть занятия 120-190 ударов в минуту; заключительная часть урока 80-120 ударов в минуту.

Занятия по предлагаемой системе фитстайл решают следующие конкретные задачи:

1) оздоровительные :

-охрана и укрепление здоровья студентов

-достижение полноценного физического развития, гармоничного телосложения

-повышение умственной и физической работоспособности.

2) образовательные :

-формирование двигательных умений и навыков,

-развитие двигательных способностей.

3) воспитательные :

-формирование интереса и потребности в занятиях физическими упражнениями,

-воспитание активности, самостоятельности и нравственно-волевых черт личности.

Новизна фитстайла заключается в использовании авторских и адаптированных комплексов физических упражнений различных систем и методик физического развития человек, система фитстайл дает возможность использовать персональный подход к каждому студенту на протяжении всего занятия, что позволяет в разы повысить эффективность занятия.

Межина А.В.
кандидат педагогических наук, доцент кафедры раннего изучения
иностранных языков, Московский городской педагогический университет

ЭМОЦИОНАЛЬНЫЙ ФАКТОР В ОБУЧЕНИИ МЛАДШИХ ШКОЛЬНИКОВ ИНОСТРАННОМУ ЯЗЫКУ

Эффективность обучения младших школьников иностранному языку определяется множеством факторов, которые необходимо учитывать учителю при планировании и проведении уроков. Современные отечественные и зарубежные исследования в области психологии и педагогики [1; 2; 3 и др.] свидетельствуют о том, что важнейшую роль в обучении и жизни в целом играет саморегуляция. По своей сущности она является механизмом, осуществляющим перевод потенциальной возможности в действие на всех этапах деятельности и в различных ее видах, поскольку осуществляет инициацию, осуществление деятельности, доведение ее до конца и оценку результата.

В свою очередь, центральное место в структуре саморегуляции, согласно принятой в настоящее время точке зрения (работы М.В. Чумакова; К. Изард; К.С.Лебединской, В.В.Лебединского и О.С.Никольской; Г.В. Акопова и Л.В. Макеевой, Л.М. Аболина, П.В. Симонова и др.), принадлежит ее эмоциональной составляющей. Так, в работах П.В. Симонова выявлено, что воля чаще всего возникает тогда, когда ее применение связано с положительными эмоциями. М.В. Чумаков теоретически обосновал и экспериментально доказал ведущую роль эмоциональной регуляции. Согласно теории аффективной регуляции К.С.Лебединской, В.В.Лебединского и О.С.Никольской, разработанной на модели детского аутизма, сложноорганизованная, многоуровневая система аффективной регуляции лежит в основе всей психической деятельности ребенка [4]. И.М. Румянцева отмечает, что «эмоции приводят в движение пусковые механизмы когнитивных процессов, являясь их составной и неотъемлемой частью» [5, 226].

Современному учителю необходимо понимать каковы механизмы воздействия эмоционального фактора на обучение младших школьников иностранным языкам и как использовать данные механизмы при планировании и реализации учебного процесса. Попытка осветить определенные аспекты данных вопросов является целью данной статьи.

В настоящей работе мы, вслед за А.В. Петровским и Е.И. Роговым, опираемся на понимание эмоций как психического отражения в форме непосредственного пристрастного переживания жизненного смысла явлений и ситуаций, обусловленного отношением их объективных свойств к потребностям субъекта [6; 7]. А.В. Петровский выделяет следующие важные для нас характеристики эмоций: эмоции выражают отношение человека к ситуации; эмоции являются способом оценки ситуации; эмоции влияют на поведение человека в данной ситуации. Для эффективного осуществления психолого-педагогической работы с младшими школьниками необходимо понимать, что в онтогенетическом плане эмоции возникли в процессе эволюции как средство, позволяющее живым существам определять биологическую значимость состояний организма и внешних воздействий (работы Ч. Дарвина, П.К. Анохина и др.). Выполняя функции положительного или отрицательного подкрепления, они способствуют выработке, закреплению и сохранению биологически целесообразных форм поведения и, наоборот, устранению реакций, утративших свое биологическое значение – положительные эмоции организм стремится усилить, сохранить и повторить, а отрицательные – устранить или хотя бы ослабить [8, статья «Эмоции»]. Фактически, в этом проявляется неосознанная эмоциональная саморегуляция. Сказанное позволяет сделать важный для нас вывод: младший школьник стремится реализовать деятельность, вызывающую положительные эмоции, и прекратить ту, что вызывает отрицательные эмоции. Из выше сказанного видно, что эмоция возникает на основе восприятия и оценивания предмета или явления как выражение результата этих операций.

Последующее изложение представляет собой описание выявленных нами психолого-педагогических условий, соблюдение которых способствует возникновению у младших школьников положительных эмоций от деятельности в процессе овладения иностранным языком как «локомотива», ведущего за собой осуществление саморегуляции деятельности, а также как средства, обеспечивающего мотивацию деятельности и создающего условия для мотивационного смещения (данные условия были выявлены нами в ходе исследования, посвященного поиску путей повышения успешности учебной деятельности младших школьников на основе саморегуляции. Полный перечень условий и их обоснование представлены в статье «Условия формирования у учащихся навыков эмоционально-волевой саморегуляции» [9]). Мотивационное смещение представляет собой «психический механизм развития мотивации, в рамках которого способы удовлетворения потребностей сами становятся потребностями» [10, 255] (в нашем случае: выполнение учебных заданий, вызывающих положительные эмоции, само должно стать потребностью). Естественно, продуктивная и эффективная учебная деятельность не может быть построена на одних положительных эмоциях, но нельзя не согласиться, что разумная мера их в ходе самой деятельности должна присутствовать. В определении данных условий мы опирались на уровневую структуру деятельности, содержащую три этапа: целеполагания, целедостижения и целеизмерения (данная структура более подробно представлена в работах А.А. Майера).

Сказанное выше позволяет заключить, что эмоции человека по сути есть выражение ответа на вопрос: что данный объект/явление/задание и т.д. значит для меня? Очевидно, что положительные эмоции может вызывать только то, что имеет значимость и определенную ценность для ребенка. Следовательно, на этапе целеполагания важнейшим условием является обеспечение учителем личностной значимости для младшего школьника выполняемой деятельности по овладению иностранным языком. Основное назначение личностной значимости для нас состоит в том, чтобы учащемуся захотелось выполнить задание, чтобы само задание и его выполнение стало важным для ученика. Это позволит запустить механизм мотивационного смещения.

Средством обеспечения личностной значимости деятельности для младших школьников в процессе обучения иностранному языку, учитывая их возрастные особенности (большая эмоциональность и эмоциональная отзывчивость, любознательность), может стать опора на проблемность и продуктивность (направленность на создание нового продукта) в обучении, выражающиеся в форме создания проблемно-коммуникативной ситуации на уроке. Для того, чтобы помочь учителю иностранного языка в обеспечении личностной значимости деятельности для учащегося при отборе, доработке или создании учебных заданий, нами был разработан следующий алгоритм:
1. Определить дидактическую задачу, которую необходимо решить.
2. Определить цель («что нужно сделать») речевой деятельности учащихся в процессе выполнения задания, направленного на решение данной дидактической задачи.
3. Обеспечить мотив («зачем это делать?») деятельности учащихся при выполнении задания.
4. Разработать ситуацию, актуализирующую запланированный мотив.
5. Разработать способ органичного введения проблемно-коммуникативной ситуации в урок (то есть обеспечить связь с другими этапами урока).

Проиллюстрируем сказанное на примере. 1. Дидактическая задача – организовать обучение младших школьников произношению слов – названий цветов. 2. Цель говорения – повторение названий цветов за диктором/учителем. 3. Мотивом может стать повторение для кого-то третьего. 4. Возможная ситуация: знакомый детям персонаж-игрушка плохо слышит. Он тоже хочет узнать, как по-английски называются цвета, но не слышит, что говорит диктор. Учащиеся могут помочь, произнеся слово четко и все вместе. 4. Ситуация может быть введена приходом персонажа на урок. Описанная ситуация обеспечивает личностную значимость деятельности для большинства учащихся, поскольку основана на эмоциональности, эмоциональной отзывчивости младших школьников и желании помочь знакомому и любимому персонажу.

На уровне целедостижения необходимо обеспечить благоприятный эмоциональный климат на уроке. Важнейшим средством его обеспечения является дидактическое коммуникативное воздействие (ДКВ) учителя на класс и на отдельных учащихся. ДКВ, согласно С.Я. Ромашиной, представляет собой «совокупность речевых действий, реализующих основные функции учителя (его назначение, роли и позиции) в организации взаимодействия с классом» [11, 121]. Основными функциями ДКВ учителя, согласно терминологии С.Я. Ромашиной, являются информативная, организующая, контролирующая, реагирующая (совокупность оценочной и корригирующей функции), стимулирующая и фасилитативная.

Важнейшее значение для срабатывания механизма мотивационного смещения имеют эмоции, возникающие в конце деятельности и выполняющие функцию ее оценки. Следовательно, на этапе целеизмерения необходимо обеспечить удовлетворение учащегося от результатов учебной деятельности. Удовлетворение возникает при соответствии полученного результата потребностям и ожиданиям ребенка. Таким образом, необходимо, учитывая индивидуальные особенности учащихся, создать ситуацию успеха для каждого ученика. Это возможно путем использования разноуровневых заданий, а также заданий, предполагающих возможность их выполнения на разном уровне сложности (например, ответить на вопрос «What toy do you like?» можно по-разному: «I like the cat», «Cat» или просто указать на понравившуюся игрушку – реализация ребенком любого из трех названных путей является успешным решением коммуникативной задачи).

Создание условий для возникновения положительных эмоций – лишь одна из задач эмоциональной регуляции поведения и деятельности младших школьников. Психолог А.Я. Чебыкин систематизировал методы осуществления учителем эмоциональной регуляции на уроке, представив их в совокупности трех групп. Кратко рассмотрим их. Методы первой группы направлены на усиление эмоциогенности дидактического материала и связаны с формой его демонстрации (зрительные и звуковые эмоциогенные эффекты, вербальные методы), а также с логико-психологическими закономерностями введения знаний (методы проблемно-поискового характера) и социально-психологическими особенностями организации учебных занятий (различные формы совместных действий). Методы второй группы направлены на корригирование негативных эмоций у учащихся и содержат мимические, жестовые, интонационные, контактные, конфиденциальные и поощрительные приемы; переключение внимания; внушение; приемы речевого характера. Третья группа представлена методами, восстанавливающими функциональные состояния учащихся на уроке (переключение деятельности; психомоторные, дыхательные упражнения; элементы аутогенной тренировки и свето-цветовое воздействие) [12]. Использование данных методов также позволит учителю эффективно использовать эмоциоальный фактор для успешного овладения младшими школьниками иностранным языком.

Таким образом, эмоциональный фактор является одним из важнейших, определяющих успешность обучения младших школьников иностранному языку. Учителю необходимо осознавать механизмы влияния эмоций на процесс и результат обучения и использовать их для повышения эффективности обучения.

Литература

1. Круглова, Н. Ф. Психическая диагностика и коррекция структуры учебной деятельности младшего школьника [Текст] : учеб.-метод. пособие / Н. Ф. Круглова ; Рос. акад. образования, Моск. психол.-соц. ин-т. – М. : МПСИ, 2004. – 247 с.

2. Черкашина, О. А. Психическая саморегуляция в контексте учебной деятельности [Текст] / О. А. Черкашина // Проблемы социальной психологии личности. – 2005. – Вып. 2.

3. Baumeister, R.F. Self-Regulation as a key to success in life [Текст] / R. F. Baumeister, K.P. Leith, M. Muraven, E. Bratslavsky // Improving competence across the lifespan. Building interventions based on theory and research / Ed. by D. Pushkar, W. M. Bukowski, A. E. Schwartzman, D. M. Stack and D. R. White. – NY, 1998. – p. 117-132.

4. Лебединский, В. В. Эмоциональные нарушения в детском возрасте и их коррекция [Текст] / [В. В. Лебединский, О. С. Никольская, Е. Р. Баенская, М. М. Либлинг]. – М. : МГУ , 1990.

5. Румянцева, И. М. Психология речи и лингвопедагогическая психология [Текст] / И. М. Румянцева. – М. : PerSe: Логос, 2004.

6. Психология: словарь [Текст] / под общ. ред. А. В. Петровского, М. Г. Ярошевского. – Изд. 2-е. – М. : Политиздат, 1990.

7. Рогов, Е. И. Эмоции и воля [Текст] / Е. И. Рогов. – М. : ВЛАДОС, 2001.

8. Биологический энциклопедический словарь [Текст] / гл. ред. М. С. Гиляров. – М. : Сов. Энциклопедия, 1986.

9. Межина А.В. Условия формирования у учащихся навыков эмоционально-волевой саморегуляции [Текст] / А.В. Межина // Начальное образование. – 2011. - № 3. С. 43-45.

10. Занюк, С. Психология мотивации: Теория и практика мотивирования. Мотивационный тренинг [Текст] / С. Занюк. – К. : Эльга-Н.; Ника-Центр, 2001.

11. Ромашина, С. Я. Формирование гуманизирующего общения средствами коммуникативного воздействия педагога [Текст] / С. Я. Ромашина // Управление дошкольным образовательным учреждением. – 2007. – № 2. – С. 120–123.

12. Чебыкин, А. Я. Эмоциональная регуляция учебно-познавательной деятельности [Текст] / А. Я. Чебыкин. – Одесса, 2002.

Druzhinina M.V.
doctor of pedagogical sciences, Professor of the Department of translation and applied linguistics Institute of philology and crosscultural communication in Northern Arctic Federal University, m.druzhinina@narfu.ru
Stolyarova N.V.
post-graduate student of the Institute of philology and crosscultural communication in Northern Arctic Federal University
n.stolyarova@narfu.ru

PEDAGOGICAL AND TESTOLOGICAL IDEAS OF OPTIMIZATION OF UNIVERSITY LANGUAGE EDUCATION

There are high requirements to the optimization of university language education through the certification of teachers and students; passing international examinations, participating in international projects, working with international Internet resources for professional purposes, cooperation with foreign partners, etc. The problem of the modern university language education is incomplete use of language education resources and its weak focus on professional-significant result [1,75]. The aim of our article is to describe pedagogical and testological scientific ideas of the optimization of university language education. From our point of view these ideas are one of the most important ones.

Using the notions of pedagogical and testological ideas we bear in mind a set of progressive scientific ideas that can improve the effectiveness of university language education.

In pedagogical works the following progressive ideas are investigated: about the quality of the educational process (G.A. Bordovsky, A.I. Subetto, N.V. Gorohovatskaya); about students' self-realization (V.I. Andreev, V.P. Zinchenko, V. A. Petrovsky); about the formation of competences (U.V Eremin, N.F. Radionova); on training the professional tasks in different ways (E.V. Balakireva, M.V. Druzhinina).

According to the pedagogical ideas of university language education such characteristics as taking practical use of language into account and applied nature of language education are considered to be very important (A..A. Verbitsky, O.A. Vitokhina, G.P. Savchenko).

All the three groups of pedagogical ideas together – about control, about education, about self-development – should be considered as the tool of influence upon the system, the process and the result of language education. These are the learners – students studying foreign languages for professional purposes – who are in the centre of university language education.

The application of tests in the educational process is an integral part of university language education. Because of the expansion of the use of tests studies on pedagogical dimensions are being developed (V.S. Avanesov, T.M. Balyhina, N.F. Efremova, I.I. Legostayevl, V.G. Navodnov, M.B. Chelyschkova, R.P.Millrood N, A.V. Matienko etc.). The authors highlighted the urgency of testological ideas about monitoring the educational process, about the validity of tests, about testing programmes for autonomous studying.

Taking practical use of language into account and applied nature of university language education require conformity and correspondence between test content and the circumstances of real communication in the areas of social and professional communication [2,32]. This requirement can be fulfilled by increasing the validity of test tasks. The test is considered scientifically sound by checking its validity [4,177].

The pedagogical idea of self-development and self-realization of personality corresponds to the idea of using tests not just to control but to teach. [3,183]. In order to test really was training and developing the personality, it must be organically included in the course of the learning process and it must be understood by the learners as voluntary activities [5,96]. Tests should be developed so that students can work on them independently. For that purpose, in such training programs, it is important to provide the fast processing of results, various forms of correction, constant feedback. The ergonomic rules significantly improves the comfort and performance of students (M.V. Druzhinina).

While correlating pedagogical and testological ideas we have found out a clear link between at least three pedagogical and three testological ideas. This link is summarized in Table 1:

Table 1

pedagogical ideas	testological ideas
pedagogic control	monitoring of outcomes of learning achievements of students at all stages
the applied nature of language education	validity of test content
self-realization of personality	learners autonomy and rules of ergonomics

Having found the conformity and correspondence between these pedagogical and testological ideas we should emphasize the consonance these ideas with the ideas of foreign scientists about the identification of the causes of cognitive difficulties through monitoring of training results; about authentic assessment carried out directly in the educational process; about conformity test content to the circumstances of real communication and about the use of genuine texts in tests; about testing as the help to improve learners personality; about testing as the means of developing and realization of cognitive skills of learners [6,15;7,338].

Thus, pedagogical and testological ideas are linked and complement one another. According to our scientific and experimental data, rejecting any group of ideas as a means of optimization   the university language education deteriorate the results of training. An experiment among groups of students in technical disciplines, carried out in 2012-2013, confirmed our hypothesis. In the experimental and control group difference in the outcome of teaching English for professional purposes amounted to 40%. Further varification of the hypothesis, study and analysis of the results appear to be perspective.

Literature

1.   Дружинина М.В. Формирование языковой образовательной политики университета как фактора обеспечения качества профессиональной подготовки современных специалистов: Монография. Архангельск: Поморский университет, 2004. – 471 с.
2.   Дружинина М.В. Формирование языковой образовательной политики университета как фактора обеспечения качества професионального образования: Автореф: дис. ... докт.пед.наук. – СПб., 2009. – 40 с.
3.   Дружинина М.В., Столярова Н.В. Педагогические идеи как фактор оптимизации тестирования в университетском языковом образовании по техническому направлению подготовки // Современные проблемы науки и образования. 2012. – №3. – С. 182.
4.   Майоров А.Н. Теория и практика создания тестов для системы образования. – М.: «Интеллект-центр», 2001. – 296 с.
5.   Мильруд Р.П., Максимова И.Р., Матиенко А.В. Оценка качества обучения иностранным языкам на материале тестирования // Вестник ТГУ. Тамбов: Издательство Тамбовского Государственного университета. 2005. Выпуск 1(37). – С. 95-104.
6.   Hughes A. Testing for Language Teachers. Cambridge, 1989.
7.   Huerta-Macias A. Alternative assessment: responses to commonly asked questions. Methodology in Language Teaching. An Anthology of Current Practice. Richards, J., and W. Renandya /Eds.Cambridge, 2002. P.338-343.

Тулькибаева Н.Н.
профессор, докт. пед. наук, ЧГПУ
Гребнева Ю.А.
студентка, ЧГПУ

НЕОБХОДИМОСТЬ ВНЕДРЕНИЯ ЦИФРОВЫХ ОБРАЗОВАТЕЛЬНЫХ РЕСУРСОВ В ОБРАЗОВАТЕЛЬНЫЙ ПРОЦЕСС

В настоящее время важным и значимым может выступать вопрос модернизации работы образовательного учреждения. Изменение требований к уроку отмечает приоритетность добавления новизны в учебный процесс, а, следовательно, необходимо рассмотреть, благодаря каким факторам можно этого достичь.

Современное общество стремительно развивается в направлении информатизации всех процессов, которые затрагивают жизнь человека. Школа под воздействием тенденций окружающего мира отражает сферу, в которой человек начинает становление себя как личности на своем жизненном пути. Организация учебного процесса, направленного на разностороннее развитие ученика в различных областях знаний, является необходимым и существенным как на протяжении многих лет, так и в настоящее время.

Современные тенденции заставляют обращать внимание на переход от «бумажного» обучения учащихся к представлению всей информации в электронном виде. Все больше в образовательных учреждениях можно отметить выбор нового контроля знаний. Предпочтение электронного журнала «бумажному» является характерным и актуальным уже для многих школ, ведь это теперь осуществимо каждым учителем в связи с оснащением рабочего стола педагога компьютером и всеми необходимыми средствами реализации организации учебного процесса.

Сегодня ребенок растет и развивается в мире, где основную информацию и общение он получает при помощи электронных устройств. Почти каждый школьник имеет в кармане телефон, а дома – компьютер. Зачастую дети большую часть времени проводят за компьютерами, играя в сетевые игры или виртуально общаясь с друзьями. Тогда встает вопрос о культурном развитии ребенка. В настоящее время существует множество возможностей, которые могут способствовать акцентированию внимания ребенка на совмещение учебного процесса и досугового времени учащегося.

Выбор цифровых образовательных ресурсов (в дальнейшем ЦОР) учителем оказывает существенное влияние на формирование представления новой информации у учащихся. Естественным образом, наглядность ЦОР влияет на познавательный интерес у учеников на уроке. Представление информации в новом виде позволяет переключать внимание ребенка в периоде всего учебного процесса. Постоянное использование ЦОР на уроке может способствовать формированию культуры учащегося, возможности ребенка самостоятельно развиваться в ходе учебного процесса, поскольку погружение ученика в атмосферу, в которой он привык находиться, может сыграть существенную роль в процессе его обучения.

Как было уже отмечено, каждый современный учитель имеет возможность работать за компьютером, а, следовательно, имеет возможность самостоятельно отбирать, разрабатывать и представлять ЦОР, необходимые для процесса обучения. Качество полученных и представленных материалов должно быть на высоком уровне, потому как современные технические средства обучения позволяют учителю подготавливать уроки в том варианте, когда представление информации несет существенное значение при формировании мировоззрения учащегося.

Создание ЦОР не является необходимым в процессе работы учителя, однако разработка различных электронных дополнений к урокам делает учебный процесс интересным не только для учеников, но и для самого педагога. В профессиональном стандарте педагога отмечается необходимость владения ИКТ-компетенциями учителем при реализации их на различных этапах образовательной работы с детьми [1]. Важность владения ИКТ-компетентностью отображает спектр возможностей и обязанностей учителя. Использование ИКТ-компетенций позволяет учителю создавать ЦОР в различных информационных средах. Современные информационные среды содержат множество различных программ, которые позволяют разрабатывать и конструировать ЦОР в той форме, которая требуется учителю. Стандартный интерфейс персонального компьютера включает программы, в которых можно представлять текстовую, графическую, аудио и видео информацию.

Деятельность педагога при освоении базовой ИКТ-компетентности является необходимой для оценки качества информационной системы образовательного учреждения, что происходит во время повышения квалификации педагога. Умение разрабатывать ЦОР, необходимыми для реализации учебной программы педагога, может являться важной частью ИКТ-компетентности учителя. Использование ЦОР на разных этапах урока выступает существенным компонентом во всей картине организации образовательного процесса. Во время реализации подготовленных программ, содержащих компоненты цифровых элементов, необходимо учитывать как введение новой информации, так и оценивание результативности применения тех или иных ЦОР.

Применение, создание и реализация ЦОР являются актуальными действиями со стороны педагога для развития информационного поля образовательного учреждения. Овладение ИКТ-компетенциями отображает уровень развития учителя на базе повышения им своей квалификации.

Образовательный процесс можно рассмотреть с двух позиций: организации его на основе интеллектуального развития учащихся и использования мотивационных установок. Повышение интереса учеников позволит учителю скоординировать свою деятельность на достижение лучшего результата, что возможно при мотивации школьников для изучения предмета. Мы предполагаем, что ИКТ-компетентность педагога позволяет разнообразить учебный процесс путем добавления в него новых технологий, а также создать атмосферу реализации тенденций современного общества с требованиями к образовательному процессу.

Литература:

1. ПРОЕКТ Профессиональный стандарт педагога: http://минобрнауки.рф/

Ефремова Н.А.
магистрант факультета физической культуры
Жевлаков Е.Г.
аспирант кафедры теории и методики факультета физической культуры
Фарбей В.В.
к.п.н., профессор кафедры физической культуры
Российский государственный педагогический университет
им. А.И.Герцена, Санкт-Петербург

ПРИМЕНЕНИЕ ДЫХАТЕЛЬНЫХ ТЕХНОЛОГИЙ КАК РЕЗЕРВА ПОВЫШЕНИЯ СПОРТИВНЫХ РЕЗУЛЬТАТОВ В БИАТЛОНЕ

Актуальность

В последнее время не отмечается значительных успехов российского биатлона. По нашему мнению, это свидетельствует о недостаточной эффективности системы подготовки спортсменов. Научно-обоснованная система подготовки биатлонистов не сложилась на данный момент. Передовые диссертационные работы, которые написаны за последние 10 лет, не применяются в сборных командах нашей страны. Поэтому нетрадиционные подходы к системе подготовки биатлонистов сегодня очевидны и актуальны, а использование в их подготовке дыхательных технологий будет способствовать достоверному улучшению спортивно-технических результатов.

В статье рассматриваются вопросы, необходимые для повышения эффективности стрельбы стоя в биатлоне, используя барокамерные воздействия (высота 1500 – 3000 м) после выполнения упражнений на дыхание на повышенной и подвижной опоре.

Стрельба стоя в биатлоне — наиболее трудный вид стрельбы. Положение стоя отличается высоким расположением центра тяжести над точкой опоры, изгибом туловища для компенсации массы оружия, повышенной ветровой восприимчивостью туловища. Основной принцип в удержании оружия: при прицеливании должно быть задействовано как можно меньше мышц. Отработка устойчивости является одной из главных задач подготовки биатлониста в стрельбе стоя.

Стойка характеризуется расстановкой ног, направлением плеч относительно мишени, наклоном туловища, положением головы, положением рук, поддерживающих оружие. Общий центр тяжести системы "стрелок-оружие-мишень" при стрельбе стоя расположен выше, и части тела имеют значительно большую свободу движений, частота колебаний системы здесь больше. Этим определяется особая сложность стрельбы стоя (сложная координация работы мышечного аппарата).

При стрельбе стоя надо, в первую очередь, обращать внимание на:

- расположение стоп. Стопы располагать примерно на ширине плеч, развернуть под углом 35-40°, линия, проходящая через носки, направлена параллельно или несколько левее плоскости стрельбы;
- ноги выпрямлены в коленных суставах;
- туловище отклонено направо и несколько назад настолько, чтобы не сказывался опрокидывающий момент силы тяжести винтовки (не тянуло влево, вниз, вперед);
- локоть левой руки – на подвздошном гребне тазовой кости, предплечье расположено почти вертикально.

Тесты и показатели для оценки мощности, емкости и экономичности энергетических источников при циклической мышечной работе, используя дыхательные технологии.

Тренажеры: кислородные подушки по Дугласу-Хьюму, кресло Барани, лопинги, велоэргометр с высокой разрешимостью, третбан, тредмил, а также тренажеры для рук: SkiMaster, SkiAway, амортизаторы разные.

Таблица 1

Комплекс V. Упражнения на дыхание на повышенной и подвижной опоре (батут, пружинная сетка, гимнастическая скамейка).

Ранжи-рован-ный ряд (значи-мость)	Комплексы дыхательных упражнений (тесты)	Кол-во раз	Ранговый показатель,%
1	Стрелковый тренаж в барокамере 30 мин. Стоя с оружием на изготовке, короткий вдох 1-2с; форсированный выдох ртом 2-3с.	6-8 раз	18,4
2	Стоя сделать 3-4 коротких вдоха-выдоха по 1-2 с + длинный плавный выдох 3-4с перед началом стрелкового тренажа по установке 5 выстрелов.	5-6 раз	15,6
3	Стоя. Энергичный вдох 2-3с и быстрый выдох 1-2с (имитация выстрела).	6-8 раз	15,1
4	Стоя с оружием на изготовке (на батуте, пружинной сетке), короткий вдох 1-2с; выдох носом 3-5с с началом стрелкового тренажа по установке.	8-10 раз	13,0
5	Стоя на батуте, пружинной сетке - дыхание с втягиванием воздуха через рот. Громкий быстрый вдох 2-3с – задержка дыхания 8-10с – выдох через нос 5-6с. Имитация выстрела.	8-10 раз	12,0
6	Стоя. Громкое дыхание с втягиванием воздуха 6-8с. Задержка дыхания 10-12с – медленный выдох	5-6 раз	9,7

	через нос 6-8с (стрелковый тренаж).		
7	Стоя на батуте, пружинной сетке - полный вдох 6-8с, затем полный выдох 6-8с, затем вдох через нос 3-4с. Задержать дыхание 6-8с. Вдыхать и выдыхать нужно плавно. Перед каждым следующим вдохом – пауза 5-6с (стрелковый тренаж).	6-8 раз	9,1
8	Стоя сделать 20-30 вдохов-выдохов, вдыхая через нос 2-3с, выдыхая через рот 2-3с без напряжения (стрелковый тренаж).	6-8 раз	7,1
			100,0

Затем мы применяли упражнения для совершенствования устойчивости при прицеливании, используя РСК$_2$ (Фарбей Вад.В., 1999).

Эффективность деятельности биатлониста зависит от готовности сенсорных систем, степени их утомляемости и умения сохранить рабочие параметры реализации стрелковой подготовленности на достаточно высоком уровне.

Процесс поддержания устойчивой позы – сложный регуляторный процесс, двигательная активность позы в рамках развития устойчивости формируется на протяжении всей спортивной деятельности.

Обеспечение устойчивости тела стоя и его отдельных частей во взаимодействии со спуском — одна из основных проблем в биатлоне. Устойчивость определяется не только биомеханическими факторами (вес, рост, размер стоп и их положение при стоянии), а главным образом, физиологическими параметрами системы регулирования, базирующимися на учете постоянно нарушающегося равновесия и его восстановления. Устойчивость зависит от состояния организма.

Принято считать, что в обеспечении устойчивости тела и координирования позы главенствующая роль принадлежит зрительному анализатору. Точность изготовки стоя при выключении зрения (через 30 - 60 с. после прицеливания) снижается на 95%. Однако И.М.Сеченов доказал, что большее значение в этом процессе имеет мышечное чувство, так как именно оно служит главнейшим руководителем сознания в координации движений. Поэтому в обеспечении устойчивости системы "стрелок—оружие-мишень" важнейшая роль принадлежит именно мышечному чувству. От биатлониста требуется очень точная согласованность в работе различных анализаторов, в первую очередь координированной работы мышц, обеспечивающих устойчивость вышеназванной системы, и способности четко дозировать усилия при нажиме на спусковой крючок.

В связи с этим мы предлагаем упражнения для совершенствования устойчивости при прицеливании в стрельбе стоя (последовательность):
1. Удержание мушки на белом фоне.

2. Прицеливание по белому кругу.

3 Удержание оружия в районе прицеливания.

4. Концентрация внимания на закреплении суставов.

5. Изменение напряжения мышц при прицеливании в "свободной" и "силовой" стойках.

6. Длительное удержание оружия в районе прицеливания при задержанном дыхании.

7. Поводка прямоугольной мушки по буквам Ж, Т, Ю и различным геометрическим фигурам (ромб, треугольник, круг, квадрат) с целью устранения колебаний в определенной плоскости.

8. Изменение массы оружия.

9. Изменение баланса оружия.

10. Стрельба вхолостую с целью концентрации внимания на отдельных элементах техники стрельбы.

11. Выключение зрительного анализатора при прицеливании (к моменту выстрела).

12. Стрельба с качающейся платформы.

Выводы.

Применение в тренировочном процессе вариантов гиповентилируемого дыхания вызывает в организме большой дефицит кислорода O_2, характерный при стрельбе стоя.

Классификация тестов для оценки различных аспектов работоспособности позволила оценить набор тестов (по три параметра для каждого из трех источников энергообеспечения) для трех основных групп мышц: верхних конечностей и плечевого пояса, туловища, нижних конечностей и тазового пояса. Минимальный набор для всестороннего описания работоспособности спортсмена при стрельбе стоя - 12 тестов.

Литература

Гильмутдинов И.Ф. Влияние релаксационных упражнений на двигательную память и двигательную координацию пловцов 13 – 14 лет. Журнал ТиПФК № 3, М.: 2010 – с. 86-88.

Анпилогов И.Е. Особенности проектирования основных средств подготовки спринтеров 15-17 лет в годичном цикле. Научно-теоретический журнал «Ученые записки университета им. П.Ф.Лесгафта», 2010, №3(61)

Костюнина Л.И. Новый взгляд на систему спортивной подготовки. Теория и практика физ. культ. – 2010, №3

Попков А.В. Антистрессовая пластическая гимнастика. М.: «Советский спорт», 2005 -164с.

Ишмухаметов М.Г. Научно-методический журнал «Физическая культура в школе». -2010, № 6. с. 36-39.

Шмакова О.В.

доцент, кандидат педагогических наук, Новосибирский государственный университет, факультет иностранных языков

ФОРМИРОВАНИЕ ЛИЧНОЙ ЭФФЕКТИВНОСТИ БУДУЩЕГО СПЕЦИАЛИСТА В РАМКАХ КУРСА «ТАЙМ-МЕНЕДЖМЕНТ»

Стремительно изменяющийся мир, наполненный разнообразными социокультурными, информационными и технологическими вызовами, предъявляет современному человеку качественно новые требования. Постоянное обновление квалификационных характеристик и содержания деятельности, быстрое старение традиционных видов профессий, возрастающий темп жизни приводят к тому, что «современному специалисту надо очень быстро бежать, чтобы остаться на месте».

Инновационный характер развития общества актуализирует приоритет личности специалиста, готового непрерывно совершенствовать себя и свое мастерство. "In the context of lifelong learning individuals would be required to continuously reinvent, 're-skill' and 'up-skill' themselves"[3, 8]. Формируя потребность в непрерывном профессиональном само-образовании и саморазвитии, общество тем самым вынуждает человека использовать все свои возможности и жизненные ресурсы ради интересов группы. В тоже время эмоциональное выгорание, хроническая усталость, потеря личностных интересов нередко выступают обратной стороной профессиональной деятельности и карьерного роста в целом.

Информационно-коммуникативная природа постиндустриального общества обостряет хроническое отставание современного высшего образования от потребностей рынка. Сегодня специалисту недостаточно владеть определенным набором компетенций и профессиональных качеств. «Креативная» образовательная парадигма, трансформируя разви-вающее обучение в развивающее личность образование, предполагает в качестве результата образовательного процесса, согласно материалам ЮНЕСКО, следующие виды компетентностей: уметь получать знания самостоятельно, уметь жить вместе, уметь работать вместе, уметь жить.

В этом ключе качество образования выступает как критерий социализированности личности, состоящий в степени «ее независимости, уверенности, самостоятельности, раскрепощённости, инициативности, незакомплексованности, проявляющейся в реализации социального и индивидуального, что и обеспечивает реальное социокультурное воспроизводство человека и общества» [2, 190]. Выделение совокупности социально-профессиональных компетентностей в качестве результата подчеркивает важность наличия у специалиста «универсальных» или «мега» личностных качеств и умений, «сквозной» характер которых позволяет человеку рационально использовать свои жизненные возможности на различных этапах обучения и в последующей трудовой деятельности. Для успешной профессиональной и личной самореализации специалист должен уметь управлять временем как индивидуальным ресурсом, позволяющим гибко реагировать на изменения ситуаций.

Согласно современной междисциплинарной парадигме тайм-менеджмента или «технологии самосовершенствования, осознанного и осмысленного управления своей жизнью» [1, 9] формирование личной эффективности будущего специалиста представляет собой важный аспект профессиональной социализации студента в вузе.

Обучаясь в вузе, молодой человек вступает в систему новых учебно-профессиональных отношений. Социально-психологическая адаптация личности, расширение социального кругозора, принятие норм, ценностей, характерных для новой социальной группы, опосредуется созданием «профессионального образа мира», т.е. происходит профессионализация структуры личности, формируется ее профессиональная идентичность. В разных периодизациях развития личности пора студенчества обозначает:

– поиск идентичности, ролевое смешение (12-19 лет) (Э. Эриксон);

– адаптация (16-18 лет) – вхождение в профессию и привыкание к ней (Е.А. Климов);

– фаза интернала (18-23 года) – приобретение профессионального опыта (Е.А. Климов);

– исследование, апробация своих сил (14-25) лет (Дж. Сьюпер).

Динамичный характер профессиональной социализации также означает продолжение психофизиологического развития студента. Молодость это период жизни человека, когда складываются привычки и предпочтения, формируются биологический и энергетический циклы, стиль жизни. Поэтому важно научить студентов рационально распределять время, поддерживать равновесие между различными областями жизни, тем самым заложить основы самоорганизации учебной и будущей профессиональной деятельности.

Обзор представленных классификаций профессионального развития позволяет раскрыть ключевые аспекты содержания курса «Тайм-менеджент». Чтобы лучше понять особенности функционирования новой социальной общности, студенты учатся выстраивать свое жизненное пространство в соответствии с современными концепциями организации времени, знакомятся с приемами сортировки задач и основными правилами эффективного распределения нагрузки и отдыха.

Личностно-ориентированное содержание курса помогает студентам развивать умения критического мышления. Чтобы найти свои «жизненные сценарии и жизненные стратегии» (Э. Берн), молодому человеку необходимо понять, как можно распоряжаться своим временем в соответствии с желаниями и ценностями. Умение целеполагания, составляющее ядро тайм-менеждмента, во многом определяет личную эффективность человека. Рассматривая различные жизненные ситуации, обсуждая причины своих побед или неудач, студенты учатся определять жизненные цели на основе анализа собственной системы ценностей. Способность расставлять приоритеты, знание о своих сильных и слабых сторонах, полученное в ходе курса, поможет будущим специалистам преодолевать негативное влияние социально-психологических факторов для достижения поставленных целей.

Состояние «психосоциального моратория» (Э. Эриксон) углубляет у студентов желание овладевать методами самомотивации и различными способами самонастройки на работу. Стремление научиться управлять своей жизнью составляет основу личной системы организации времени.

Находясь на начальной стадии профессионального развития, студенты пробуют различные социальные роли (Д. Мид). «Проигрывая новую роль» посредством системы психологических тренингов, студенты овладевают навыками делегирования полномочий, применяют полученные знания для нахождения оптимальных решений, ведут хронометраж, составляют различные виды планов, учатся правильно выбирать инструменты для решения типовых и нестандартных ситуаций.

Интерактивное межличностное взаимодействие в течение курса развивает социально-психологическую компетентность студентов, улучшает у них навыки эффективного общения и слушания, а также умения использовать различные каналы организационной коммуникации.

Интегративное содержание курса «Тайм-менеджмент» позволяет студентам совершенствовать социально-профессиональные компетентности, составляющие основу их личной эффективности, необходимой для успешной самореализации в системе непрерывного профессионального развития, тем самым реализуя потенциал высшей школы в сфере достижения сопряженности между требованиями рынка труда и личностным потенциалом специалиста.

Литература

1. Архангельский, Г. А. Формула времени. Тайм-менеджмент на Outlook 2007 / Глеб Архангельский. – М.: Манн, Иванов и Фербер, 2007. – 224с.
2. Фельдштейн, Д. И. Психология взросления: структурно-содержательные характеристики процесса развития личности – 2-е изд. / Д. И. Фельдштейн. – М.: Флинта: МПСИ, 2004. – 672 с.
3. James Avis, Roy Fisher, Ron Thompson Teaching in Lifelong Learning Open University Press, McGraw – Hill Education, Berkshire, 2010. – p. 303.

Шумилова Н.С.

к.п.н., доцент кафедры теории, истории педагогики и образовательной практики, Армавирская государственная педагогическая академия (АГПА)

ПРИМЕНЕНИЕ ИНТЕРАКТИВНЫХ МЕТОДОВ ОБУЧЕНИЯ В ОБРАЗОВАТЕЛЬНОМ ПРОЦЕССЕ

Важными характеристиками выпускника любого образовательного учреждения являются его компетентность и мобильность. Особое внимание при изучении учебных дисциплин уделяется самому процессу познания, эффективность которого зависит от познавательной активности самого студента. Успешность достижения этой цели зависит не только от того, что усваивается, но и от того, как усваивается: в индивидуальной или групповой работе, с опорой на внимание, восприятие, память или на весь личностный потенциал человека.

Важно отметить, что уже в начале XX века многие ученые педагоги и психологи отметили необходимость в разработке новых методов обучения, для активизации учебной деятельности студентов. Данная проблема остается актуальной и в настоящее время. В реализации целей проблемного и развивающего обучения лежат активные методы, которые помогают вести студентов к обобщению, развивать самостоятельность их мысли, учат выделять главное в учебном материале, развивают речь и многое другое [5,23].

Активные методы обучения – это обучение деятельностью. Так, например, Л.С. Выготский сформулировал закон, который говорит, что обучение влечет за собой развитие, так как личность развивается в процессе деятельности. Именно в активной деятельности, руководимой преподавателем, студенты овладевают необходимыми знаниями, умениями, навыками для их дальнейшей профессиональной деятельности, развиваются их творческие, научно-исследовательские способности. В основе активных методов лежит диалогическое общение, как между преподавателем и студентами, так и между самими студентами. А в процессе диалога развиваются коммуникативные способности, умение решать проблемы коллективно, и самое главное развивается навык коммуникабельности. Активные методы обучения направлены на привлечение студентов к самостоятельной познавательной деятельности, помогают вызвать личностный интерес к решению познавательных задач, дают возможность применения студентами полученных знаний. Целью активных методов является участие всех психических процессов (речь, память, воображение и т.д.) в усвоении знаний, умений и навыков.

Проявление и развитие интерактивных методов обучения в условиях модернизации образования обусловлено тем, что перед обучением были поставлены не только задачи усвоения студентами знаний и формирование профессиональных умений и навыков, но и развитие творческих и коммуникативных способностей личности, формирование личностного подхода к возникающей проблеме.

Отсюда следует, что использование преподавателями интерактивной модели в процессе обучения в вузе способствует преодолению стереотипов в обучении, выработке новых подходов к профессиональным ситуациям, развитию творческих способностей студентов.

Интерактивная модель своей целью ставит организацию комфортных условий обучения, при которых все участники образовательного процесса активно взаимодействуют между собой [4,79]. . Именно использование этой модели обучения преподавателем на своих занятиях, говорит об его инновационной деятельности. Организация интерактивного обучения предполагает моделирование жизненных ситуаций, использование ролевых игр, общее решение вопросов на основании анализа обстоятельств и ситуации, проникновение информационных потоков в сознание, вызывающих его активную деятельность. Понятно, что структура интерактивного занятия будет отличаться от структуры обычного занятия, это также требует профессионализма и опыта преподавателя. Поэтому в структуру занятия порой включаются только элементы интерактивной модели обучения – интерактивные технологии, то есть конкретные приёмы и методы, позволяющие сделать занятие необычным и более насыщенным и интересным.

Вся полученная информация студентами на таких занятиях должна усваиваться не в пассивном режиме, а в активном, с использованием проблемных ситуаций. Люди запоминают информацию лучше всего тогда, когда они активно вовлечены в решение практико-ориентированных упражнений в процессе обучения. Обучение будет наиболее успешным, если студенты имеют возможность участвовать в различных формах освоения учебного материала: слушать, получать визуальное представление, задавать вопросы, моделировать ситуации, принимать участие в деловых играх, читать, писать, работать с оборудованием и обсуждать насущные проблемы.

Кроме того, что преподаватель должен освоить различные методы обучения, он должен еще создать обстановку, благоприятствующую интерактивному обучению. Это предполагает и заранее подготовить учебную аудиторию, размещая студентов за круглыми столами или другими способами для максимального взаимодействия [3,134]. На таких занятиях студенты чувствуют себя уверенно, свободно выражают свои мысли и спокойно воспринимают учебный материал, ведь они являются активными участниками учебного процесса. Применение интерактивных технологий обучения способствует развитию навыков критического мышления и познавательных интересов студентов. При наличии обратной связи отправитель и получатель информации меняются коммуникативными ролями. Изначальный получатель становится отправителем и проходит все этапы процесса обмена информацией для передачи своего отклика начальному отправителю.

Таким образом, педагог отказывается от монополии на владение информацией, становясь помощником в работе, одним из информационных источников. В связи с этим преподаватель перестает быть «центром образовательной Вселенной», он лишь регулирует процесс, занимаясь его общей организацией, готовит заранее необходимые задания и формулирует вопросы или темы для обсуждения в группах, даёт консультации, контролирует время и порядок выполнения намеченного плана. Учащиеся, в свою очередь, выступают полноправными участниками процесса, их опыт важен не менее чем опыт педагога.

Литература

1. Абрамова И.Г. Интерактивные методы обучения в системе высшего образования. – М.: Гардарика, 2008. – 368 с.

2. Бадмаев Б.Ц. Психология и методика ускоренного обучения. – М.: ГЕОТАР Медиа, 2007. – 272 с.

3. Безрукова В.С. Педагогика. Проективная педагогика. - М.: Мысль, 2009. – 318 с.

4. Вербицкий А.А. Активное обучение в высшей школе. – М: Велби, 2007. – 480 с.

5. Давыдов В.В. Проблемы развивающего обучения. – М.: Академический проект, 2007. – 231 с.

Вантеева Е.В.
АНО ВПО КФ МГЭИ

ОСОБЕННОСТИ ПАТТЕРНА КОНТРОЛЯ ПОВЕДЕНИЯ ДОШКОЛЬНИКОВ В ПРОЦЕССЕ АДАПТАЦИИ

В отечественной психологии большой пласт работ по проблеме саморегуляции детей, основывается на положениях культурно-исторической теории, постулирующей, что социальный мир и окружающие взрослые являются необходимым условием человеческого развития. Взрослый выступает как посредник между культурой и ребенком. Несмотря на большое значение проведенных исследований, следует отметить, что объектом изучения в них являются, в основном, дети старшего дошкольного и школьного возраста. Самые же ранние этапы развития регуляции, изучены недостаточно. Представляется также, что для современной психологии развития необходимы различные методологические подходы, использование разнообразных дискурсов при анализе полученных даже в традиционных исследованиях фактов. Исходя из этого, данное исследование было проведено в контексте системно-субъектного подхода, в котором разрабатывается представление о контроле поведения как индивидуальной основе саморегуляции. Мы полагаем, что способность регуляции собственного поведения опирается на интеграцию эмоциональных, произвольных и когнитивных ресурсов, которые в индивидуальном варианте образуют своеобразный рисунок возможностей адаптивного взаимодействия с окружением. Контроль поведения понимается как психологический уровень регуляции, опирающийся на индивидуальные ресурсы человека, что обеспечивает индивидуальное своеобразие выбора способов адаптации [2,18]. Контроль поведения рассматривается как единая система, включающая три субсистемы регуляции (когнитивный контроль, эмоциональную регуляцию, контроль действий: произвольность/воля). Таким образом, контроль поведения является формой целостной регуляции поведения, включающей в себя специфические ресурсы конкретного человека, что обеспечивает индивидуальные варианты адаптации и позволяет преодолевать трудные жизненные ситуации.

Гипотеза контроля поведения проверялась в лонгитюдных исследованиях в ранние периоды развития ребенка (от 4 мес. до 3.5 лет) [1,68], в лонгитюде подросткового и юношеского возраста, на взрослых [2,18]. В работах Г.А. Виленской рассматривается ранний онтогенез, где изучается характер связей родительского отношения с различными аспектами контроля поведения и выбираемыми детьми конкретными стратегиями саморегуляции, которые различаются в зависимости от индивидуальных особенностей детей (темперамента). В качестве внутреннего условия, опосредующего процесс взаимодействия ребенка со средой, выступает темперамент, модулирующий процессы эмоциональной регуляции, проявление когнитивных возможностей, адаптацию к социальной среде, является одним из важных факторов, влияющих на формирование регуляции поведения, на характер и стратегии взаимодействия ребенка с миром [1,68]. Дошкольный возраст как период активной социализации ребенка, включение его в более широкие взаимодействия со сверстниками и незнакомыми взрослыми, ставит перед ребенком задачу адаптации к новым условиям, что предполагает большие требования регуляции поведения.

Наше исследование посвящено проблеме развития контроля поведения у дошкольников в процессе адаптации к детскому учреждению, что может быть связано с различными возможностями актуализации индивидуальных ресурсов ребенка, такими как когнитивный контроль ситуации (способность к когнитивному анализу, предвосхищению и планированию деятельности), уровень эмоциональной регуляции (процессы управления уровнем и способом выражения эмоций), произвольность в регуляции действий (от контроля отдельных движений или их компонентов до построения последовательных целенаправленных действий, организации поведения). Эти составляющие контроля поведения не являются независимыми друг от друга, а интегрированы в единую систему. Объектом нашего исследования являлась психологическая регуляция поведения в дошкольном возрасте. Предметом исследования: динамика контроля поведения и его составляющие (когнитивный, волевой и эмоциональный компонент) у детей дошкольного возраста в период адаптации к дошкольному учреждению.

В ходе исследования было выявлено, что когнитивный контроль является наиболее устойчивой составляющей контроля поведения по сравнению с волевым и эмоциональным контролем. Эмоциональная регуляция в свою очередь демонстрирует более выраженную динамику, чем волевой контроль. Наиболее выражено это происходит в дезадаптивной группе, где несколько уровней эмоциональной регуляции имеют гипофункцию (второй и четвертый). Явление гипофункции дезорганизует эмоциональную регуляцию и лишает ее устойчивости. Первый (уровень полевой реактивности) и третий (уровень аффективной экспансии) уровни аффективной регуляции направлены на организацию поведения, адаптирующего к неожиданно меняющемуся внешнему миру и не закрепляют жестко способов реагирования индивида. В нашем исследовании первый и третий уровни аффективной регуляции имеют корреляционную связь с уровнем когнитивного контроля и волевым контролем адаптивной группы. Второй (уровень аффективных стереотипов) и четвертый (уровень эмоционального контроля) уровень аффективной регуляции адаптируют к стабильным условиям жизни, фиксируя адекватный для них набор стереотипных реакций (второй уровень); этологические правила коммуникации, взаимодействия (четвертый уровень). В нашем исследовании второй и четвертый уровень имеют корреляционную связь с когнитивным и волевым контролем дезадаптивной группы. Т. е адаптационные задачи второго и четвертого уровней противоположны задачам первого и третьего.

Можно предположить, что высокий уровень контроля поведения, в частности его составляющие (когнитивный, эмоциональный и волевой контроль), обеспечивают ресурсную основу адаптационного поведения, направленного на активное взаимодействие с проблемной ситуацией, в то время как низкий уровень контроля поведения не связан с разрешением проблемной ситуации.

На основании полученных данных можно сделать следующие выводы:

1. Обнаружено своеобразие паттернов контроля поведения у детей адаптивной и дезадаптивной групп в процессе привыкания к детскому саду.

2. Взаимосвязь высокого уровня когнитивного и волевого контроля с уровнем аффективной пластичности и уровнем аффективной экспансии отражает индивидуальный паттерн контроля поведения в адаптивной группе.

3. В дезадаптивной группе выявлена взаимосвязь низкого уровня когнитивного и волевого контроля с уровнем аффективных стереотипов и уровнем эмоционального контроля, что является паттерном контроля поведения трудно адаптирующихся детей.

Литература

1. Виленская Г.А., Сергиенко Е.А. Роль темперамента в развитии регуляции поведения в раннем возрасте. Психологический журнал, 2001, 22(3), с. 68-85.
2. Сергиенко Е.А. Контроль поведения: индивидуальные ресурсы субъектной регуляции. Психологические исследования, 2009, No 5-7, 18. http://www.psystudy.ru
3. Сергиенко Е.А. Раннее когнитивное развитие: Новый взгляд. М.: ИП РАН, 2006.
4. Сергиенко Е.А. Системно-субъектный подход: обоснование и перспектива. Психологический журнал. 2011, 32(1), 120-132.
5. Сергиенко Е.А., Виленская Г.А., Ковалева Ю.В. Контроль поведения как субъектная регуляция. М.: ИП РАН, 2010.

Батыршина А.Р.

к.п.н., доцент, докторант Ярославского государственного
педагогического университета им.К.Д.Ушинского

Arb.71@mail.ru

ПОСТАНОВКА ПРОБЛЕМЫ ВОЛИ В ОТЕЧЕСТВЕННОЙ ПАТОПСИХОЛОГИИ НА РУБЕЖЕ XIX-Н.XX ВЕКОВ

Работы и исследования отечественных психологов и психиатров В.М.Бехтерева, А.Ф.Лазурского, И.М.Балинского, С.С.Корсакова, В.Х.Кандинского, А.У.Фрезе и других внесли значительный вклад не только в развитии психиатрической теории и практики, но и обогащении собственно психологических представлений о волевых процессах и волевой сферы личности.

Выдающийся русский психиатр С.С.Корсаков (1854-1900) высказывает предположение, что головной мозг, а именно передние лобные доли мозга являются основным центром волевой деятельности: «При поражении этого отдела положительное содержание знаний не страдает, а нарушается целесообразное пользованием знанием; является отсутствие интереса, теряется активное внимание, способность осмысления; при частичных расстройствах этой области наблюдается изменение того, что называется характером. Все это заставляет считать, что данный отдел имеет теснейшую связь с волевыми актами личности» [2].

Рассматривая расстройства и отклонения в волевой сфере, С.С.Корсаков пишет, что «…гармония интенсивности различных специальных чувств у душевнобольных резко расстраивается, а в зависимости от этого, конечно, расстраивается и проявление деятельности душевнобольных и их отношение к окружающим лицам. В громадном большинстве случаев является преобладание чувств низших над чувствами высшими, вследствие чего нравственный облик личности …падает» [1, с.95]. С.С.Корсаков предлагает следующую классификацию расстройств воли: «1) болезненные расстройства в мотивах действий, 2) расстройства во влечениях и хотениях и, наконец, 3) расстройства в двигательных актах. Из них вторая группа, т.е. расстройства влечений и хотений, будут разделяться на: а) такие, в которых проявляется усиление влечений или хотений; б) такие, в которых проявляется их ослабление, и в) в которых проявляется их извращение. В свою очередь третья группы, т.е. расстройства в двигательных актах, разделяются на: а) расстройства внутренней волевой деятельности, иначе – расстройства внимания и б) расстройства внешних актов, т.е. движений» [2, с.157].

Патология воли порождает, по С.С.Корсакову, большинство двигательных расстройств, которые рассматриваются им как психомоторные симптомы душевных болезней. Это: 1) уменьшение потребности в двигательных актах, 2) патологически усиленная подвижность с возрастающей ее немотивированностью, 3) патологическая неподвижность вплоть до ступора 4) патологические изменения манеры речи, мимики, почерка, позы и др. В патологии воли ученый видит те же черты, которые отмечались им в при расстройствах других сфер психики: выход расстроенных свойств из-под управляющего и направляющего контроля высших структур, личности в целом, утрату высшего уровня мотивации [2].

Несколько иных взглядов придерживается другой русский психиатр Чиж Владимир Федорович (1855-1922). Он считает, что «суть нашего «Я» (как психического, так и физического) есть воля. Не понимая, не отдавая себе ясного отчета о сущности воли, нельзя понимать душевной болезни в наиболее неясных ее проявлениях. Воля создает единство личности, а, следовательно, - и единство поступков» [3, с.180]. В.Ф.Чиж характеризует волю, как деятельность, воспринимаемую сознанием и проявляющуюся как во внутреннем состоянии, так и во внешнем движении. Воля является ядром индивидуальности, «именно воля выделяет из нас в особую индивидуальность, отличает нас от других, хотя бы и похожих во всех отношениях, индивидуальностей, имеющих те же мысли, те же знания. Чем сильнее воля, тем более выражена индивидуальность; для того, чтобы обезличить человека, надо подавить в нем волю; чем меньше воли, тем меньше индивидуальности; чем больше воля, тем ярче, сильнее, полнее индивидуальность» [2].

Выделяя волю как элемент личности, Чиж указывает две стороны ее деятельности: количественную и качественную. Количественная сторона у разных людей проявляется неравномерно; постоянство присуще уравновешенным, здоровым в психическом отношении лицам; «у психических же натур наиболее выражены колебания количества воли, и временами они проявляют кипучую деятельность, а затем долгое время пребывают в апатии» [2]. Под качественной стороной подразумевается содержание, т.е. мотивы деятельной стороны психики человека. Поведение душевнобольного зависит больше всего от впечатлений, занимающих его сознание в данный момент, поэтому «сумма мотивов, которая руководит поведением больного, оказывается неизмеримо ограниченнее, чем сумма мотивов, направляющая поведение психически здорового» [2, с.160].

С одной стороны, Чиж соглашается с тем, что «эмпирически мы не обладаем свободной волею, наши поступки подчинены закону причинности; они суть необходимые последствия нашего характера, который в свою очередь обусловлен многими причинами...» [3, с.163]. С другой стороны, воля рассматривается как стержень и двигатель личности, как сила, организующая и направляющая произвольное, избирательное внимание и именно в ней ученый видит гарантию «единства...поступков человека, действительно обусловленных всей его личностью» [3, с.163]. При отсутствии или недостаточности воли у индивида только «имеющееся в данный момент содержание сознания может быть мотивов для его поступков» [2, с.160].

Указывая на физиологическую природа воли, в то же время, Чиж не сводит ее к примитивному механизму «низших» рефлексов. Он делает попытку определить специфику волевых действий как сложных осознанных личностных поведенческих актов, хотя и основанных на рефлекторных «автоматизмах».

Свободу воли определяется ученым как активный выбор из возможностей и мотивов, как способность предпочесть ближайшему побуждению личностно или социально более важный мотив. «Свобода воли есть способность из двух противоположный решений выбирать одно без всякого внешнего принуждения» [2, с.161]. Критерием невменяемости для него является психологическая невозможность свободного выбора.

Другой отечественный психиатр Александр Устинович Фрезе (1826-1884) считает, что воля и действие, т.е. произвольное действие, неотделимы друг от друга, что любой волевой акт есть не что иное, как действие или удержание от действия. В действии (движении) он видит не что-то самостоятельное, изолированное, а завершающий момент целенаправленного акта сознания: сиюминутного или прошлого, закрепленного в навыке. Исходя из понимания действия или его «удержания», Фрезе отрицает существование «изолированной» воли. «Последним моментом действия является раздражение чувствующих центров, которое в свою очередь переходит на движущие нервные элементы. Припоминая, что такое рефлекс или отражение, мы имеем некоторое основание сказать, что произвольное действие, произвольный поступок есть не что иное, как отражение» [2, с.165].

Таким образом, воля в понимании ученого предстает как сложный процесс, в котором участвуют сознание, чувство, ощущение и мышечное действие, процесс, подконтрольный сознанию, сознательным установкам, целям и побуждениям личности. Фрезе не отрицает возможности сознательного, но обязательно детерминированного нашими потребностями, стремлениями и реальными внешними условиями и обстоятельствами выбора, отвергая, тем самым, понимание свободы воли в смысле свободы от всякой детерминации.

На зависимость проявлений волевой сферы человека от реальной ситуации, воспитания, убеждений, индивидуальности личности указывает русский психиатр Оршанский Исаак Григорьевич (1851-1923). Ученый объясняет возникновение идей о свободе воли сложной мотивацией всякого волевого решения и трудностью, учета всех особенностей взаимодействия конкретной ситуации с характером данного человека. В относительности свободы воли он видит возможность человека следовать своим убеждениям, несмотря на давление обстоятельств и особенностей реальной ситуации. Поэтому характеристику волевой сферы, ее «нормы» или патологии Оршанский считает возможным давать лишь на основании анализа поведения. Он высказывает мнение, что при нарушениях нервной системы патология воли при всей ее первый взгляд незначительности служит «предвестником» и показателем психического заболевая, проявляясь даже ранее изменений в эмоциональной сфере [2, с.166].

Особое внимание проблеме изучения воли уделяется в роботах другого отечественного ученого Павла Ивановича Ковалевского (1850-1931). Ковалевский утверждает, что «воля не есть самостоятельная способность, а вполне вытекающая из вышеупомянутой борьбы между мышлением и самочувствием. Воля есть диагональ между этими двумя душевными силами: мышлением и чувством или страстью...в одних случаях она приближается в сторону одного, в других в сторону другого, смотря по напряженности того или другого деятеля» [2, с.166]. Тем самым Ковалевский определяет душевные болезни как расстройства мышления и самочувствия.

Общая позиция русских психиатров заключалась в том, что воля проявляется и как процесс, и как действие, и как состояние с непременно присущей ей функцией регуляции поведения и деятельности. Воля в большинстве случаев рассматривалась как процесс осознанного воздействия человека на психическую сферу с целью выполнения действия с преодолением физиологических и/или психологических трудностей. Во второй половине XIX века отечественные психиатры, как и русские физиологи, и философы, обращались к изучению воли и в их взглядах и подходах можно увидеть попытки решения проблемы сущности воли и проблемы свободы воли. И до сих пор актуальными остаются слова В.Ф.Чижа: «Нет более трудного отдела в психологии, как учение о воле; нет другого вопроса в этой науке, возбуждающего столь различные взгляды» [2, с.162].

Литература:

1. Коштоянц Х.С. Очерки по истории физиологии в России. – М.: Л.: Изд-во Академии Наук СССР, 1946. – 495 с.

2. Курносова М.Г. Становление патопсихологии в России в конце XIX –начале XX вв. Диссер...к.псх.н. – М., 2011. – 223 с.

3. Эрлицкий А.Ф. Клинические лекции по душевным болезням. – СПб.: Н.П. Петров, 1896. – 422 с.

Маркина Н.А.
кандидат психологических наук, АНО ВПО МГЭИ КФ
kuleshova_nadya@list.ru

РЕФЛЕКСИЯ КАК МЕХАНИЗМ КРЕАТИВНОСТИ ЛИЧНОСТИ

Введение

Рефлексия, как комплексный и междисциплинарный конструкт, выступает одновременно и общепсихологическим феноменом, постоянно привлекающим внимание исследователей различных областей науки. Изменяющееся пространство общественной жизни и нестабильная социально-экономическая ситуация вызывают потребность в развитии таких качеств личности, которые определяли бы успех ее деятельности. Осознание и рефлексия своих личностных качеств определяет достижение высоких результатов в различных областях деятельности.

В психологической науке проблема рефлексии является достаточно актуальной. Рефлексивному анализу подвергаются такие конструкты психологического изучения как: мышление (А.Г. Алексеев, И.С. Ладенко; М. Боуен; Дж. Брунер; А.В. Брушлинский; В.В. Давыдов; А.З. Зак; В.К. Зарецкий; А.В. Захарова, М.Э. Боцманова; Ю.Н. Кулюткин; В.А. Метаева; С.Л. Рубинштейн; И.Н. Семенов; С.Ю. Степанов; Т.А. Цукерман и др.), память (А.Н. Лактионов; М.М. Муканов; И.Н. Семенов; С.Ю. Степанов), сознание (Ф.Е. Василюк; Л.С. Выготский; Н.И. Гуткина; А.Н. Леонтьев; В.Ф. Петренко; В.Н. Пушкин; И.Н. Семенов, С.Ю. Степанов; Е.В. Смирнова, А.П. Сопиков; А.Г. Шмелев; А.М. Эткинд и др.), личность (К.А. Абульханова–Славская; Л.И. Анцыферова; Л.С. Выготский; Б.В. Зейгарник, А.В. Карпов и др.), общение (Г.М. Андреева; А.А. Бодалев; К.Е. Данилин и др.).

Теоретическая и методологическая основа исследования

Проблема рефлексивной обусловленности креативных возможностей личности активно исследуется в психологии. Прежде всего, необходимо определиться с теоретическими предпосылками рассмотрения двух представленных конструктов рефлексии и креативных возможностей. Рефлексия проявляется в фундаментальной способности сознательного субъекта встать в практическое отношение к собственному сознанию и деятельности [1].

Под рефлексией мы понимаем процесс обратной связи, позволяющей субъекту познавать свою деятельность.

Что касается теоретической основы понимания креативности, то здесь можно привести следующее определение, наиболее полно, раскрывающее данное понятие в рамках концептуальных целей представленного исследования. «Креативность – творческие возможности (способности) человека, которые могут проявляться в мышлении, чувствах, общении, отдельных видах деятельности, характеризовать личность в целом и/или ее отдельные стороны, продукты деятельности, процесс их создания» [3].

Анализ подходов в понимании креативных возможностей позволяет говорить о существовании некой движущей силы, способствующей активации всех структурных компонентов данного психологического конструкта.

Можно констатировать многообразие теорий, в которых этим механизмом выступают различные психологические феномены, такие как: мотивация, самоактуализация, уровень интеллекта и т. д.

Ряд работ, посвященных проблемам креативных возможностей, раскрывает роль рефлексивного компонента в процессе регуляции деятельности [5; 7; 8].

Сложность и неоднозначность выявленных взаимосвязей рефлексивных механизмов с креативностью личности определили концептуальную актуальность данного исследования, вызванного недостатком эмпирического материала, системно описывающего отношения между рефлексивными процессами и креативными возможностями личности.

Таким образом, актуальность, научная и практическая значимость темы представленного исследования продиктована с одной стороны, социально-экономическими переменами, происходящими в современном обществе, с другой – логикой развития самой психологической науки в целом. Актуальность, научная и практическая значимость проблемы определили цель настоящего исследования – изучить закономерности рефлексивной обусловленности креативных возможностей личности.

Эмпирическая часть исследования

Представленное исследование направлено на подтверждение гипотезы о том, что рефлексия является личностным механизмом, обусловливающим проявление креативных возможностей.

Цель и гипотеза исследования определили его задачи:

1. представить теоретико-методологическую базу изучения рефлексии и креативности;

2. раскрыть взаимосвязь рефлексивности с креативными возможностями личности;

3. провести анализ внутренней структуры взаимосвязей рефлексивности и креативных возможностей личности

4. определить влияние рефлексивности на креативные возможности личности.

Концептуальной основой данного исследования является подход, раскрывающий рефлексивную обусловленность многих психических процессов разработанный в трудах А. В, Карпова [2], С. Ю. Степанова [5],

И. Н. Семенова [5], Г. П. Щедровицкого [6], А. В. Растянникова [4], Д. В. Ушакова [4].

В эмпирическом исследовании принимали участие студенты гуманитарного вуза 1-5 курсов экономического факультета и факультета психологии. Общий объем выборки составил 174 человека, мужчины и женщины в возрасте от 17 до 58 лет. Для изучения рефлексивной обусловленности вербальной и невербальной креативности личности использовались следующие методики: для изучения рефлексивности – методика определения индивидуальной меры рефлексивности А.В. Карпова; для изучения вербальной и невербальной креативности – адаптированный вариант теста С. Медника (Л. Г. Алексеева, Т. В. Галкина, А. Н. Воронин) и краткий вариант теста Э. П. Торренса («Завершение картинок»).

Анализ полученных данных осуществлялся методами математической статистики с применением компьютерной программы для обработки данных Statistica v. 7.0. Для проверки наличия и особенностей связи между исследуемыми переменными использовался коэффициент ранговой корреляции Спирмена; для проверки структуры взаимосвязей переменных – факторный анализ (с помощью метода главных компонент; вращение – нормализованныйваримакс); для выявления влияния исследуемых переменных – регрессионный анализ (множественная линейная регрессия с помощью прямого пошагового метода).

Результаты и их интерпретация

Для решения задачи, заключающейся в изучении взаимосвязи различных видов рефлексии и креативных возможностей личности был проведен корреляционный анализ. В результате были получены следующие данные.

Так, индивидуальная мера рефлексивности положительно коррелирует с показателями невербальной креативности индекс оригинальности ($r = 0,26$, при $p<0,05$), индекс уникальности ($r = 0,17$, при $p<0,05$) и вербальной креативности индекс оригинальности ($r = 0,48$, при $p<0,05$), индекс уникальности ($r = 0,40$, при $p<0,05$) и с количеством ответов ($r = 0,40$, при $p<0,05$).

Перспективная рефлексия также взаимосвязана с показателями вербальной и невербальной креативности, а именно: с индексом оригинальности невербальной креативности ($r = 0,18$, при $p<0,05$), с индексом уникальности невербальной креативности ($r = 0,17$, при $p<0,05$), с индексом оригинальности вербальной креативности ($r = 0,39$, при $p<0,05$), с индексом уникальности вербальной креативности ($r = 0,32$, при $p<0,05$) и с количеством ответов ($r = 0,30$, при $p<0,05$).

Рефлексия настоящей деятельности положительно взаимосвязана с индексом оригинальности вербальной креативности ($r = 0,17$, при $p<0,05$).

Рефлексия общения и социального взаимодействия коррелирует с показателем оригинальности вербальной креативности (r = 0,19, при p<0,05).

Таким образом, по результатам корреляционного анализа можно говорить о наличии взаимосвязи между рефлексивностью и креативными возможностями личности.

Далее, для выделения внутренней структуры взаимосвязи различных видов рефлексивности с вербальной и невербальной креативностью, был проведен факторный анализ с помощью метода главных компонент с варимакс-вращением.

В результате было выделено два фактора, объясняющих около 53 % общей дисперсии. Вес первого фактора 3,15 (34,95% дисперсии), второго – 2,20 (18,53%).

В первый фактор, назовем его «Вербальная креативность», вошли следующие переменные: ретроспективная рефлексия (0,57), индивидуальная мера рефлексивности (0,66), индекс оригинальности вербальной креативности (0,870), индекс уникальности вербальной креативности (0,87), вербальная креативность – количество ответов (0,80). Второй фактор, назовем его «Невербальная креативность», составили ретроспективная рефлексия (0,49), перспективная рефлексия (0,46), индивидуальная мера рефлексивности (0,55), индекс оригинальности невербальной креативности (0,82), индекс уникальности невербальной креативности (0,80).

На основании результатов факторного анализа можно заключить, что респонденты, обладающие развитой рефлексией характеризуются высоким уровнем креативности. Необходимо отметить, что в зависимости от преобладания вида креативности существуют сходства и различия в доминировании того или иного вида рефлексивности. Так, высокий уровень ретроспективной рефлексии и собственно рефлексивности характерен для респондентов, как с развитой вербальной креативностью, так и невербальной. Отличием же является, что развитая невербальная креативность имеет внутреннюю взаимосвязь и с перспективной рефлексией.

Далее, для того, чтобы выявить, какой вид рефлексии влияет на вербальную и невербальную креативность по каждому показателю и насколько значимо это влияние, был проведен регрессионный анализ. Регрессионный анализ проводился с помощью прямого пошагового метода.

Ниже представлены уравнения множественной линейной регрессии, содержащие значимые коэффициенты для вербальной и невербальной креативности.

Для первой переменной $НК_{uo}$ – индекс оригинальности невербальной креативности – были получены следующие β-коэффициенты регрессии –

X_1 – индивидуальная мера рефлексивности ($\beta = 0{,}301$) и X_2 – рефлексия настоящей деятельности ($\beta = -0{,}120$), при этом второй не является высоко значимым. Значение коэффициента множественной корреляции – *Multiple R* = 0,29; детерминации – *RI* = 0,122. Таким образом, построенная модель объясняет 12% влияния переменных на показатель оригинальности невербальной креативности. Построенная регрессия имеет следующий уровень значимости по статистике критерия Фишера: F = 7,664 при р = 0,0006. Полученное уравнение регрессии имеет вид:

$$HK_{uo} = 0{,}623 + 0{,}002\,X_1 - 0{,}003\,X_2$$

Таким образом, на показатель индекса оригинальности невербальной креативности влияют индивидуальная мера выраженности рефлексивности и рефлексия настоящей деятельности. В большей степени влияет развитая рефлексивность на повышение уровня оригинальности невербальной креативности. Повышение же уровня рефлексии настоящей деятельности, ведет к снижению показателя уровня оригинальности невербальной креативности. Важно отметить, что данное влияние не является высоко значимым. Исходя из вышесказанного, можно предположить, что оценка респондентом своей текущей деятельности в момент выполнения тестирования, сказывается на снижении индекса оригинальности невербальной креативности. Несмотря на данный факт, развитая рефлексивность, как качество личности, положительно влияет на уровень развития невербальной креативности.

Для второй переменной BK_{uo} – индекс оригинальности вербальной креативности были получены два β-коэффициента регрессии – X_1 – индивидуальная мера рефлексивности ($\beta = 0{,}17$) и X_2 – перспективная рефлексия ($\beta = -0{,}15$). Значение коэффициента множественной корреляции – *Multiple R* = 0,49; детерминации – *RI* = 0,252. Таким образом, построенная модель объясняет 25% влияния переменных на показатель оригинальности вербальной креативности. Построенная регрессия имеет достаточно высокий уровень значимости по статистике критерия Фишера – F = 27,930 при р = 0,000. Полученное уравнение регрессии имеет вид:

$$BK_{uo} = 0{,}413 + 0{,}003\,X_1 - 0{,}003\,X_2$$

Исходя из полученных результатов, можно сделать вывод о том, что на повышение индекса оригинальности вербальной креативности влияет высокий уровень собственно рефлексивности, а на снижение данного индекса – развитая перспективная рефлексия. Данный факт, возможно, указывает на то, что в процессе выполнения задания респонденты в большей степени опираются не на предвосхищение результата, а на имеющиеся знания и опыт. Необходимо отметить, что по результатам кластерного и факторного анализа, показатели вербальной креативности находят тесную взаимосвязь с ретроспективной рефлексией.

Для третьей переменной $ВК_{uy}$ – индекс уникальности вербальной креативности были получены три β-коэффициента регрессии – X_1 – индивидуальная мера рефлексивности ($\beta = 0,28$) и X_2 – перспективная рефлексия ($\beta = -0,38$). Значение коэффициента множественной корреляции – *Multiple R* = 0,44; детерминации – RI = 0,19. Таким образом, построенная модель объясняет 19% влияния переменных на показатель уникальности вербальной креативности. Построенная регрессия имеет достаточно высокий уровень значимости по статистике критерия Фишера – F = 13,620 при p = 0,000. Полученное уравнение регрессии имеет вид:

$$ВК_{uy} = 7,015 + 0,285\,X_1 - 0,382\,X_2$$

Исходя из представленного регрессионного уравнения, можно говорить о положительном влиянии на показатель индекса уникальности вербальной креативности индивидуальной меры рефлексивности. Отрицательное влияние же оказывает показатель перспективной рефлексии.

Таким образом, проведенный регрессионный анализ, позволяет сделать вывод о влиянии рефлексивности на показатели вербальной и невербальной креативности, что позволяет говорить о рефлексивной обусловленности креативных возможностей личности. Необходимо также отметить, что выявлены виды рефлексии, которые оказывают отрицательное влияние на проявление креативности, а именно: на невербальную креативность оказывает негативное влияние рефлексия настоящей деятельности, а на вербальную – перспективная рефлексия.

Выводы

Подытоживая результаты проведенного эмпирического исследования можно сделать следующие выводы:

1. Существует взаимосвязь рефлексии с вербальной и невербальной креативностью: невербальная креативность взаимосвязана с собственно рефлексивностью, ретроспективной и перспективной рефлексией; вербальная креативность взаимосвязана с ретроспективной рефлексией и рефлексией общения.

2. Рефлексия обусловливает проявление креативных возможностей личности, а именно:

2.1. Рефлексивность оказывает положительное влияние на показатели вербальной и невербальной креативности.

2.2. На невербальную креативность отрицательное влияние оказывает рефлексия настоящей деятельности, а на вербальную – перспективная рефлексия.

Литература

1. Бессонова Е. А. Рефлексия и ее развитие в процессе учебно-профессионального становления будущего учителя: Дис. ...канд психол. наук: 19.0007: Хабаровск, 2000, 160с..

2. Карпов А. В. Психология рефлексивных механизмов деятельности. – М.: Изд-во «Институт психологии РАН», 2004. – 424с.

3. Пузеп Л. Г. Психологические механизмы развития креативности личности: Дис. ... канд. психол. наук: 19.00.01: Омск, 2006, 180с.

4. Растянников А.В., Степанов С.Ю., Ушаков Д.В. Рефлексивное развитие компетентности в совместном творчестве. – Изд-во: ПЕР СЭ, 2002. – 320 с.

5. Семенов И.Н., Степанов С.Ю. Рефлексия в организации творческого мышления и саморазвитии личности // Вопросы психологии. 1983. № 2. С.35-42.

6. Щедровицкий Г. П. Избранные труды. – М., 1995. С. 490.

7. Пономарев Я. А. Психология творения – М., 1999. – 480с.

8. Пономарев Я. А. Психология творчества– М.: Наука, 1976. – 304с.

Алехина О.А.

преподаватель кафедры «Связи с общественностью
и массовые коммуникации»
факультета иностранных языков
Московского авиационного института
(национального исследовательского университета) «МАИ»
Olyad25@mail.ru

НАУЧНАЯ ДЕЯТЕЛЬНОСТЬ МАГИСТРАНТОВ, ОБУЧАЮЩИХСЯ ПО ПРОГРАММЕ «СВЯЗИ С ОБЩЕСТВЕННОСТЬЮ В АВИАЦИОННОЙ СФЕРЕ» (НАПРАВЛЕНИЕ 160100 «АВИАСТРОЕНИЕ») В МАИ

В соответствии с требованиями Федерального государственного образовательного стандарта магистры должны быть подготовлены к научно-исследовательской, организационно-управленческой, проектно-конструкторской и проектно-технологической профессиональной деятельности [1, 3]. Поэтому научно-исследовательская работа является обязательным разделом основной образовательной программы подготовки магистрантов.

Научная работа будущих PR-специалистов авиационной сферы базируется на регулярных исследованиях информационной среды, анализе полученных данных и прогностической деятельности. Как подчеркивает большинство руководителей отраслевых предприятий, авиация - сложный технологический бизнес. Устойчивая репутация и положительный имидж авиационных организаций являются основой для ведения бизнеса. Производственные процессы протекают с высокой интенсивностью, на компании оказывает влияние постоянное давление конкурентов и высокая вероятность наступления кризисных ситуаций. Шкала ожиданий и требований, предъявляемых к специалистам, занятым в сфере авиации, неизменно высока. Они должны обладать соответствующими теоретическими знаниями и практическими навыками.

Таким образом, научные знания, которые студенты осваивают в магистратуре, должны быть актуальными, адаптированными для практических условий.

По мнению экспертов, современные PR-специалисты должны не только владеть знаниями с сфере коммуникаций, но и хорошо знать специфику отрасли, в которой они работают, последние тенденции в политике, экономике и бизнесе, постоянно находиться в информационной среде [3, 13]. Поэтому работодатели с большим вниманием относятся теоретической подготовке, а также к результатам научной и исследовательской деятельности магистрантов и PR-менеджеров.

Авиационный бизнес нуждается в постоянной информационной поддержке, присутствии компании в медиапространстве. Комплексное использование возможностей PR – серьезное конкурентное преимущество, способ получения информации о рынке, клиентах, конкурентах. Также очень важным моментом для имиджа компаний авиационной сферы является коммуникационный климат в звене партнеров, например, аэропорт – авиакомпания. Налаженная система коммуникаций с внешней средой способствует достижению предприятием экономических и имиджевых преимуществ, сосредоточению информационного массива в одних руках. Кроме того, существует необходимость взаимодействия с PR-структурами государственных контрольных и правоохранительных органов. Современные авиационные организации и предприятия являются сложными системами, по-разному объединяющими множество элементов с несколькими видами управляющих факторов (коммерческие, государственное, государственно-частное партнерство) как внутри, так и вне системы.

Важной особенностью подготовки магистрантов на кафедре «Связи с общественностью и массовые коммуникации» факультета иностранных языков МАИ является сочетание освоения теоретической базы, проведения научно-исследовательской работы в семестре и одновременного прохождения магистрантами распределенной практики. То есть, студенты параллельно с изучением теоретических предметов, выполнением практических заданий на занятиях осуществляют научно-исследовательскую и практическую деятельность. Такая форма обучения позволяет вести научную работу в соответствии с требованиями внешней среды.

Содержание научно-исследовательской работы магистрантов охватывает широкий круг вопросов:
- изучение специальной литературы, научно-технической информации, достижений авиационной науки и техники в России и за рубежом;
- ознакомление с проблемами авиационного комплекса;
- анализ деятельности предприятий авиационного комплекса;
- анализ рынка атмосферных летательных аппаратов и систем оборудования летательных аппаратов;
- участие в проведении научных исследований в сфере связей с общественностью в авиационном комплексе;
- изучение методов и методологии исследований, применяемых в связях с общественностью в авиационных организациях;
- осуществление сбора, обработки, анализа и систематизации научно-исследовательской информации по заданной теме (в соответствии с индивидуальным планом студента);

- изучение научных основ преодоления кризисов при создании, испытаниях, запуске и продвижении летательных аппаратов, проектирования имиджа авиационных организаций-производителей и эксплуатантов продукции и услуг в авиационной сфере, самолетов, вертолетов и иных атмосферных летательных аппаратов и систем оборудования летательных аппаратов;

- PR-проектирование в авиационных организациях, определение критериев оценки эффективности проекта, составление отчетов;

- подготовку докладов для конференций, научный спичрайтинг.

Магистранты ведут научную деятельность по индивидуальным планам, которые составляются с учетом области их профессиональной деятельности, а также утвержденной темы магистерской диссертации. Таким образом, тему исследований студенты рассматривают комплексно – изучают и анализируют теоретические аспекты, и имеют возможность сразу опробовать их в практической деятельности при прохождении распределенной практики.

По итогам научно-исследовательской работы и практической деятельности у магистрантов МАИ формируется целостная система теоретических знаний и практических умений и навыков. Кроме получения профессиональных компетенций, выпускники приобретают способность образно мыслить, умение вести научную работу и осуществлять исследования, составлять прогнозы на их основе, обладают широким кругозором, знаниями об отраслевой специфике в России и за рубежом. Все это делает их востребованными на рынке труда в авиационной сфере, которая в настоящее время испытывает дефицит в профессиональных квалифицированных кадрах. Таким образом, происходит интеграция научных знаний и научно-практических умений в связях с общественностью в авиастроении.

Литература:

1. Федеральный государственный образовательный стандарт высшего профессионального образования по направлению подготовки 160100 «Авиастроение» (квалификация (степень) «магистр») №755 от 20.12.2009 г.

2. Рабочая программа дисциплины «Научно-исследовательская работа в семестре» студентов магистратуры по направлению подготовки «Авиастроение» (программа «Связи с общественностью в авиационной сфере») в МАИ.

3. Эффективность и самосовершенствование пресс-секретаря PR-специалиста // Пресс-служба. - 2010. - № 8. – С. 9-20.

Леденёва В.Ю.
кандидат социологических наук, доцент
кафедры социологии управления ИГСУП
РАНХиГС при Президенте РФ
vy.ledeneva@migsu.ru

РОЛЬ ОБЩЕСТВЕННЫХ ОБЪЕДИНЕНИЙ В ПРОЦЕССЕ СОЦИАЛЬНОЙ АДАПТАЦИИ И ИНТЕГРАЦИИ ИММИГРАНТОВ В СОВРЕМЕННОМ РОССИЙСКОМ ОБЩЕСТВЕ

Российская Федерация миграционно привлекательна для многих стран. Основная масса мигрантов прибывает к нам из государств постсоветского пространства. Причины понятны — это и общность нашей недавней истории, и безвизовый порядок въезда, и востребованность иностранной рабочей силы в России.

В Концепции миграционной политики Российской Федерации до 2025 г. указано: «переселение мигрантов на постоянное место жительства в Российскую Федерацию становится одним из источников увеличения численности населения страны в целом и ее регионов, а привлечение иностранных работников по приоритетным профессионально-квалификационным группам в соответствии с потребностями российской экономики является необходимостью для ее дальнейшего поступательного развития»[1].

Попасть на работу в Россию стремится значительное количество иностранных граждан. Большинство из них — молодые люди из стран СНГ, по сравнению с их предшественниками обладают более низким уровнем образования, знания русского языка и профессионально-квалификационной подготовки и в силу этого не знакомы с миграционным законодательством и культурными традициями нашей страны.

Как свидетельствует мировой и российский опыт, наличие в обществе значительного количества иностранцев, не адаптированных к условиям принявшей их страны, провоцирует известную напряженность и создает потенциальную угрозу межнациональному согласию. К тому же, именно эта категория мигрантов нередко становится жертвой недобросовестных посредников, вовлекается в противоправную деятельность.

В статье «Россия: национальный вопрос» В.В. Путин отметил: «Нужно создавать условия, чтобы приезжающие в Россию могли нормально интегрироваться в российское общество, знали русский язык, уважали нашу культуру и традиции, знали и следовали законам Российской Федерации» [2].

Согласно оценкам экспертов и данным мониторинга, проведенного Федеральной миграционной службой, мотивация мигрантов к изучению русского языка и полноценной адаптации в России является недопустимо низкой. При этом, возможности для изучения языка имеются.

Национальные объединения (диаспоры) могут действительно помочь и помогают мигрантам в их адаптации к российским условиям.

Диаспора становится институтом, где аккумулируются сети, наращивается объем, улучшается качество социального капитала. Диаспора позволяет социальным сетям стать видимыми и организованными, определяет способы адаптации мигрантов к условиям принимающего сообщества. Диаспоры сегодня включаются в работу по организации помощи мигрантам по их адаптации в России, в том числе и по открытию бесплатных курсов русского языка.

В настоящее время территориальные органы ФМС России во всех субъектах Российской Федерации осуществляют взаимодействие с 1225 объединениями в этом направлении. В 2013 году было проведено 1 898 встреч с их представителями. В итоге в целом ряде регионов при участии диаспор удалось организовать информирование мигрантов о российском законодательстве.

С помощью национальных объединений осуществляется их перевод на национальные языки и распространение среди иностранных граждан. Такое взаимодействие с диаспорами осуществляют подразделения ФМС в Брянске, Тамбове, Самаре, Красноярске и др. Кроме того, правильно организованная работа с диаспорами дает возможность предотвращать назревающие конфликты.

Учитывая социально-экономические особенности развития наших ближайших соседей, понятен уровень как общей, так и домиграционной подготовки тех, кто едет к нам в поисках работы.

Уровень адаптации мигрантов зависит от целого ряда факторов. Важным условием успешной адаптации является предварительная подготовка. Как правило, легче и успешнее адаптация проходит у мигрантов, переселяющихся в заранее подготовленное место. В этих случаях до переселения мигранты, как правило, определяются с местом будущей работы, продумывают и оценивают и другие моменты обустройства на новом месте жительства.

Безусловно, низкий уровень образования мигрантов, неудовлетворительное знание ими государственного языка страны приема отчасти является дестабилизирующим фактором для любого общества.

Кардинально изменить ситуацию будет возможно, когда в полную силу заработает система организованного набора, включающая и создание центров домиграционной подготовки в странах исхода, и центры подготовки в России.

Осознавая эту проблему в Киргизии, Таджикистане, в этих двух государствах, из которых к нам приезжает значительное количество иностранных работников, силами ФМС России было создано два центра, где проводится доиммиграционная подготовка. Подготовка не только в плане языка, это и владение основами российского законодательства, с тем, чтобы потенциальные работники приезжали уже в какой-то мере подготовленными к нам в страну, чтобы они не обособлялись, поскольку мигрант, не зная языка, не стремится общаться с местным населением [3, 276].

На сегодняшний день в ФМС России усилена работа по созданию необходимой международной правовой базы на уровне СНГ, ведется работа по подготовке соответствующих двусторонних соглашений. Значительный вклад вносит Совет руководителей миграционных органов государств-участников СНГ[4, 92].

В настоящее время при содействии ФМС России готовятся к открытию филиалы Казанского государственного технологического университета в Киргизии и Таджикистане, на базе которых будет осуществляться подготовка граждан этих стран по рабочим специальностям, востребованным в России.

Совместно с Фондом «Русский мир» проводятся «пилотные» проекты по обучению русскому языку граждан Киргизии и Таджикистана в рамках профессиональной подготовки.

В некоторых регионах страны планируется открытие курсов русского языка при общественных, религиозных и национальных объединениях. Такие курсы, например, уже действуют в Ставропольском крае, в Санкт-Петербурге, в Красноярске. Ведется работа по информированию иностранных граждан о миграционном законодательстве Российской Федерации (памятки для мигрантов, встречи и беседы с руководителями национальных объединений в регионах, выступление сотрудников Службы в диаспорах, размещение соответствующих материалов в СМИ диаспор).

Вопросы интеграции — дело достаточно дорогостоящее. Вопросы интеграции не финансируются из бюджеты и только за счет государства эти проблемы не решить. Поэтому в вопросах адаптации и интеграции очень большую роль приобретает государственно-частное партнерство, взаимодействие государства и гражданского общества. В настоящий момент нельзя говорить об адаптации трудовых мигрантов, поскольку речь идет, скорее всего, об адаптивных процессах в мигрантской среде.

Источники:

1. Концепция миграционной политики Российской Федерации на период до 2025 года (утв. Президентом РФ от 13 июня 2012г.)

2. Владимир Путин. «Россия: национальный вопрос». Независимая газета от 23.01.2012г.
3. Миграционный мост между центральной Азией и Россией/ Материалы третьего международного симпозиума. М.2011. С.276.
4. Волох В.А. Трансформация процессов формирования и реализации миграционной политики России. М. 2011. С.92.

Архангельская А.А. - доцент, к.т.н., **Конакова И.П.** - доцент, к.т.н.,
Хадыев М.С. - ст.н.с, к.т.н.
Уральский федеральный университет имени первого Президента России
Б.Н. Ельцина, Россия

ОСОБЕННОСТИ ТЕРМОУПРУГОГО МАРТЕНСИТНОГО ПРЕВРАЩЕНИЯ В УПОРЯДОЧЕННЫХ Ni-Al И Ni-Co-Al СПЛАВАХ

Изучение Ni-Al и Ni-Co-Al β -сплавов представляет значительный интерес как с точки зрения анализа механизма мартенситного превращения, протекающего в упорядоченных системах, так и тем, что эти сплавы являются основой жаростойких покрытий жаропрочных никелевых материалов.

В системах Ni-Al и Ni-Co-Al при охлаждении из обогащенной никелем однородной β(B2) или двухфазной β + γ'($L1_2$) –областей, если сохраняется пересыщенной никелем решетка B2 твердого раствора на основе NiAl, протекает термоупругое сдвиговое превращение β –фазы в тетрагональный мартенсит с решеткой типа $L1_0$.

Сплавы Ni-Al и Ni-Co-Al являются сплавами с высокой энергией упорядочения. В твердых растворах на основе интерметаллидов (Ni,Co)Al и (Ni,Co)₃Al происходит сверхупорядочение атомов в их решетках с образованием сверхструктур.

В работе дилатометрическим, рентгеноструктурным и электронно-микроскопическим методами исследованы в процессе нагрева и в отпущенном состоянии Ni-Al и Ni-Co-Al сплавы с исходной структурой мартенсита.

Были изучены сплавы 64Ni – 36Al (ат. %), 62Ni – 4Co – 34Al (ат. %), 58Ni – 10Co – 32Al (ат. %) после закалки на воздухе от 1200°C и последующего непрерывного нагрева до 900°C, а также после двухчасовых отпусков мартенсита при 250°C, 400°C, 500°C и 600°C и закалки от этих температур.

Установлено, что в закаленных исследуемых сплавах образуется полностью мартенситная структура в 64Ni – 36Al (ат. %) и 62Ni – 4Co – 34Al (ат. %) и мартенсит с незначительным количеством γ'(Ni₃Al) –фазы в 58Ni – 10Co – 32Al (ат. %). Мартенсит состоит из пакетов микродвойников {111} <112> и {101} <101> разной степени дисперсности.

Дилатометрическое исследование линейных и объемных изменений в закаленном сплаве 64Ni – 36Al (ат. %) при нагреве показало, что до 220°C и в интервале температур 320-530°C наблюдается практически монотонное возрастание линейных размеров образца. В интервалах же температур 220-320°C и 530-700°C, резко преломляется наклон кривой, свидетельствующий о сжатии образца и образовании фазы с меньшим удельным объемом. Объемный эффект превращения в интервале более низких температур составляет 2,8-3%, а в интервале более высоких температур ~2%

Фазовый переход в «низкотемпературном» интервале хорошо известен и является обратным превращением при нагреве мартенсита в высокотемпературную β –фазу. Однако в этой сдвиговой перестройке участвует только часть мартенсита. Как показали наши ранние исследования методом высокотемпературной рентгенографии, тетрагональная решетка типа $L1_0$ мартенсита фиксируется на дифракционных картинках образцов в процессе и нагрева вплоть до ~700°C.

Электронномикроскопическое исследование закаленных и отпущенных при 250°C Ni-Al и Ni-Co-Al сплавов показало, что их тонкая структура подобна и представляет собой колонии кристаллов мартенсита с внутренним микродвойниковым строением.

Общая картина строения сплавов после отпусков при 400°C и 500°C сохраняется, но с повышением температуры отпуска следы микродвойников внутри крупных кристаллов теряют прямолинейность и делаются волнистыми.

В отпущенных при 250, 400 и 500°C наблюдается сверхупорядочение решетки мартенсита по типу Ni_5Al_3. Кроме того, при 500°C формируется ярко выраженная сверхструктура мартенсита Ni_2Al (рис. 1).

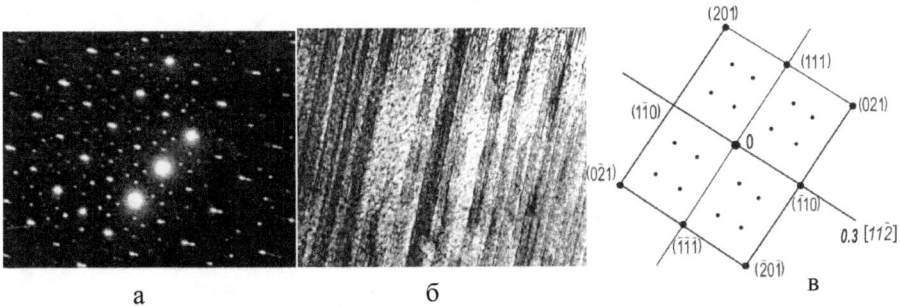

Рис. 1. Тонкая структура мартенсита после закалки и отпуска при 500°C сплава 64 ат. % Ni – 36 ат. % Al: микродифракционная картина (а), светлое поле (б) и схема расшифровки (в)

Тонкая структура сплавов, отпущенных при 650°C и закаленных от этой температуры (т. е. из той области температур, в которой дилатометрическим методом выявлено значительное сжатие образца при нагреве) отличается от структуры образцов отпущенных при 400°C и 500°C и быстро закаленных. Структура отпущенного мартенсита представляет собой пересекающиеся колонии микропластин: пакеты микродвойников, следы которых утратили четкую прямолинейность, пересекают новые кристаллы, формирующие пакеты плоскопараллельных микродвойников, подобные полученным в результате закалки от высоких температур (рис. 2).

Установлено, что в Ni-Al и Ni-Co-Al сплавах как в закаленном, так и в отпущенных при разных температурах состояниях образуется сверхструктура Ni_5Al_3 на базе решетки $L1_0$ мартенсита. Повышение температуры отпуска интенсифицирует процесс сверхупорядочения в решетке $L1_0$, увеличивая количество сверхупорядоченных участков в твердом растворе, тем самым приводит к увеличению концентрации никеля в одних микрообластях и уменьшая ее в других, в которых образуется сверхструктура Ni_5Al_3.

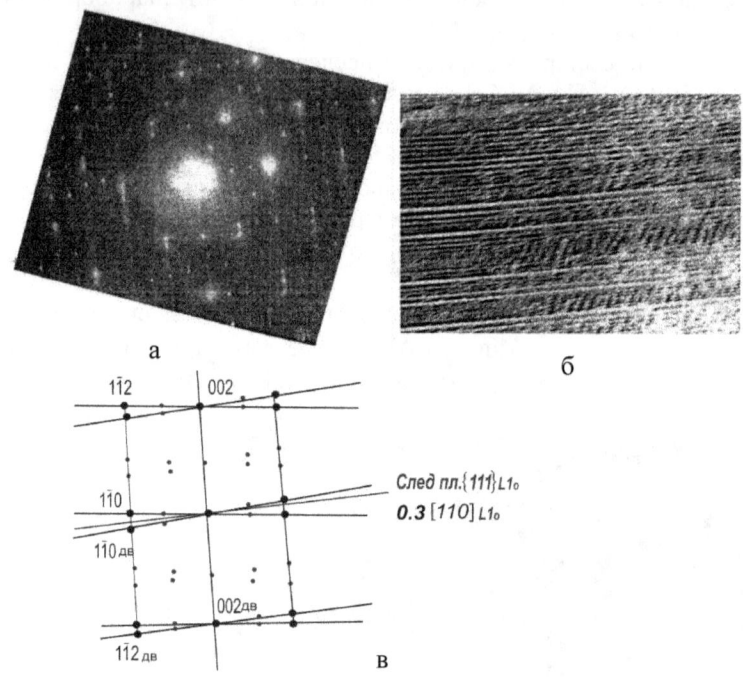

Рис. 2. Тонкая структура мартенсита после закалки и отпуска
при 650°C сплава 58 ат. % Ni – 10 ат. % Co – 32 ат. % Al:
микродифракционная картина (а), темное поле (б)
в свете рефлекса (112) и схема расшифровки (в)

Интенсивное образование сверхструктуры Ni_2Al при температурах ~ 500°C приводит к более быстрому выделению частиц Ni_2Al из решетки отпущенного мартенсита, ее обогащению алюминием и стабилизации.

Пересыщение никелем отдельных микрообластей решетки типа $L1_0$ способствует ее обратной перестройке в β –фазу при высокой температуре отпуска и протеканию при последующей закалке сдвигового превращении β –фазы в мартенсит.

Таким образом, в сплавах систем Ni-Al и Ni-Co-Al с высокой энергией упорядочения обратное превращение мартенсита в матричную β -фазу протекает в две стадии – низкотемпературную и высокотемпературную, что связано с процессами сверхупорядочения в этих системах.

Султанова Л.Д.

студентка 2 курса магистратуры, направление Информационные системы и технологии, ИВМиИТ КФ(П)У, г. Казань

Столов Е.Л.

научный руководитель, доктор технических наук, профессор, кафедра системного анализа и информационных технологий, ИВМиИТ КФ(П)У, г.Казань

АЛГОРИТМ АНИМАЦИИ ДВУМЕРНОГО ИЗОБРАЖЕНИЯ ЛИЦА ПУТЕМ ПЕРЕНОСА МИМИКИ ЧЕЛОВЕКА

Введение

В настоящее время машинная анимация лица - широко востребованная тема исследований в области компьютерного зрения. Разработка системы, способной переносить мимику реального человека (выражение лица, эмоции, движение рта при произношении текста) на компьютерную модель может найти применение как в развлекательных целях, например, при производстве анимационных фильмов, так и для решения более серьезных задач – развития человеко-компьютерного взаимодействия. Доказано, что интерфейс программного обеспечения, реализованный в виде человеческого лица, повышает интерес пользователей и положительно влияет на эффективность использования системы.

Несмотря на большое число работ по моделированию лиц, воспроизводящий реалистичную анимацию, на сегодняшний день не существует универсального алгоритма или технологии, решающих эту задачу без использования специального оборудования.

Формально задачу можно описать следующим образом: дается некое видео, необходимо обнаружить человеческое лицо на кадрах записи, отслеживать изменения, после чего перенести мимику на двумерную модель лица. На входную видеозапись накладывается ограничение: видео должно содержать только одно лицо в анфас(допускается небольшой поворот головы) на статичном фоне.

Основная цель исследования заключается в лицевом моделировании, а также в разработке механизма машинного выявления, распознавания и воспроизведения человеческих эмоций по заснятой на видео мимике лица. Весь процесс решения можно разделить на подзадачи:

1. Поиск лица на изображении;

2. Наблюдение за изменением положения характерных точек лица от кадра к кадру;

3. Классификация, распознавание и фиксация мимики лица, на основе результатов решения предыдущей задачи;

4. Построение модели лица, способной воспроизводить человеческую мимику;

5. Анимация модели.

Описание используемых алгоритмов

Обработка видеозаписи

Сложность в том, что для ЭВМ любое изображение - это только набор пикселей. и даже выделение области лица на отдельном кадре видео представляет определенную трудность. Первоначально весь видеоряд разбивается на кадры, и каждое изображение переводится в градации серого. Для того чтобы не тратить время и ресурсы компьютера на обработку лишней графической информации, выделяем и анализируем только область лица. Предлагается использовать алгоритм Виолы – Джонса, так как данный детектор обладает высокой точностью обнаружения лиц при достаточно быстрой скорости работы. Этот алгоритм хорошо описан в статье [1].

Затем первой кадр лица обрабатывается сервисом Betaface API, в результате чего получаем набор из 94 контрольных точек (овал лица, разрез глаз, контуры бровей, губ, носа).

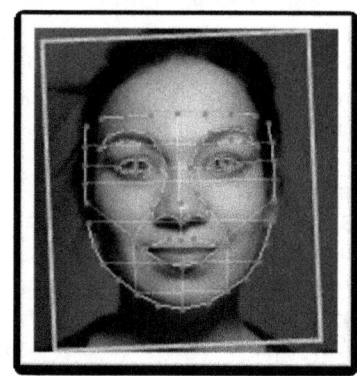

Рис.1 Выделение контрольных точек

Как показало исследование, для решаемой задачи такое количество точек является избыточным. Дело в том, что все параметры лица, которые могут быть рассчитаны с помощью контрольных точек, можно разделить на индивидуальные, характерные для конкретного человека, и мимические, меняющиеся в зависимости от испытываемых эмоций.

Так как нас интересуют только мимические особенности, было решено ограничится 16 точками: разрез глаз, верхние точки бровей, центр и контуры носа, контур губ, овал лица.

Положение точечных особенностей отслеживается в заданной последовательности кадров. На первом кадре для каждой из выделенных точек вычисляются дескрипторы - векторы числовых характеристик окрестности точки. На следующем кадре они сопоставляются с дескрипторами всех точек из небольшой области вокруг, и на основе этого выбираются точки максимально похожие на исходные. Кадры мало чем отличаются друг от друга, поэтому нет необходимости искать соответствие по всему изображению.

Используемые дескриптор и метрика, выбирались по алгоритму SIFT (Scale-Invariant Feature Transform)[2,34] На выходе алгоритма получаем траекторию смещений точки между кадрами. Полученный результат фиксируется в специальном формате в файле xml. В итоге, по покадровому положению контрольных точек удается получить "сценарий" для последующей анимации двумерного изображения лица. Причем этот сценарий можно многократно использовать, и он не привязан к конкретной модели.

Моделирование лица

Для построения модели лица был разработан отдельный компонент системы. Каждый элемент лица можно представить в виде комбинации простейших геометрических фигур (линия, эллипс, полигон и пр.), меняя параметры каждой составляющей, можно добиться изменения внешнего вида модели.

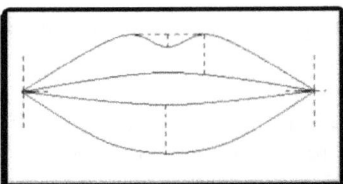 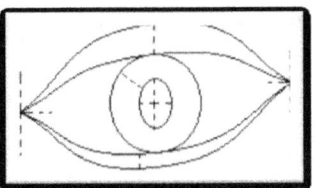

Рис.2 Пример построения элементов лица

Значения индивидуальных параметров, таких, например, как длина носа, ширина лица, толщина бровей заранее определены некими константами Для каждого мимического параметра задаются экстремальные значения, которые гарантируют сохранность вида модели в случае неверного обнаружения положения контрольных точек, записанных в сценарии.

То, как положение контрольных точек влияет на изображение каждого элемента также прописано в алгоритме построения модели. Причем изменение одного элемента часто влечет за собой изменения других компонентов. Так, изменение положения правого глаза в пространстве(при повороте головы, например) приводит к сдвигу положения правой брови.

Таким образом на основе прописанных в алгоритме «правил поведения» модели система принимает на вход последовательность положения контрольных точек и на их основе перестраивает и перерисовывает модель от кадра к кадру.

Результаты

На рисунке 3 представлены результаты работы системы, разработанной по данному алгоритму:

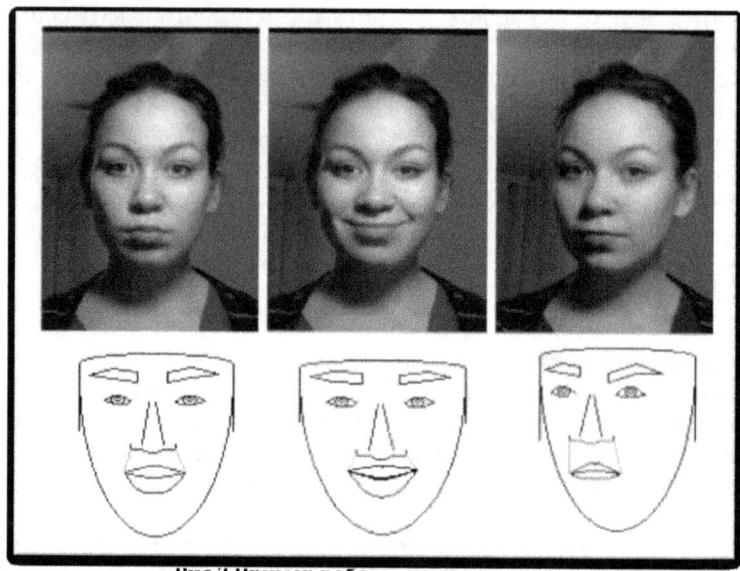

Рис.3 1Пример работы алгоритма

Как видно из примера, модель повторяет мимику человека, однако при обработке больших по длительности видеозаписей, набольшие погрешности обнаружения смещения точек от кадра к кадру могут привести к существенным отклонениям от реального прототипа. Поэтому в последующих работах основной уклон планируется сделать на исследование и разработку алгоритмов слежения за точечными особенностями.

Список литературы

1. Jones, M., Viola, P. (2001) Robust Real-Time Face Detection.
2. Jan Erik Solem. (2012) Programming Computer Vision with Python - O'Reilly Media.
3. Zsofia Ruttkay, Han Noot. (2000) Animated CharToon Faces
4. Koray Balcı, Elena Not. (2007) Xface Open Source Project and SMIL-Agent Scripting Language for Creating and Animating Embodied Conversational Agents

Векслер Ю.Г. - д-р техн. наук, **Мальцева Л.А.** - д-р техн. наук, **Пастухов М.В.**

ИЗУЧЕНИЕ СТРУКТУРЫ ЖАРОПРОЧНЫХ СПЛАВОВ НА НИКЕЛЕВОЙ И КОБАЛЬТОВОЙ ОСНОВАХ ПОСЛЕ НАНЕСЕНИЯ ЖАРОПРОЧНЫХ ПОКРЫТИЙ

Жаропрочные сплавы на никелевой и кобальтовой основе являются основными материалами для изготовления лопаток газотурбинных двигателей и других деталей горячей части. В настоящей работе проводилось исследование жаропрочных литейных сплавов на основе никеля и кобальта MAR-M247 и MAR-M509 после нанесения жаростойкого покрытия СДП2 (Основа Ni, 20% Cr, 12% Al, 0,3% Y).

Исследуемые литые сплавы перед нанесением покрытия были подвержены термообработке, включающей для сплава MAR-M247 обработку на твердый раствор при 1230°C в течении 2 часов с охлаждением на воздухе и старение при 980°C в течение 12 часов, а для сплава MAR-M509 обработку при 1260°C в течение 4 часов, с охлаждением на воздухе, и старение при 870°C в течение 16 часов. Перед нанесением покрытий была проведена подготовка поверхности: АЖО, мойка в УЗГ ванне, мойка в спирте этиловом, затем нанесено диффузионное покрытие, мойка в УЗГ ванне, обработка спиртом, нанесение покрытия ВПТВЭ с одновременной имплантацией аргоном на установке МАП1, снабженной имплантером и последующая термообработка в аргоне при 870°C в течении 12 часов (старение).

При сравнении химических составов сплавов видно, что никелевый сплав MAR-M247 имеет более низкое содержание углерода, и пониженное до 8,2% содержание хрома, и по данным работы [1] его жаропрочность определяется в основном упрочняющей фазой Ni_3TiAl. В то время как кобальтовый сплав имеет повышенное содержание углерода до 0,6% и хрома до 23% и его жаропрочность связана с выделением карбидных фаз тугоплавких элементов (W, Ta, Cr) [2]. Для исследуемых сплавов жаропрочные покрытия были получены методом газового циркуляционного алитирования (ГЦП), осуществляемого при давлении 10^{-2} - 10^{-5} мм. рт. ст., температуре 950-1200 C и выдержке в течении 2-8 ч. При алитировании сплавов из никеля образуются интерметаллические соединения NiCoAl, $(NiCo)_3Al$, твердый раствор алюминия в никеле и кобальте. В диффузионных покрытиях содержание алюминия обычно находится на уровне 11-18%, что обеспечивает формирование плёнки оксида α - Al_2O_3 при окислении и достаточную пластичность алюминидов. Толщина диффузионных покрытий не превышает обычно 0,06 мм. Существенную роль играют в данных покрытиях хром и кремний, которые обеспечивают формирование более плотной оксидной плёнки и входят в состав шпинели $Ni(Cr,Al)_2O_4$, и кремний, который вводят до 2-3% для повышения жаростойкости при высокотемпературном окислении и солевой коррозии [3,2;4]. При этом обеспечивается как защита внутренних охлаждающих каналов лопаток, так и внешней поверхности против окисления и сульфидной коррозии. Дополнительным методом защиты является конденсационное покрытие по технологии ВПТВЭ, которое в нашем случае наносилось на установке МАП1 с дополнительным оснащением источником ионной имплантации. Для нанесения покрытия использовались катоды марки СДП2 (Основа Ni, 20% Cr, 12% Al, 0,3% Y). Таким образом, нанесенные жаростойкие покрытия позволяют использовать данные сплавы при более высоких рабочих температурах, нагрузках и в агрессивных средах. Процесс нанесения покрытий происходит при высоких температурах, что в свою очередь приводит к изменению поверхностной структуры сплава и покрытия. *Микроструктурные исследования* проводили на оптическом микроскопе OLYMPUS JX-51 при увеличениях 200 и 500 крат. Для определения микроструктуры при больших увеличениях и для микрорентгеноспектрального анализа отшлифованные образцы были исследованы с помощью растровых электронных микроскопов PHILIPS SEM 535 и Jeol JSM 6490 LV.

Внешний слой образцов из сплавов MAR-M247 и MAR-M509 представляет собой стабилизированное термической обработкой покрытие. На образцах из сплавов MAR-M247 и MAR-M509 отчетливо различимы диффузионные слои и нанесенное поверх них покрытие системы Me-Cr-Al-Y, в котором наблюдается измененная термической обработкой зона. Также заметны отличия по структуре и размеру диффузионного проникновения покрытия в никелевую основу сплава MAR-M247 и кобальтовую основу сплава MAR-M509. Суммарная толщина покрытия на сплаве MAR-M247 составляет 100-110 мкм; на сплаве MAR-M509 – 85-95 мкм.

Микроструктура никелевого сплава MAR-M247 представляет собой эвтектику, состоящую из $(\gamma+\gamma')$ фазы. Наличие эвтектики является следствием дендритной ликвации, полученной в процессе кристаллизации сплава MAR-M247. Кроме того, в структуре сплава присутствует два вида фаз: карбиды, возможно, эвтектического происхождения, мелкие строчечные, вытянутые до 40 нм в длину и обособленные крупные карбиды типа MeC (WC, HfC, MoC, TaC). В структуре сплава, также можно наблюдать взаимную диффузию элементов Al, Cr из сплава и покрытия во внутренний барьерный слой. Такие элементы, как: Mo, Hf, Ti, Ta диффундируют из сплава во внутренние барьерные слои. Со из сплава диффундирует к наружным слоям покрытия.

Микроструктура кобальтового сплава MAR-M509 представляет собой твердый раствор в кобальте легирующих элементов - матрицу, в которой равномерно распределены дисперсные карбиды тугоплавких металлов типа МеС (WC, ТаС) и более грубые выделения карбидов $Me_{23}C_6$ в виде прерывистой сетки. Наблюдается диффузия Ni из сплава и из покрытия во внутренний барьерный слой. Та, W, Со диффундируют к наружным слоям покрытия. Al из покрытия диффундирует внутрь, к сплаву.

Исследованные покрытия этого сплава имеют многослойное строение. Слои, входящие в структуру покрытия, формируются в результате диффузии алюминия к подложке, и никеля из сплава– от подложки. Как результат, образуется внешний слой покрытия на основе моноалюминида никеля, легированного хромом, кобальтом и молибденом. Введение Та в сплав MAR-M247 увеличивает количество γ'-фазы и снижает количество хрома в γ'-фазе. Химический состав слоев покрытия изменяется от внутреннего к наружному, но основу всегда составляют алюминиды никеля, легированные кобальтом, хромом и отчасти вольфрамом. Покрытие сплава MAR-M509 также является многослойным, но слоев у него гораздо меньше, чем у покрытия сплава MAR-M247. Основу слоев здесь также составляют твердые растворы хрома и алюминия в матрице на основе никеля и кобальта, а содержание тугоплавких элементов незначительно.

Исследованная технология нанесения жаростойких покрытий на сплавы MAR-M247 и MAR-M509 приводит к изменению состава и структуры сплавов. Покрытие на никелевом сплаве MAR-M247 представляет собой наружный слой из твердых растворов хрома и алюминия в никель-кобальтовой матрице с содержанием хрома 18-20% и алюминия 12-14%, а для сплава, MAR-M509, содержание хрома составляет 20-22%, а алюминия 10-12%, что должно обеспечивать высокую жаростойкость этих сплавов с нанесенными покрытиями.

ЛИТЕРАТУРА

1. M. Kaufman, Properties of cast MAR-M-247 for Turbine Blick Applications, 2000. V. P.43-52.

2. J.M. Drapier, V.Leroy, C. Dupont, D.Coutsouradis, L.Habraken Structural stability of MAR-M-509. A.Cobaltbase Superalloy, 2000. V. P.436-459.

3. Поклад В.А. Покрытия для защиты от высокотемпературной газовой коррозии лопаток турбины ГТД/ В.А. Поклад, Ю.П. Шкретов, Н.В. Абраимов// Двигатель. 2010. № 4 (70). С. 2-4.

4. Каблов Е.Н. Литые лопатки газотурбинных двигателей: сплавы, технологии, покрытия / Е.Н. Каблов. М.: МИСиС, 2001. 632 с.

Nussipbekov A.K.[1], Amirgaliyev E.N.[1], Nussipbekova G.A.[2]

[1]Al-Farabi Kazakh National University, Almaty

[2]International IT University, Almaty

COORDINATES RECOVERY IN OBJECT TRACKING

Abstract

Nowadays object tracking is very popular and important problem which was addressed in many research works. Video surveillance, multimedia systems, robotics are all examples where it can be used. In this paper we present an approach to track objects in conditions when it becomes not clear visible to the camera. Firstly we describe how 3D coordinates can be calculated by detecting object based on its HSV color information and then calculating its center of mass coordinates. The obtained sequence of coordinates are then used to predict future coordinates by using exponentially moving average method.

Introduction

Object tracking is an important topic in such domains like video surveillance, robotics, interactive multimedia systems, human-computer interaction and etc. But there are still a lot of problems to solve. One of them is to track in conditions where object is not clear visible to the camera. The object can be hidden from view because of some obstacles. The situation when the object being most of the time visible and hidden sometimes can be solved by accumulating its previous motion information. In this article we demonstrate object tracking in 3D space using Microsoft Kinect depth camera [1] and its coordinates recovery while being hidden from camera. The Figure 1 demonstrates the overview of the system.

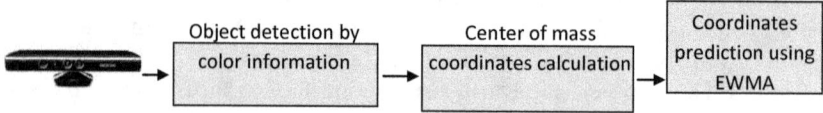

Figure 1. The system overview

Getting object coordinates

Firstly we need to get real coordinates of object. For this we use HSV threshold principle. The main idea here is to divide image into separate channels, set approximate threshold value of object color and then perform logical AND operator on these channels. The resulting black and white image will be object of our interest. The explained method can be done by using OpenCV and its appropriate methods such as cvRangeS() and cvAND(). Now knowing which pixels belong to object, we can calculate the x and y coordinates of the center of an object on that image. This is done by calculating a weighted average of all pixels which belong to an object [2]:

$$\begin{pmatrix} c_x \\ c_y \end{pmatrix} = \frac{\sum\limits_{x,y} m(x,y) \begin{pmatrix} x \\ y \end{pmatrix}}{\sum\limits_{x,y} m(x,y)}, \quad (1)$$

where $m(x,y)$ is the mask image at given coordinates.

The last step in getting object coordinates is to transform them into world coordinates. This is performed by the special Kinect SDK method MapDepthPointToSkeletonPoint(DepthImageFormat.Resolut ion320x240Fps30, depthPoint), where depthPoint is taken from previously calculated (x,y) coordinates.

Coordinates prediction

Now having obtained the coordinates we look for it movements in every image the camera gives us. It is called object tracking. But the problem can happen when the object is not visible to the camera. We cannot get its coordinates at that time. The problem is solved by accumulating the information from previous images. Exponentially weighted moving averages (EWMA) [3] are good way to predict the future data in this kind of situations.

$$EWMA_t = \alpha \cdot p_t + (1 - \alpha) \cdot EWMA_{t-1}, \quad (1)$$

where α is the constant that represents speed of weight decay, p_t is the value of a function at time t.

Using equation (1) we can predict the X, Y and Z components velocities and thus their appropriate coordinates at time t when it is invisible to the camera.

$$X_t = V_{EWMA}^x \times t_{elapsed}$$

$$Y_t = V_{EWMA}^Y \times t_{elapsed} \qquad (2)$$

$$Z_t = V_{EWMA}^Z \times t_{elapsed}$$

where $t_{elapsed}$ is the timed elapsed after last velocity measurement.

Conclusion

In this paper we presented an approach to track objects in conditions when it becomes invisible to camera for a while. This makes object tracking more stable and robust. The object detection and its coordinates calculation was demonstrated and then proposed a way to calculate approximate coordinates of the object while being hidden from camera using exponential moving averages approach. The method is easy, intuitive and yet efficient and can be used in such problems like video survilliance, multimedia systems and etc.

Reference

[1] J. Han, L. Shao, D. Xu, and J. Shotton, "Enhanced computer vision with Microsoft Kinect sensor: a review.," *IEEE transactions on cybernetics*, vol. 43, no. 5, pp. 1318–34, Oct. 2013.

[2] R. Bunner, F. Doepke, B. Laden, edited by Hubert Hguyen. *GPU Gems 3*. 2007. Ch. 26

[3] Exponentially weighted moving average filter available at http://lorien.ncl.ac.uk/ming/filter/filewma.htm, February 2, 2014.

Масалова В.В. - аспирант, **Оботурова Н.П.** - к.т.н., доцент,
Ким Н.Д. - студент, **Гежина А.Н.** - студент
ФГАОУ ВПО «Северо-Кавказский Федеральный Университет»,
г. Ставрополь
leravkan@rambler.ru

НАУЧНО-ПРАКТИЧЕСКИЕ АСПЕКТЫ РАЗРАБОТКИ БЕЗГЛЮТЕНОВОГО ТЕСТА ДЛЯ ПРОИЗВОДСТВА ЗАМОРОЖЕННЫХ МЯСОСОДЕРЖАЩИХ ПОЛУФАБРИКАТОВ, ПРЕДНАЗНАЧЕННЫХ В КАЧЕСТВЕ ПРОФИЛАКТИЧЕСКОГО ПИТАНИЯ БОЛЬНЫМ ЦЕЛИАКИЕЙ

В соответствии с принятым Правительством РФ направлением модернизации производства продуктов питания актуально, что подтверждается положениями форума «Основы государственной политики в области здорового питания граждан Российской Федерации на период до 2020 года». Его участники отметили произошедшие за последние годы существенные улучшения в питании населения из-за изменения структуры потребления, включая новые виды продуктов, обогащенных микронутриентами. Выявлено снижение распространенности дефицита ряда витаминов, однако проблема адекватной обеспеченности населения микронутриентами остается нерешенной, о чем свидетельствуют результаты массовых обследований различных групп населения [1,7]. Так же главной из основных задач государственной политики в области здорового питания является развитие производства пищевых продуктов, обогащенных незаменимыми компонентами, специализированных продуктов детского питания, продуктов функционального назначения, диетических (лечебных и профилактических) пищевых продуктов и биологически активных добавок к употребляемой пище.

Одним из таких направлений функционального питания является производство безглютеновых продуктов с полным исключением злаковых из рецептурного состава. Заболевание при котором назначается пожизненная безглютеновая диета – глютеновая энтеропатия или целиакия, где уровень глютена в продукте не должен превышать 20 мг/кг в пересчете на массу продукта [2,17]. Выпуск безглютеновых продуктов питания в долгосрочной перспективе будет неуклонно расти, это подтверждается и ежегодным ростом больных целиакией и новыми веяниями «моды» пищевой индустрии и в России и в мире. Однако, не смотря на столь широкий ассортимент бакалейных безглютеновых продуктов питания (содержащих большое количество углеводов и крахмала), на сегодняшний день рынок быстрозамороженных полуфабрикатов такого направления невероятно скуден. Продукты питания, имеющие большое количество белков, так необходимых в ежедневном питании каждого человека в превалирующем количестве содержатся в мясных и мясосодержащих продуктах, таких как, например, пельмени, равиоли.

Именно поэтому при разработке нового функционального полуфабриката большое внимание должно уделяться системному подходу, который поэтапно решает и технологические и медицинские аспекты выбранного направления, а именно:
- провести скрининг и обосновать выбор компонентов рецептуры безглютенового теста для замороженных полуфабрикатов в тесте с позиции ингредиентов на основании данных по химическому составу, пищевой и биологической ценности;
-исследовать функционально-технологические свойства и показатели качества основных компонентов смеси и их влияние на свойства готового изделия;
-провести моделирование и оптимизацию рецептуры безглютенового теста и пельменей «безглютеновых» в целом;
-разработать технологию производства нового вида безглютенового теста для пельменей;
-провести комплексную оценку качества безглютенового замороженного мясопродукта (пельменей)[3,28].

На первых двух этапах производится комплексный анализ безглютеновых видов сырья: общехимический состав, в том числе и витаминно-минеральный; обосновывается выбор ингредиентов смеси, изучаются основные показатели по функционально-технологическим свойствам, реологическим и цветовым характеристикам.

На третьем и четвертом этапах выбирается уровень и соотношение компонентов в мучной композиции, производится выбор дополнительных элементов, улучшающих структуру и влияющих на свойства готового полуфабриката.

На последних этапах производится промышленная апробация и разработка технической документации на безглютеновый вид полуфабриката, присваивается категория и направление его использования – пельмени «безглютеновые» мясосодержащие категории В – изделие функционального профилактического питания, кроме того производится оценка экономической эффективности.

Таким образом, использование системного подхода к разработке функциональных полуфабрикатов позволит расширить рынок безглютеновых продуктов питания, оптимизировать процесс производства и уменьшить временные и финансовые потери и затраты.

Литература:

1.Барсукова Н.В., Красильников В.Н. Новые технологические подходы к созданию специализированных продуктов питания для безглютеновой диеты // Материалы V Российского Форума «Здоровое питание с рождения: медицина, образование, пищевые технологии. Санкт-Петербург-2010», 12-13 ноября 2010 г. – СПб., 2010. – С. 7-12.

2. Доронин, А.Ф. Функциональное питание /А.Ф. Доронин, Б.А. Шендеров – М.: ГРАНТЪ, 2002. –С. 296.

3. Шнейдер Д.В.Теоретические и практические аспекты создания безглютеновых продуктов питания на основе повышенной биодоступности сырья: автореферат канд. технических наук. — Москва: Московский гос. ун-т технологий и управления имени К.Г. Разумовского, 2013. — С.44.

Журавлева М.А.
аспирант ФГБОУ ВПО ДГТУ, специальность 05.26.01 «Охрана труда»,
Мохсен М.Н.
аспирант ФГБОУ ВПО ДГТУ, специальность 05.13.06 «Автоматизация и управление технологическими процессами и производствами»

ИНФОРМАЦИОННЫЕ ТЕХНОЛОГИИ В ОБЕСПЕЧЕНИИ БЕЗОПАСНОСТИ ПРОИЗВОДСТВА

Для улучшения системы управления безопасностью жизнедеятельности на современных промышленных предприятиях все чаще применяются новые информационные технологии, представляющие собой сложные, высокоорганизованные системы обработки информации, начиная от сбора и регистрации данных до выработки управленческого решения, с использованием средств и методов автоматизации, включающих технику, программное обеспечение, различные способы и подходы в организации информационных систем. Применение информационных технологий для обеспечения безопасных условий труда осуществляется в первую очередь для управления источниками и причинами возникновения опасностей на основе прогнозирования уровня возможного воздействия рассматриваемых опасностей на организм человека, создания эффективных стратегий управления, позволяющих уменьшить вредные воздействия опасных производственных факторов на рабочих до минимального. [3, 18] Многообразие задач, решаемых для улучшения условий труда на промышленных предприятиях, и требующих использование информационных технологий, можно разделить на следующие группы:

I. определение величины воздействия негативных факторов на человека и сферы его жизни и деятельности;
II. анализ опасностей, которым человек подвергается во время производственного процесса;
III. идентификация вредных факторов и защита персонала предприятия от их влияния.

Для решения комплекса указанных задач в рамках системы управления охраной труда на предприятиях следует создавать базы знаний и банки данных, использовать программные комплексы для систем диагностики микроклимата в производственных помещениях. Для каждой области деятельности предприятия можно выделить свой вид безопасности, являющийся приоритетным. Например, для объектов, в производственных процессах которых используются опасные и вредные вещества, рассматривается уровень химической безопасности, для объектов оборонных комплексов и атомных объектов самым важным будет уровень радиационной безопасности.

Для оценки уровня безопасности на промышленных предприятиях, работа на которых является потенциально опасной, применяются ограничения, вводимые на концентрацию веществ: ПДК – предельно допустимая концентрация, ПДУ – предельно допустимый уровень, ПДВ – предельно допустимый выброс, ПДС – предельно допустимый сброс и т. д. Создание информационных технологий должно предусматривать выполнение следующих видов информационного обеспечения: осуществление инженерных расчетов и моделирование ситуаций, связанных с возникновением чрезвычайных ситуаций, получение информации по наличию химических, опасных и взрывчатых веществ в зонах производственных помещений, пополнение базы данных об опасных производственных ситуациях и процессах, формирование отчетов и справок. [4, 15-30]

Наблюдение за производственным процессом позволяет контролировать состояние микроклимата в помещениях цехов и способствует разработке комплекса мероприятий для защиты персонала предприятия от различных видов опасности. Основной целью мониторинга в данном случае является обеспечение достоверной и своевременной информации, анализ которой позволит оценить показатели состояния опасных объектов или процессов, а так же выявить причины изменения этих показателей, оценить возможные последствия и определить мероприятия по предотвращению опасных ситуаций.

Задачи комплексного мониторинга состояния условий труда на промышленных предприятиях включают: наблюдение за потенциально опасными объектами, оценку фактического состояния окружающей среды на предприятии, прогноз изменения состояния окружающей среды и оценку возможных последствий. Все эти действия являются этапами инженерно-экологического мониторинга, который основывается на комплексных знаниях различных наук (география, биология, экология и д. р.). Структура и состав такого мониторинга определяются производственными задачами предприятия, целями в области охраны труда на производстве и возможностями информационного обеспечения.

Для решения задачи оценки возможного экологического риска в процессе функционирования производственного объекта возможно применение беспроводных сенсорных сетей (БСС).

Обычно концентрация вредных и опасных веществ в воздухе рабочей среды измеряется в ходе периодических проверок и требует непосредственного участия соответствующих специалистов. При этом всегда имеется риск утечки опасного вещества и возникновения его повышенной концентрации. Кроме того, любое изменение в технологии производства также требует проведения повторных измерений.

Значительную сложность в процесс мониторинга вносит также пространственная протяженность цехов. Применение традиционных технологий мониторинга в этом случае сопряжено с значительными трудозатратами и ограничено в возможностях обеспечения безопасности труда работников машиностроительного предприятия. Благодаря совершенствованию технологий производства датчиков, уменьшению их размера и энергопотребления, стало возможным организовывать беспроводные сети из узлов с автономным питанием, обеспечивающим контроль сразу нескольких параметров окружающей среды или технологического процесса. Все это дает основания полагать, что мониторинг вредных факторов с помощью БСС позволит повысить безопасность труда на машиностроительном производстве и является оправданным с экономической точки зрения.

Сегодня технология беспроводных сенсорных сетей, является единственной беспроводной технологией, с помощью которой можно решить задачи мониторинга и контроля, которые критичны к времени работы датчиков. Для контроля содержания в воздухе рабочей зоны вредных химических веществ применяются следующие методы: спектрофотометрический, полярографический, сорбционно-люминесцентный, электрохимический, полупроводниковый, термокаталитический.

Сегодня существует ряд уже хорошо освоенных областей применения БСС: контроль целостности конструкций, управление дорожным движением, здравоохранение, мониторинг утечек газа на газопроводе, сельское хозяйство, наблюдение за окружающей средой, контроль концентрации взрывоопасных веществ и возгораний в шахтах [1]. Из наиболее близких разработок стоит отметить описанную в статье [2] систему для многокомпонентного анализа воздуха на предмет наличия токсичных газов на основе электрохимических датчиков. Однако, комплексных систем для мониторинга концентраций опасных и вредных газов в многокомпонентной газовой среде рабочей зоны на основе БСС на данный момент разработано еще не было.

Все это позволяет полагать, что с помощью современных средств измерения и мониторинга вредных факторов на производстве (беспроводные сенсорные сети и компактные газочувствительных датчики) представляется возможным создать программно-аппаратный комплекс для мониторинга безопасности условий труда на предприятиях машиностроения, отвечающий требованиям надежности, экономичности и эффективности.

Вывод: применение новых информационных технологий, в частности БСС для обеспечения безопасности производства позволит улучшить эффективность работы специалистов по охране труда и повысит их профессиональный уровень, улучшит условия труда, даст возможности для более эффективного решения задач системы управления охраной труда на промышленных предприятиях.

Список использованных источников:

1. Fundamentals of Wireless Sensor Networks: Theory and Practice / W. Dargie, C. Poellabauer. — John Wiley & Sons Ltd., 2010. — 311 с. — ISBN 978-0-470-99765-9.
2. Toxic gas monitor system design based on wireless sensor network / X. Li [и др.] // Chinese Journal of Sensors and Actuators. — 2010. — Т. 23. — Вып. 6. — С. 888-893.
3. Титоренко Г. А. Информационные технологии управления: Учебное пособие для ВУЗов / Г. А. Титоренко - М.:ЮНИТИ-ДАНА, 2003. - 439 с.
4. Гогиташвили Г. Г. Системы управления охраной труда / Г. Г. Гогитиашвили - Л: Афиша, 2002 - 320 с.

Чащин А.В., Попечителев Е.П.

Чащин А.В., кандидат технических наук, докторант кафедры БТС Санкт-Петербургского государственного электротехнического университета 'ЛЭТИ", chaalexander@gmail.com,

Попечителев Е.П., Санкт-Петербургский государственный электротехнический университет, Засл. деятель науки РФ, профессор, доктор технических наук, профессор кафедры БТС Санкт-Петербургского государственного электротехнического университета 'ЛЭТИ", eugeny_p@mail.ru.

ПРОЯВЛЕНИЯ СОСУДИСТОЙ РЕАКЦИИ ОРГАНИЗМА В ПРОЦЕДУРАХ ИЗМЕРЕНИЯ АРТЕРИАЛЬНОГО ДАВЛЕНИЯ

Введение

Многие заболевания и травмы, диагностируемые клиническими методами, приводят в простых и сложных случаях к нарушению кровоснабжения тканей и патологическим изменениям гемодинамики. К их признакам относят отклонение от нормы показателей артериального давления (АД), частоты сердечных сокращений (ЧСС), частоты дыхания (ЧД), нарушение крове- и лимфотока и наполнения сосудов в определённых участках тела и органах. Они проявляются при инфарктах, ишемии сосудов и тканей, сахарном диабете, инсультах, варикозном расширении вен, лимфедеме, ожирении и избыточном весе тела, или чрезмерном истощении и дистрофическом изменении объема мышечной массы. Нарушения вызываются изменением свойств соединительной ткани, стенок сосудов и окружающих тканей: уплотнением; опухолями; неэластичным состоянием тканей; отложением солей; отёками, вызванными нарушением условий венозного оттока и лимфодренажной функции; артериальной, венозной недостаточностью; вегетососудистой дистонией; спазмами и застойными явлениями; влиянием экзогенных факторов. В организме изменяется жидкостный обмен и наполнение сосудов и внесосудистой среды, нарушается нервная регуляция процессов. На наполнение сосудов, окружающих тканей и органов влияет движение разных структур тканей. При этом происходит массоперенос веществ с кровелимфотоком, изменение взаимного расположения структур опорно-двигательного аппарата и обмен веществ. Универсальным маркером движений, проявлений жизнедеятельности, являются объемные изменения. Они обусловлены обменом и перераспределением в тканях жидкофазных субстратов: артериальной и венозной крови, лимфы, клеточной и внеклеточной внесосудистой жидкости.

Отмеченные объемнодинамические (ОД) изменения регистрируются инструментальными методами в виде сигналов, отражающих наполнение сосудов и модулирующее влияние эндогенных факторов на гемодинамику.

При планировании исследований системы кровообращения *актуальна задача контроля* наполнения разных отделов сосудистого русла, а для терапевтических целей, или специальных тренировок, – ещё и *управление* гемодинамическими процессами по показателям АД и кровенаполнения. Требуется выбор подходов к получению данных, разработка методов, решающих теоретические и научно-практические задачи в исследованиях на разработанных аппаратно-программных комплексах (АПК).

В медицинских обследованиях широко используют окклюзионные методы измерения АД – интегрального параметра кровообращения. При непосредственном участии АД обеспечивается выполнение жизненных функций в снабжении и перераспределении веществ в органах и тканях. В то же время, на АД влияет активность функциональных систем, представляющих основные эндогенные факторы работы организма. АД измеряют в кардиологии, при медикаментозных и других терапевтических процедурах, при суточном мониторировании, скрининговых профилактических осмотрах, экспресс-анализе состояния, в чрезвычайных и экстремальных ситуациях, при выполнении ответственной работы операторов, в спортивной медицине. Контроль АД необходим при активном воздействии на организм, когда повышение или снижение его показателей становится опасным для здоровья. Эти ситуации возможны во время тренировок с управляемой нагрузкой на сосудистую систему, например, при велоэргометрии, ортостатических и других функциональных пробах; при действии перегрузок во время тренировок на центрифуге и в реальных условиях пилотирования летательными аппаратами; при глубоководном погружении.

Однако методические возможности окклюзионных методов измерения АД существенно ограничены по производительности измерений и номенклатуре измеряемых показателей. По ним невозможно анализировать функционирование единой многофакторной сосудистой системы организма, нервную регуляцию кровообращения, картину синхронизации перераспределения крови между разными ее отделами, состояние сосудистого тонуса, модулирующее влияние на наполнение сосудов эндогенных и внешних факторов.

Принципиальный недостаток окклюзионных методов представляет вмешательство в процесс кровообращения, производимое воздействием инструментальных средств. Оно нарушает структуру кровотока и кровоснабжение тканей в конечности, и влияет на кровообращение в области центральной гемодинамики. Этим инициируется индивидуально выраженная сосудистая реакция, причина последующей серии функциональных изменений. В области создания давления на сосудистую сеть кратковременно прекращается, а в соседних участках нарушается лимфодренаж, ограничивается, или останавливается возврат венозной крови из конечности в сердце и артериальный приток к тканям, расположенным дистальнее области компрессии, меняется условие газообмена в тканях и состав крови. Изменяется наполнение сосудов и распределение внесосудистой жидкости в участке механического воздействия и соседних областях. Проявление изменений зависит от состояния сосудистой системы и от характера и индивидуальной переносимости окклюзии. Поэтому в результатах многих сравнительных измерений АД разными методами отмечены расхождения, неудовлетворяющие требованию стандартов. Это может связываться с изменениями, вызванными измерительной процедурой (ИП), и в особенности при патологиях. В то же время информация при патологиях имеет большое значение, так как по результатам измерений диагностируется состояние организма.

Отмеченные *методические недостатки* ограничивают возможности исследований при гипертензии, гипотонии и других заболеваниях, поэтому для получения корректных результатов требуются контроль и данные о процессах в организме в ходе ИП. Вместе с АД необходим комплекс данных об упруго-эластичных свойствах сосудов разных отделов; о распределении и динамике перераспределения крови и лимфы в разных участках тела; о вариабельности АД и ЧСС; модулирующем действии эндогенных факторов и влиянии внешних воздействий на организм. К характеризующим кровообращение параметрам также относятся: ударный объем; сопротивление стенок артерий растяжению; объемное соотношение наполнения разных сосудов; скорости кровотока и распространения пульсовой волны (СРПВ); вязкость циркулирующей крови; ориентация тела в поле гравитационного притяжения, обуславливающая гидростатическое давление крови; характер движения тела в пространстве, обуславливающий действие на кровоток инерционных сил и др. факторы.

Методы измерения АД изучены и используются лишь для определения его показателей. В то же время, в регистрируемых сигналах присутствует информация о переходных гемодинамических процессах и модулирующем влиянии эндогенных факторов на гемолимфонаполнение (ГЛН). В алгоритмах обработки это не используется и исключается как проявление артефактов, что приводит к потере данных о гемодинамических процессах.

Особо выделяется, что в мире производится большое число измерителей АД. Их пользователи - сотни миллионов пациентов, по результатам измерений, применяющих лекарственные препараты и другие виды терапии. Поэтому актуальны разработки более информативных методов и устройств. Для этого необходим системный анализ изменений при окклюзионных измерениях. Его цель – устранение недостатков, снижающих достоверность результатов, а также получение нового качества – расширения функциональных возможностей окклюзионных методов. ИП представляется *функциональной гемодинамической пробой* (ФГП), направленной на сосудистую систему и окружающие ткани, позволяющей анализировать особенности их жидкостного наполнения и реакцию функциональных систем организма. Такое влияние на гемодинамику внешней компрессии при измерении АД теоретически не анализировалось, и оно не использовалось для проведения ФГП на систему сосудов. В то же время, в определённой мере усложнение ИП и создание перестраиваемых АПК с необременительным для пациентов воздействием имеет перспективы в осуществлении комплексных исследований, по алгоритмам с инициированием и анализом сосудистой реакции.

Цель данной работы – представление возможностей ФГП и устройств для исследования системы кровообращения и связанных с ней систем, построенных на проявлениях сосудистой реакции организма в процедурах с неинвазивным вмешательством в кровообращение, включая использование и окклюзионных методов измерения АД.

Анализ процессов кровообращения с учётом факторов эндогенного влияния и внешнего воздействия на сосудистую систему

В целостном организме сосудистая система соседствует с расположенными в его внутренней среде органами и окружающими тканями. Как составная часть этой среды, система сосудов постоянно и непрерывно механически взаимодействует с ними. Из-за расположения в общем пространстве тела и вследствие взаимодействия, они, по сути, представляют многосистемный взаимосвязанный объект. Поэтому сердечнососудистую систему, как объект исследования, целесообразно рассматривать не в изоляции от окружающих тканей и органов, а с учётом отмеченного взаимодействия. Выполняя важнейшую функцию - кровоснабжение всех тканей, разветвлённая сосудистая сеть занимает значительную часть в объеме тела. Взаимодействие сосудов с окружающими тканями происходит в разных частях организма и на разных уровнях, включая механическое взаимодействие. При этом создаётся влияние на процессы перераспределения жидкостей в разных участках сосудистого русла и на кровообращение во всём организме.

Окружающие сосудистую систему ткани подвижны. За счёт этого от них передаётся механическое действие на сосуды. Подвижность тканей связана с активностью основных соответствующих функциональных систем и органов: систем дыхания, водно-солевого обмена, желудочно-кишечного тракта (ЖКТ) и пищеварения, мышечной системы, системы соединительной ткани. Проявление активности функциональных систем вызывает движение соответствующих тканей и характеризуется объемнодинамическим (ОД) характером изменений в наполнении сосудов.

Проявления отмеченных взаимодействий схематично показаны на рис. 1. В схеме выделены основные механизмы и причины движения жидкостей в сосудистой системе, проявление действия давления на сосудистую стенку, и составляющие ОД наполнения тканей.

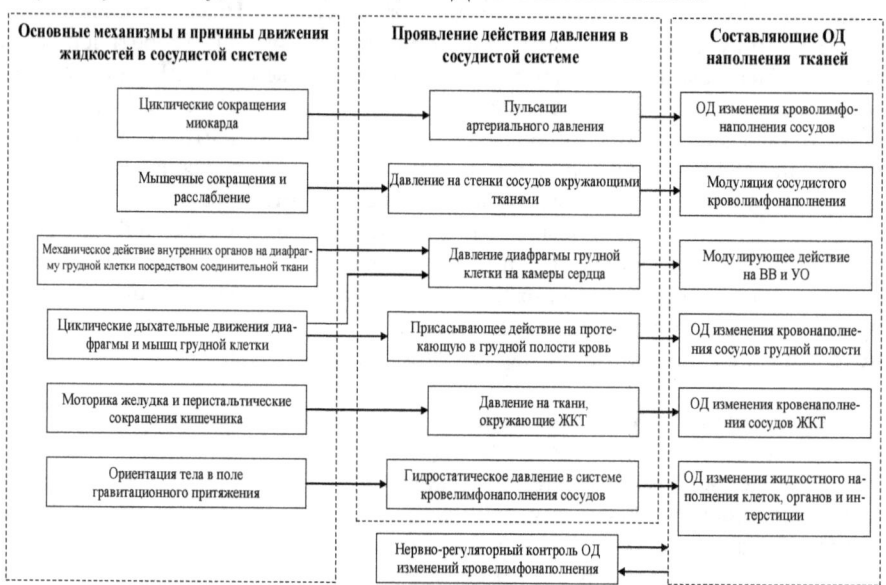

Рис. 1 Схема образования ОД изменений наполнения в сосудистой системе. Сокращения: ВВ – венозный возврат, УО – ударный объем, ЖКТ – желудочно-кишечный тракт.

Таким образом, двигательная активность структур тканей функциональных систем организма относится к модулирующим факторам, влияющим на наполнение сосудистого русла [1, 2]. При этом при исследовании кровенаполнения возможна регистрация сигналов, отражающих суперпозицию их наполнения.

Для теоретического описания изменений, происходящих в системе сосудов вследствие механического влияния на них, в работе [3] введено понятие *объемный статус* (ОС) сосудистой системы. ОС характеризуется участием и суперпозицией объемов наполнения, создаваемых в отделах системы кровообращения с разным внутрисосудистым давлением, и влиянием на них факторов воздействия. На ОС влияют факторы эндогенного происхождения: ЧСС, ЧД, диапазоны изменения внутрисосудистого давления и соотношение объёмов сосудистого русла разного функционального назначения; модулирующее действие на наполнение сосудов, создаваемое при движении окружающих тканей; нервно-гуморальная регуляция тонуса сосудов.

Кроме эндогенных факторов, на функционирование разных систем организма действуют факторы внешнего воздействия, что так же отражается на наполнении сосудов и других показателях гемодинамики. К внешним физическим факторам, влияющим на ОС, относятся: пространственная ориентация тела в поле гравитационного притяжения; характер движения тела в пространстве; давление, действующее на тело со стороны окружающей среды. Детализируем влияние внешних факторов.

Пространственная ориентация тела обуславливает составляющую гидростатического давления Рг. По отношению к исследуемым участкам сосудистой системы это давление рассчитывается по формуле:

$$\text{Рг} = \rho \cdot g \cdot h, \qquad\qquad (1),$$

где ρ – плотность соответствующей жидкости (крови, лимфы, межтканевой жидкости), g – ускорение свободного падения в поле гравитационного притяжения; h – высота условно выделенного столба жидкости в теле, которая для каждой точки исследования отсчитывается относительно уровня положения сердца в направлении вектора поля притяжения.

Характер движения тела в пространстве обуславливает действие на массы mi частиц крово- и лимфотока инерционных сил Fi, связанных с ускорением (замедлением) этих потоков на определённых участках сосудистого русла при ускоренном (замедленном) движении всего организма:

$$\text{Fi} = a \cdot mi, \qquad\qquad (2),$$

где a – ускорение (замедление) движения тела.

Например, сила, действующая на ткани тела вследствие вращательного движения при тренировках на центрифуге, рассчитывается по формуле:

$$F = mi \cdot V2/R, \qquad\qquad (3),$$

где V – тангенциальная составляющая скорости вращательного движения тела, R – радиус кривизны вращения.

Известно, что интегральное действие на организм давления воздушной атмосферы окружающей среды $P_{атм.}$ не приводит к однозначной реакции со стороны системы кровообращения. Изменение гемодинамических показателей при этом носит индивидуальный характер и связано с состоянием организма; проявляется как повышение, так и снижение показателей АД, ЧСС и ЧД.

В то же время, при создании давления на локальные участки тела, например, при измерении АД окклюзионными методами, в сосудистой системе проявляются закономерные переходные гемодинамические процессы, в которых изменяются показатели гемодинамики. Изменение АД и кровенаполнения сосудов в этих процессах связано с характером производимого воздействия. Оно может ограничивать или останавливать гемолимфоток в соответствующих участках сосудистой системы, или происходит при восстановлении кровообращения после воздействия [4].

Таким образом, в исследованиях сосудистой системы могут использоваться вышеуказанные факторы эндогенного влияния и внешние воздействия, которые при создании их посредством инструментальных средств позволяют соответственно инициировать изменения в функциональных системах, регистрировать процессы реакции, и интерпретировать проявляемые закономерности. Принципиально важно, что в выборе средств при планировании исследований могут использоваться методы, обеспечивающие неинвазивное вмешательство в кровообращение и эффективное управление гемодинамическими процессами и ОС. Это позволяет проводить ФГП на функциональные системы организма.

В числе ФГП с неинвазивным вмешательством в гемодинамику реализуются велоэргометрические (ВЭМ) исследования, дыхательные пробы, исследования с ортостатическим воздействием, плетизмографические методы и комплексные методы исследования гемодинамики, построенные на основе окклюзионных воздействий в разных участках сосудистого русла [4; 5; 6; 8; 9].

При ВЭМ исследованиях сосудистой системы [5], производимых в режиме педалирования с частотой $\omega_{вэм}$ и с постоянной мощностью нагрузки $W_{н.}$, в спектре сигналов, отражающих наполнение сосудов, в полосе частот $\omega_{вэм}$ проявляется соответствующий пик. Он связан с работой, проводимой путём сокращения и расслабления мышц конечностей, и интерпретируется следствием модулирующего влияния двигательной активности на кровенаполнение. По аналогии с проявлением двигательной активности, так же по спектру проявляются пики в полосе частот, интерпретируемых в связи с дыхательными движениями диафрагмы грудной клетки [9].

При проведении ортостатических исследований [6] анализируются составляющие спектра мощности вариабельности показателей АД и ЧСС.

Давление на локальные участки тела как ФГП для исследования сосудистой системы

Среди выделенных возможностей в исследовании сосудистой системы с неинвазивным вмешательством в кровообращение особое место занимает использование инструментальных средств, производящих давление на локальные участки тела, и в частности в процедурах окклюзионных методов измерения АД. По сути, измерение АД является ФГП на сосудистую систему, в которой в её функционировании инициируются множественные изменения. В результате происходит ответная комплексная сосудистая реакция. При этом в зависимости от внешнего давления проявляются изменения в наполнении отделов сосудов с разным уровнем внутрисосудистого давления, сосудов разного калибра и в разных участках сосудистого русла. В связанных с местом приложения давления участках:

— изменяются условия кровоснабжения тканей;

— происходят переходные ОД процессы жидкостного перераспределения в системе сосудов и окружающей внесосудистой среде;

— сдвигаются диапазоны изменения параметров внутрисосудистого давления, объемов и соотношение объемов наполнения сосудов разных отделов системы кровообращения;

— нарушается лимфодренажная функция;

— проявляется венозный и лимфатический застой;

— активизируются артериовенозные анастомозы;

— изменяется насыщение крови кислородом;

— нарушается структура движения крови;

— происходит внешнее воздействие на выполняющий множественные ответственные функции сосудистый эндотелий;

— отмечается ноцицепторная реакция.

Эти изменения могут служить для контроля в процедурах со вспомогательным управлением функционирования системы кровообращения, для потенциально возможных достижений профилактических, тренировочных и терапевтических целей. При этом определяются показатели, характеризующие изменения в разных участках сосудистого русла одной конечности: показатели систолического и диастолического давления $P_с$; $P_д$; $P_{ср}$; венозное давление $P_в$.; скорость распространения пульсовой волны в функциональном диапазоне изменения АД; константы времени перераспределения крови между артериальным и венозным отделами с уравновешиванием кровяного давления в верхней конечности, и времени восстановления кровообращения после окклюзии при возобновлении кровотока в конечности; упругость стенки сосудов в зависимости от АД.

Кроме того, феномен Короткова, методы осциллометрии, плетизмографии и метод Пеньяза, — составляют методические возможности для их использования в качестве сигналов биологической обратной связи, что важно при построении неинвазивных биотехнических систем управления гемодинамическими процессами и комплексных исследований сердечно-сосудистой системы. Использование проявляемых изменений в качестве объектов контроля расширяет функциональные возможности исследований системы кровообращения.

Выводы

Таким образом, создание методов и устройств, обеспечивающих проведение исследований с неинвазивным вмешательством в кровообращение инструментальными средствами, управление гемодинамическими процессами, контроль АД и наполнения разных участков сосудистого русла, является перспективным направлением медицинского приборостроения.

Ссылки на литературу

1. Чащин А.В., Попечителев Е.П. Анализ влияния эндогенных факторов на кровелимфонаполнение в сосудистой системе организма. /Системный анализ и управление в биомедицинских системах. М., № 1, 2012, с. 26-34.
2. Чащин А.В., Попечителев Е.П. Функциональная гемодинамическая проба для исследований влияния эндогенных факторов на наполнение сосудов. / Инженерный вестник Дона. Электронный научный журнал, № 4, том 1, 2012, с. 23-29.
3. Ерофеев Н.П., Орлов Р.С., Чащин А.В., Вчерашний Д. Б. К вопросу об объемном статусе тканей организма. / Вестник СПбГУ, № 4 (11), 2009, с. 14-18.
4. Чащин А.В.. Комплексные методы гемодинамических исследований при измерениях АД. Теоретическое обоснование и практическое использование/ LAP Lambert Academic Publishing GmbH & Co. KG. Saarbrucken. – 2012, – 184 с.
5. Попечителев Е.П., Чащин А.В. Методические аспекты мониторирования АД в процессах управления состоянием сердечно-сосудистой системы при велоэргометрических исследованиях / Известия СПбГЭТУ. (Известия Государственного электротехнического университета). – 2006. – Вып. 1. – с. 5-14.
6. Рогоза А.Н., Хеймец Г.И., Носкин Л.А., Пивоваров В.В., Чащин А.В. Ключевые факторы неустойчивости системы кровообращения при ортостатических пробах. Возможности объективного анализа. // Сб. Вторая научно-практическая конференция «Клинические и физиологические аспекты ортостатических расстройств». Главный клинический госпиталь МВД РФ. – Москва. – 2000. – С.102-122.
7. Чащин А.В., Попечителев Е.П. Функциональная проба с компрессионно-объемнометрическим преобразованием в тканях организма. // Системный анализ и управление в биомедицинских системах. – № 4, т.8 – 2009. – С. 858-864.
8. Чащин А.В. Спектральное представление реакции организма в функциональных пробах окклюзионного давления на ткани. // Известия ЮФУ. Техн. науки. «Медицинские информационные системы» №5, 2008, с. 23-26, Таганрог 2008.
9. Чащин А.В. Компрессионный метод измерения физиологических показателей состояния организма для условий экстремальных ситуаций // Медицина экстремальных ситуаций, №1(31), с.82-92, 2010.

Урывский Л.А.
д.т.н., профессор, зав. Кафедры телекоммуникационных систем
Института телекоммуникационных систем
Национального технического университета Украины
«Киевский политехнический институт»
leonid_uic@ukr.net
Осипчук С.А.
аспирант Кафедры телекоммуникационных систем
Института телекоммуникационных систем
Национального технического университета Украины
«Киевский политехнический институт»
serg.osypchuk@gmail.com

СРАВНЕНИЕ СКОРОСТИ КОДИРОВАНИЯ LDPC И BCH КОДОВ

Аннотация. В работе исследованы зависимости скорости кодирования широко используемых блочных кодов LDPC и BCH от длины кодового слова при фиксированном кодовом расстоянии. Критерий максимальной скорости кодирования при прочих равных параметрах кодов позволяет выбрать наилучший код.

Ключевые слова: Low-Density Parity Check, Bose-Chaudhuri-Hocquenguem, длина кодового слова, кодовое расстояние, скорость кодирования.

Введение. Телекоммуникации (ТК) занимают очень весомое и важное место в области *Технических наук* с точки зрения выполняемых функций и уровню пользы для мирового общества. Как известно, *основной задачей ТК* является *передача информации* от источника к получателю. Одним из методов *повышения достоверности* передачи информации является *помехоустойчивое (ПУ) кодирование*. Данная статья посвящена сравнению параметров таких методов ПУ кодирования, как LDPC (Low-Density Parity Check) и BCH (Bose-Chaudhuri-Hocquenguem), которые используются в современных ТК системах. LDPC коды были предложены впервые в 1960 г. Р.Галлагером [1]. LDPC коды применяются во многих современных технологиях связи, таких как, например, DVB-S2, IEEE802.16 и др. [2]. BCH коды также применяются во многих современных ТК системах и имеют хорошие характеристики [3].

Постановка задачи. Входными данными является набор параметров LDPC кодов и BCH кодов:

– длина кодового слова n,
– кодовое расстояние d,
– скорость кодирования R.

Выходными данными являются зависимости скорости кодирования R от длины кодового слова n и кодового расстояния d, где d – константа:

$$R = f(n,d)\big|_{d=const} \qquad (1)$$

Целью сравнения LDPC и BCH кодов является определение кода, который имеет *бо*льшую скорость кодирования R при прочих равных параметрах: $n_{LDPC} = n_{BCH}$, $d_{LDPC} = d_{BCH} = const$.

LDPC и BCH коды. LDPC коды являются равномерными разделимыми линейными кодами. Формирование регулярных LDPC кодов с длиной блока n производится на основе проверочной матрицы H, которая характеризуется постоянным числом единиц в строке W_r и постоянным числом единиц в столбце W_c [4]. Скорость кодирования регулярного LDPC кода, в зависимости от параметров кода, определяется по формуле [5]:

$$R = (1{,}5354 - 0{,}085\ln n)e^{\frac{d(0{,}0004n - 8{,}2657)}{2n}} \qquad (2)$$

Скорость кодирования BCH кода определяется по формуле:

$$R = 1 - \frac{m(d-1)}{2n} \qquad (3)$$

где m – положительное целое число. Важно отметить, что при значениях $m > 10$ значение длины кодового слова становится больше 1023 бит, в результате чего кодирование и декодирование BCH кодов имеет высокую сложность.

На рис. 1 показано характеристики $R = f(n,d)\big|_{d=const}$ для LDPC и BCH кодов при постоянном кодовом расстоянии d=22 и d=50.

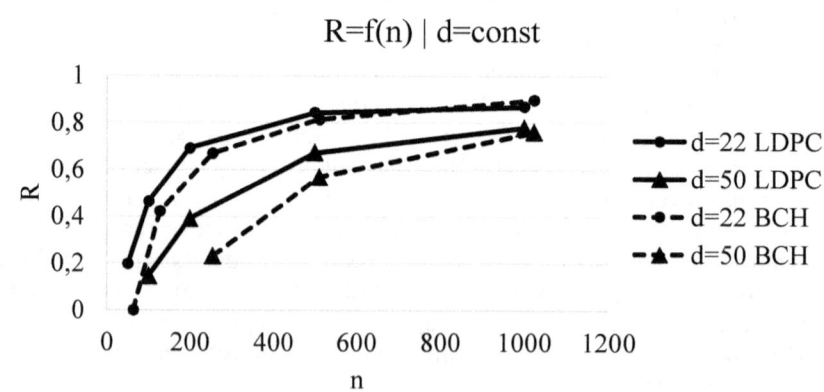

Рис. 1. Характеристики LDPC и BCH кодов $R = f(n,d)\big|_{d=const}$ при фиксированных значениях кодового расстояния: d=22 и d=50

Рассмотрим линии для LDPC и BCH кодов на рис. 1 при *d*=50. Если зафиксировать скорость кода *n*, например, *n*=400, то видно, что скорость LDPC кода в этом случае будет выше, чем скорость кодирования BCH кода:

$$R_{LDPC} > R_{BCH}\big|_{d=const, n=const}$$

(4)

Если проанализировать характеристики $R = f(n,d)\big|_{d=const}$ для других значений *d=const* для LDPC и BCH кодов, то можно сделать вывод, что тенденция $R_{LDPC} > R_{BCH}$ наблюдается для всех значений *d*, за исключением больших значений скорости кодирования $R > 0.85$. Это говорит о том, что LDPC код предпочтительнее BCH кода по критерию максимальной скорости кодирования *R* при других равных параметрах кодов: длины кодового слова *n* и кодового расстояния *d*. Вместе с этим, процедура кодирования и декодирования DLPC кодов производится проще, чем BCH кодов.

Выводы. В работе приведено сравнение LDPC и BCH кодов по критерию *большей* скорости кодирования *R* при прочих равных параметрах: $n_{LDPC} = n_{BCH}, d_{LDPC} = d_{BCH} = const$. Исследование показало, что LDPC код более предпочтителен по сравнению с BCH кодом, поскольку скорость кодирования LDPC кода выше. Вместе с этим, дополнительными преимуществами LDPC кодов является возможность наращивания длины кодового слова до десятков тысяч бит, а также более простые процедуры кодирования и декодирования информации.

Литература

1.   R. Gallager, Low-Density Parity-Check Codes. MIT Press, 1963.
2.   T. Ohtsuki, "LDPC codes in communications and broadcasting," IEIC Trans. Commun., vol. 90-B, no. 3, pp. 440–453, March 2007.
3.   L. Uryvsky, K. Prokopenko, A. Pieshkin, "Noise combating codes with maximal approximation to the Shannon limit," Telecommunication Sciences, vol. 2, no. 1, pp. 41–46, January-June 2011. [Online] Available: http://www.its.kpi.ua/telesc/TS/Telecommunication%20Sciences%20N.1%202011.pdf
4.   L. Uryvskyi, S. Osypchuk, "Analysis of corrective properties of ultra-long LDPC codes," Telecommunication Sciences, vol. 4, no. 1, pp. 21-26, January-June 2013. [Online] Available: http://telesc.kpi.ua/sites/default/files/document/TS_1_2013_4.pdf
5.   S. Osypchuk, "The analytical description of regular LDPC codes error-correcting ability," the 12th International Conference "Modern Problems of Radio Engineering, Telecommunications and Computer Science", February, 25 – March 1, 2014, Lviv-Slavske, Ukraine. Accepted for publication.

Vitaliy Danilchenko, Viktor Iakovlev
Viktor Iakovlev - Candidate of Physics and Mathematics sciences, junior Researcher.
Vitaliy Danilchenko - Dr. Sci. Sciences, Prof., Head of martensitic transformations department.
G.V. Kurdyumov Institute for Metal Physics, Vernadsky Blvd. 36, Kyiv 03680, Ukraine.
E-mail: zvik83@mail.ru

CARBON SOLID SOLUTION STABILITY OF NICKEL STEEL

Keywords: martensitic transition, X-ray diffraction, single crystal
Abstract. Martensitic transition characteristics and martensite crystalline structure in high-carbon alloy Fe – 9,7 wt. % Ni – 1,54 wt. % C were investigated using the X-ray and magnetometrical methods. The direct γ-α- and the reverse α-γ- transition activating effect on the further martensitic transition is connected with the γ-solid solution carbon depletion in the initial austenite in α-γ- transition temperature. It was shown that the primary- and secondary-hardened martensite crystalline structures, the tempered martensite crystalline structure and martensite lattice orientations relatively to the initial austenite lattice were determined only by different carbon content in α-solid solution.

Introduction. Under carbon austenitic alloys heating thermal instability of austenite appears, which results in γ-solid solution carbon content change [1;2;3]. Austenite chemical composition change significantly influences on the phase transitions characteristics, alloys structural state and their physical-mechanical properties complex [4;5;6]. Metastable Fe-Ni-C alloys strengthening under direct γ-α- and reverse α-γ- martensitic transitions depends on the carbon γ-solid solution stability in thermal cycling range [7;8]. Austenite carbon content change leads to martensite formation conditions and regularities of its crystalline structure change during tempering. Investigation results of the tempered martensite structure state in Fe-Ni-C alloys are important for the optimal metastable alloys thermocyclic treatment conditions selection under direct γ-α- and reverse α-γ- martensitic transitions.

Austenite thermal instability influence on the martensitic phase formation conditions and its crystalline structure changes during tempering were investigated in this work.

Experimental details. The object of investigation was Fe – 9,7 wt. % Ni – 1,54 wt. % C alloy with carbon γ-solid solution thermal instability under heat treatment above 350-400 °C temperature. The alloy had austenitic structure at room temperature and martensitic γ-α- transition occurred at cooling in liquid nitrogen. Temperature parameters of the direct and the reverse martensitic transitions and the martensite amount were investigated using magnetometric method. This method was applicable for the investigated alloy as the austenitic alloy was paramagnetic and the martensite is ferromagnetic. Specimens' aging was carried by heating in salt bath. The X-ray investigations were realized in rotating chamber RKV-86 with cobalt emission on the single crystal specimens with diameter of 0,5-1,0 mm, which were cut from the largest grains of austenitic ingots. The X-ray study was carried with the thin layer tungsten powder standard on the specimen surface. The martensitic and austenitic crystalline lattice parameters were measured by the $(200)_\alpha$, $(002)_\alpha$ and $(311)_\gamma$ diffraction reflections respectively.

Results and discussion. The alloy heating has shown the austenitic thermal instability interval where the austenitic crystalline lattice parameter a_γ was changed by a non-monotonic curve as a result of partial γ-solid solution carbon depletion.

The globular graphite release was metallographically observed in this area. Calculated by the parameter a_γ decreasing austenite carbon depletion [8] was 0,46 wt. %. Under steels cooling from aging temperature to the room temperature in carbon γ-solid solution thermal instability range depleted austenite was under the direct martensitic transition with the martensitic point M_s, which is higher than the room temperature.

The further X-ray study has shown that carbon γ-solid solution thermal instability has led to the complicated character of martensite crystalline structure change during the quenched alloy tempering.

The first martensitic decomposition feature was the $(002)_\alpha$ and $(112)_\alpha$ reflections blurring towards the greater Bragg angle θ after heating up to 50 °C. Heating up to (100-200) °C has led to the further more significant blurring and to the simultaneous moving of the reflections center towards the θ increase. This effect was related to the single-phase martensite decomposition, which was determined by step-by-step carbon extraction from the α-solid solution throughout the specimen with the respective crystalline lattice parameter c_α change (figure 1, curve 1). Under the tempering temperature increase up to (250-300) °C additional reflections $(002)_\chi$ and $(112)_\chi$ of the tempered martensite were formed. The additional reflections $(002)_{\alpha1}$ and $(112)_{\alpha1}$ with Bragg angles, intermediate between the angles of reflections $(002)_\alpha$, $(112)_\alpha$ and $(002)_\chi$, $(112)_\chi$, were formed almost simultaneously with above-mentioned reflections on the initial reflections $(002)_\alpha$ and $(112)_\alpha$ blurring positions. The angle position of these reflections corresponded to the α-solid solution carbon concentration, which was intermediate between its concentration in quenched martensite (α-phase) and tempered martensite (χ-phase).

Further alloy heating has led to the intensity redistribution between reflections, which has resulted in step-by-step decreasing and disappearance of $(002)_\alpha$ and $(112)_\alpha$ reflections, but $(002)_{\alpha1}$, $(112)_{\alpha1}$ and $(002)_\chi$, $(112)_\chi$ reflections was intensified and the X-ray pattern contained only $(002)_\chi$ and $(112)_\chi$ reflections after heating up to 300 °C.

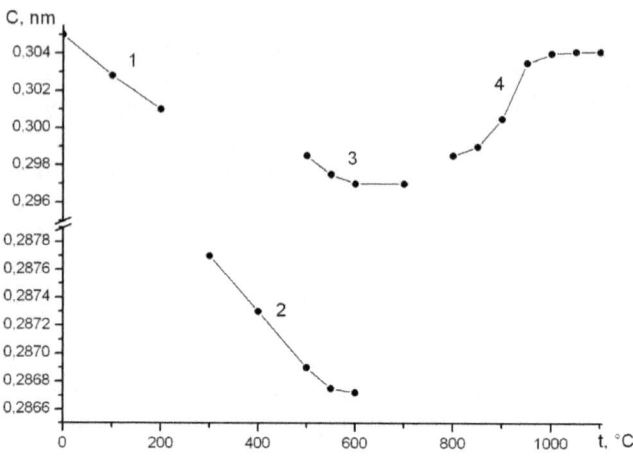

Figure 1. Lattice parameter change of martensitic phases when tempering: primary quenched α-martensite (1); tempered χ-martensite (2); secondary quenched martensite (3); α-martensite, that was formed as a result of cooling in liquid nitrogen after heating up to γ-solid solution instability range.

The diffraction pattern changes qualitatively corresponded to the three-phase high-carbon martensite decomposition pattern [3], whereby during the low-temperature tempering two α-solid solutions ($α_1$- and χ- phases) with carbon content less than in the initial austenite were formed at the first stage of decomposition. The presence of the tempered χ-martensite reflections only on the diffraction pattern was the sign of the first stage decomposition completion. The reflections of α-, $α_1$- and χ- phases were overlapped. Overlapping has not allowed determining the crystalline structure parameters in the tempering range of (200-300) °C with the sufficient accuracy.

At the second (one-phase) martensite decomposition stage the further α-solid solution depletion occurred. As a result the tempered χ-martensite parameter $c_χ$ has decreased (figure 1, curve 2). From the heating temperature of 450 °C the χ-phase reflections intensity was decreasing, and reflections completely disappeared at 700 °C. Such diffraction pattern change corresponded to the reverse α-γ-transition realization, which took place simultaneously with the second stage quenched martensite decomposition.

The further heating of the quenched alloy up to (500-520) °C has turned it to the residual austenite thermal instability range. During cooling from the mentioned range the additional martensite with lower carbon content in comparison with quenched martensite, was formed (figure 1, curve 3). The γ-α-transition completeness in the residual austenite that was depleted by carbon in the instability range was higher than at primary quenching.

As a result of carbon re-dissolving in γ-phase, which was extracted from the solution in the austenite instability range (heating above 750 °C), the martensite parameter c_α was increasing and was approaching to the primary quenching martensite parameter (figure 1, curve 4).

Concluding remarks. The thermal instability interval of carbon γ-solid solution was partially overlapped by the reverse α–γ–martensitic transition interval in high-carbon Fe - 9.7 wt. %Ni - 1.54 wt. %C alloy. This led to the following direct martensitic transition activation in phase-hardened austenite. Martensitic transition in investigated alloy can pass in three ways: under cooling at liquid nitrogen (primary quenching), under heating from primary quenching temperature (isothermal γ–α–transition), and under cooling up to room temperature from γ–solid solution instability interval temperature (secondary quenching). Crystalline martensitic structures, which were obtained during the initial austenite quenching in liquid nitrogen and other were formed after the further cooling from the austenite carbon depletion range and their lattices orientations relatively to the initial austenite lattice had differences, caused by only by the different carbon content.

References

1. Jago R.A. & Rossiter, P.L., 1982, *Phys. status solidi A*, **73,** 497.
2. Abrachas, J.K. & Paskover J.S., 1969, *Trans. Met. Soc. AIME*, **245,** 4.
3. Li D.F., Zhang X.M., Gautier E. & Zhang J.S., 1998, *Acta Materialia*, **46,** 13.
4. Krauss G., 1999, Materials Science and Engineering A, **273-275,** 25.
5. Sagaradze V.V., Danilchenko V.E., L'Heritier Ph. & Shabashov, V.A., 2002, *Materials Science and Engineering A.,* **337,** 146.
6. Danilchenko V.E. & Iakovlev V.E., 2009, *Zeitschrift fur Kristallographie*, **30,** 285.
7. Reed R.P. & Schramm R.B., 1969, *J. Appl. Phys.*, **40,** 14.
8. Lysak L. I., Nikolin B. I., 1975, Physical principles of steel heat treatment, Kyiv.

Клишин А.П., Мытник А.А.
Томский государственный педагогический университет
MytnikAA@gmail.com

МОДЕЛИРОВАНИЕ ДЕЯТЕЛЬНОСТИ УЧЕБНОГО ПОДРАЗДЕЛЕНИЯ В УСЛОВИЯХ ВОЗРАСТАЮЩЕГО ПОТОКА ИНФОРМАЦИИ

Быстрый рост объема поступающей информации, необходимый для успешного функционирования современного вуза, вызывает соответствующий рост числа вспомогательного персонала, занятого в основном на этапе сбора информации, ее доставки и обработки. Это вызывает изменения в инфраструктуре вуза, влияет на структуру затрат, в том числе и на удорожание подготовки специалистов в высшей школе. В результате проведения многочисленных реформ в российской системе образования заметно возрос объем информации, циркулирующий в учебных подразделениях, и требования к ее обработке [1]. Организация качественного учебного процесса на основе современных моделей обучения требует детального и глубокого анализа информации о каждом студенте, что также ведет к значительном увеличению потока обрабатываемых данных.

Цель настоящей работы заключалась в разработке комплексной модели поведения учебного подразделения для совершенствования программного пакета E-Decanat. Разработаны основные компоненты бизнес-модели деятельности деканата: дерево и модели бизнес-процессов, стратегические цели и показатели, организационная структура, системная архитектура. Практика эксплуатации созданной информационной системы E-Decanat показала, что разработка и внедрение комплексной бизнес-модели значительно повышает эффективность работы и менеджмента учебного подразделения, обеспечивает устойчивое организационное и технологическое развитие [2-5].

В настоящее время большинство современных программных продуктов, сферой применения которых является обработка данных деканатов, разрабатываются без учета предварительного моделирования программных нагрузок, анализа документационного обеспечения, и не имеют в своем наличии подобного функционала. Как правило, данная работа требует множества ручных операций и занимает множество ресурсов. В рамках данной работы проводилось сравнение и анализ наиболее часто используемых в области образования программных приложений: «Интеграл», «УИС учебные заведения», «Университет», «GS-ведомости».

На рисунке 1 показаны основные классы предметной области, которые реализованы в информационной системе E-Decanat. Факультет осуществляет подготовку выпускников по набору специальностей и направлений (бакалавриат и магистратура). Обучение происходит на потоке, разбитом на группы, занимающиеся по соответствующим учебным планам. На рисунке 2 представлена модель основных бизнес-процессов учебного подразделения (деканата). Срок обучения разбит на сессии, в конце которых в соответствии с учебным планом проводятся контрольные мероприятия: экзамены и зачеты. Полученные результаты заносятся в учебные и академические ведомости, по которым в системе автоматически определяются рейтинговые показатели. В течение учебной сессии проводится контрольная точка, результаты которой также заносятся в соответствующую ведомость.

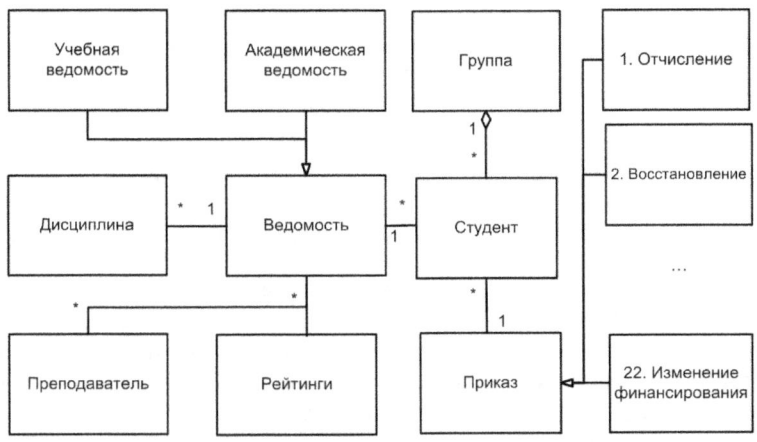

Рис.1. Основные классы предметной области

Для достижения поставленной цели реализована программная библиотека, содержащая алгоритмы статистического анализа, и разработана математическая модель обработки потока управленческой информации и т.д. Это позволило разработать программное дополнение к пакету E-Decanat, реализованное в виде библиотеки java-классов. При разработке были использованы IDE NetBeans, MS SQL Express Edition, СУБД MySQL. Предложенное решение является кросс-платформенным и опирается на открытые стандарты свободного программного обеспечения, что заметно расширяет сферу его применения для нужд высшего профессионального образования.

Опыт внедрения и эксплуатации информационной системы показывает, что успешное использование программы для управления учебным процессом на основе компетентностного подхода позволяет увеличить скорость принятия управленческих решений в среднем на 45% для большинства задач подразделения [5].

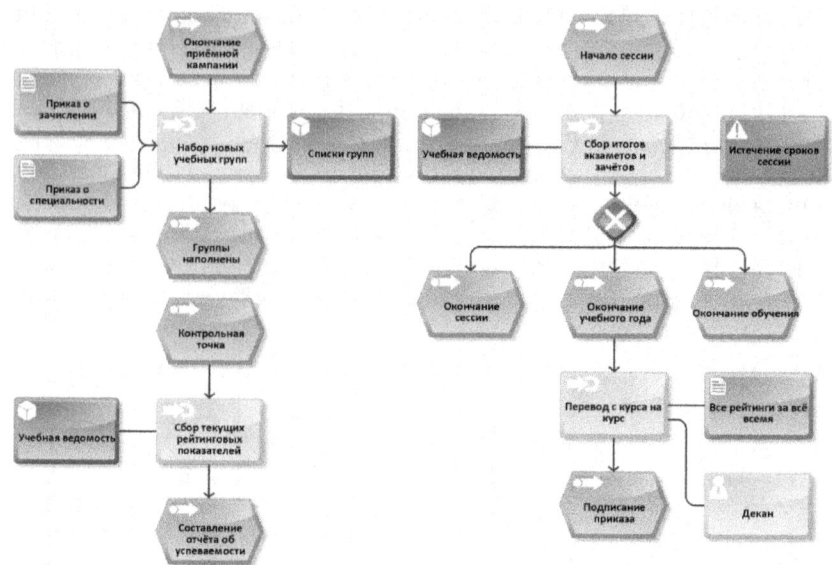

Рис. 2. Модель бизнес-процессов деканата в нотации еЕРС

И в тоже время, благодаря эффективному использованию мобильного клиента информационной системы, имеется возможность дополнительно повысить оперативность в принятии управленческих решений. В настоящее время усовершенствованный программный продукт успешно эксплуатируется на ряде факультетов Томского государственного педагогического университета.

Литература

1. Фионова Л.Р., Золотова Т.А. Разработка компонентов информационной системы для управления учебным процессом на основе компетентностного подхода // Информатизация образования и науки, Т.12, №4, – 2011. – С.14-28.

2. Вендров А.М. Проектирование программного обеспечения экономических систем. Современные методы и средства проектирования информационных систем. – М.: Финансы и статистика, 2006. – 544 с.

3. Адаманский А.В. Информационная модель управления высшим учебным заведением // Вестник НГУ, Т.8, Вып. 3, 2010. – С. 55-65.

4. Клишин А.П., Мытник А.А. Информационная система E-Decanat 2.0 // Материалы всероссийской научно-методической конференции "Телематика 2012" – СПб.: Изд-во СПбГУ ИТМО, 2012. – С. 206-207.

5. Мытник А.А., Клишин А.П., Опыт внедрения информационной системы E-Decanat 2.0 для автоматизации учебным процессом в ТГПУ // Вестник ТГПУ, Вып. 1 (129), 2013. – с. 184-187.

Ибрагимова К.Г.
старший преподаватель кафедры теории и практики перевода факультета иностранных языков Московского авиационного института (национального исследовательского университета)

СПОСОБЫ ПРЕОДОЛЕНИЯ МЕЖЪЯЗЫКОВЫХ ЛАКУН ПРИ ПЕРЕВОДЕ АНГЛО-АМЕРИКАНСКОЙ ПРАВОВОЙ ТЕРМИНОЛОГИИ

Общеизвестно, что глобализация в современном мире ведет к сближению разных культур. Однако в процессе межъязыковой и межкультурной коммуникации возникают ситуации непонимания, языковых и культурных конфликтов. Обеспечение взаимопонимания между представителями разных лингвокультурных общностей – задача переводчика, который должен не только владеть иностранным языком, но и понимать своеобразие языковой и концептуальной картин мира носителей другого языка, уникальность той или иной культуры.

Во время контакта культур с разными правовыми системами, традициями и нормами возникают несовпадающие элементы, отражающие специфику определенной лингвокультурной общности, т.е. *лакуны*. Феномен лакун исследуется в рамках философии культуры, культурологии, этнопсихолингвистики, лингвокультурологии, теории перевода. Ж.-П. Вине и Ж. Дарбельне писали: "each source language has its gaps, which are not necessarily the same as those of the target language. Translators must be aware of the fact that in the source language there are words which do not have a match in the target language" (*«каждый исходный язык имеет свои пробелы, которые не обязательно совпадают с пробелами в языке перевода. Переводчики должны осознавать тот факт, что в исходном языке есть слова, которые не имеют соответствия в языке перевода» перевод наш*) [6, 65]. Исследователи определяли лакуны как «анти-слова, словарные пробелы, «белые пятна на семантической карте языка», незаметные изнутри, например человеку, владеющему только одним языком» [2, 120], «термин для того, что есть в одной локальной культуре и чего нет в другой» [1, 20], «отсутствие межъязыкового соответствия в одном языке относительно другого» [3, 45] и др. В теории перевода проблема лакунарности исследуется с позиции этнопсихолингвистического подхода, при этом лакуна понимается как «семантическая величина межкультурной разницы, измеряющаяся разницей в структуре денотативного значения, которая зависит в первую очередь от контекста» [5, 42]. С точки зрения теории перевода представляют особый интерес межъязыковые лакуны, которые «выделяются на фоне безэквивалентных единиц и взаимно предполагают друг друга» [3, 46]. Под межъязыковой лакуной мы понимаем отсутствие эквивалентного соответствия языковой единицы в одном языке на фоне другого языка, обусловленное национально-культурной спецификой и выявляющееся только при контакте двух или нескольких лингвокультур.

Сопоставлять системы юридических терминов и понятий в русском и английском языках достаточно сложно, так как необходимо учитывать расхождения в правовых системах. В англо-американской юридической терминологии существуют термины, отражающие правовую практику только в одной англоязычной стране, не имеющие аналогов в русской терминосистеме и являющиеся, таким образом, лакунами. Например, понятия *palimony (pal + alimony) – алименты бывшему сожителю или сожительнице, партнеру по незарегистрированному браку (назначаются судом), plea-bargaining – переговоры о заключении сделки о признании вины* – реалии американской правовой системы, не имеющие соответствий в российском праве. Некоторые термины имеют аналог в российской правовой системе, но их семантическая структура не совпадает. Например, *murder – тяжкое убийство (совершенное с заранее обдуманным злым умыслом), manslaughter – непреднамеренное убийство (без злого умысла), matricide – убийство собственной матери, mariticide – убийство мужа, mayhem – нанесение увечья* и т.д.

Стремление к достижению взаимопонимания между двумя лингвокультурными общностями приводит к необходимости преодоления или элиминирования лакун. Выделяют два основных способа элиминирования: *заполнение* и **компенсацию** [1, 89]. Проиллюстрируем способы элиминирования лакун, возникающих на стыке разных правовых систем, следующими примерами:

- ***заполнение-перевод при помощи транскрипции или транслитерации***. Например, *атторней, роббери, фелония, мисдиминор, фригольд* и др. Данный прием позволяет переводчику передать лексическую единицу достаточно компактно и часто применяется для передачи терминов или новых явлений, появившихся в языке путем заимствования. Например, *харассмент, импичмент, диффамация* и др.

- ***заполнение-перевод при помощи приема калькирования*** с сохранением национально-специфического компонента. Например, *Miranda rule (Правило Миранды)* – один из часто употребляемых терминов американского права, причем используется он не только в специальном контексте, но и в художественной литературе, прессе, фильмах. При этом способе элиминирования лакуны сохраняется национальная специфика термина, однако не каждый реципиент перевода поймет суть понятия.

- ***заполнение-комментарий*** (поверхностное или глубокое заполнение в виде ссылки или примечания). Приведенный выше пример целесообразно сопроводить пояснением, а порой уместно в тексте сделать сноску в виде лингвострановедческого комментария: *в соответствии с так называемым «правилом Миранды» доказательство вины обвиняемого* является неприемлемым, если обвиняемый еще до допроса не был предупрежден о своих конституционных правах – хранить молчание и праве на адвоката. Эти права были сформулированы Верховным судом США в деле «Эрнесто Миранда против штата Аризона».

- заполнение в виде смешанного перевода (путем калькирования или транскрипции/транслитерации и добавления комментария). Данный вид элиминирования лакун можно встретить в словарях, специальных текстах, иногда в художественных текстах, когда требуется толкование или комментарий термина. Например, *felony – фелония (категория тяжких преступлений, по степени опасности находящаяся между государственной изменой и мисдиминором), misdemeanor – мисдиминор (категория наименее опасных преступлений, граничащих с административными правонарушениями).*

- компенсация (подбор аналогичного понятия в языке перевода без сохранения национального компонента). Например, *Attorney-General – Генеральный прокурор.* Отметим, что данный способ элиминирования лакун в юридической терминологии не является достаточно продуктивным, поскольку при переводе не отражаются особенности правовой картины мира языкового и культурного сообщества.

Можно заключить, что лакуны могут стать препятствием для взаимопонимания представителей разных культур, но переводчик, как посредник в процессе диалога между представителями стран с разными правовыми системами и правовыми картинами мира, может найти способы преодоления сложностей, создаваемых национально-специфическими различиями контактирующих культур.

Список литературы:

1. Марковина И.Ю., Сорокин Ю.А. Культура и текст. Введение в лакунологию: учеб. пособие. – М.: ГЭОТАР-Медиа, 2008. – 144 с.
2. Степанов Ю.С. Французская стилистика (в сравнении с русской). – М., Едиториал УРСС, 2003 – 360 с.
3. Стернин И.А. Контрастивная лингвистика. Проблемы теории и методики исследования. – М.: АСТ: Восток-Запад, 2007. – 288 с.
4. Bryan A. Garner. A Dictionary of Criminal Law Terms. West Group. St. Paul, Minnesota, 2000. 750 pp
5. Panasyuk I. L. Definition of the Lacuna Phenomenon in the Theory of Translation/Место феномена лакунизации в теории перевода// Вопросы психолингвистики № 3. 2009. С. 42-46
6. Vinay J.-P., Darbelnet J. Comparative Stylistics of French and English: A Methodology for Translation. [Stylistique Compare du Francais et de l'Anglais. Methode de Traduction]. Translated and edited by Juan C. Sager and M.-J. Hamel. Benjamins Translation Library, 11, 1995. 359 pp.

Терешкина Д.Б.
к.ф.н., доц. Новгородского государственного университета им. Ярослава Мудрого (Великий Новгород)
terdb@mail.ru

ЧЕТЬИ-МИНЕИ И РУССКАЯ СЛОВЕСНОСТЬ НОВОГО ВРЕМЕНИ

Русская литература (как и русская мысль в целом) евангелецентрична [1]. Священное Писание стояло во главе угла русской ментальности. В отличие от него, Священное Предание существовало как авторитетный текст, но находящийся как бы вне обсуждения. Четьи-Минеи (сборник житий святых, расположенных по дням памятей на каждый день каждого месяца года), особенно после создания Дмитрием Ростовским в к. XVII – нач. XVIII в. их наиболее полной редакции, стали в Новое время для русскоязычной среды одним из концептуальных текстов. Четьи-Минеи пользовались огромной популярностью и переиздавались множество раз, будучи постоянно редактируемыми и видоизменяемыми.

Однако наши исследования проблемы влияния Четьих-Миней на русскую словесность выявили гораздо более сложную картину бытования концептуального текста русской культуры, чем это представлялось ранее. Тезисно обозначим выявленные особенности.

1.   Жития святых являются своего рода «образцовыми» текстами, имеют неполемический характер. Вследствие этого прямых философских отсылок к ним крайне мало – как к материалу, не продуктивному для дискуссий.

2.   Представляя «положительных», «образцовых» героев, а также относясь к официальной религиозной литературе, Четьи-Минеи оказались гораздо более востребованными в «низовой» среде, будучи популярными в том числе за счет своих, полных чудес и героизма святых, сюжетов. В среде светской интеллигенции (с петровских времен поддерживающей в целом антиклерикальный способ мышления) авторитет Четьих-Миней был несравненно ниже. Обращение к житийной модели человеческого бытия происходило, как правило, в поздние (либо относительно зрелые) периоды творчества автора; это наблюдается по отношению ко всем без исключения фигурам русской (прежде всего светской) словесности.

3.   При этом книги Четьих-Миней, вследствие своей дороговизны, были мало доступны низовым кругам читающей публики. Нами de visu исследованы десятки томов Четьих-Миней (изучались прежде всего владельческие, вкладные записи, прочие пометы вида, способа, интенсивности, среды и характера их использования); были изучены также описи различных библиотек и книжных собраний (в том числе личных). Оказалось, что Четьи-Минеи редко где имелись полным комплектом; в личных собраниях изредка встречаются лишь отдельные тома (чаще всего

– на ту или иную четверть года). Стоит отметить, что Четьи-Минеи, тем не менее, распространялись в народе очень широко и самыми разными способами: чтением одного тома многими пользователями (в том числе в среде состоятельного и грамотного населения), устными пересказами, рукописными сборниками, включающими выписи из четьих-миней и других житийных сборников, серийными дешевыми изданиями отдельных наиболее популярных житий, сборниками избранных житий для учащихся, «благочестивых детей» и т.д. Судя по вкладным записям отдельных книг Четьих-Миней, они покупались за немалую плату и хранились в семье, передаваясь по наследству, дарились вкладами в церковь или монастырь, хранились у старосты в конторе и читались многими жителями поселения и т.д. Немалое значение имела литургическая практика: упоминание главных эпизодов жития на службе в церкви в день поминовения святого.

4. Визуальный тип народной культуры предполагал усвоение житийного материала посредством его иконописного воплощения. Минейные (соборные) иконы, житийные иконы, где в клеймах излагались подвиги святого, создавали свой сюжет жития, а конкретный набор икон в церкви, куда регулярно ходили одни и те же прихожане, создавал и свою, местную «минею», где за каждым святым с его именем закреплялось название его по главному житийному подвигу (Пантелеймон-целитель, Анастасия-узорешительница и др.). Каждого святого «знали в лицо» (так, одна из информанток в Нижегородской губернии сказала про св. Наума: «А я такого святого еще ни разу не видела»[2]), каждый день года имел своего святого-покровителя, свои приметы, в которых совмещались два календаря – природный и сакральный, дополнявшие друг друга.

5. Четьи-Минеи имели энциклопедический характер. Весь корпус их текстов, как энциклопедия, как словарь, живет как пассивный запас, актуализирующийся в особых случаях, в том числе художественных задачах. Жития «популярных» святых (определившихся исторически) живут в народе и его словесности.

6. Четьи-Минеи представляют собой гипертекст. Каждое житие в их составе имеет ссылки на другие агиографические памятники, отражает поэтику уподобления и вечной повторяемости судеб в именах и житийных подвигах. Четьи-Минеи представляли возможности читать их в нелинейной последовательности, избирая нужное в данное время, данному читателю. Понятие «гипертекст» отнюдь не является лишь принадлежностью текстового пространства лишь книжного и лишь энциклопедически организованного. Уже давно говорится о гипертексте в устном народном творчестве[3].

7. Четьи-Минеи представляют собой явление национальной *книжности*, а не только *круга чтения*. Важно подчеркнуть особую значимость понятия «книжность» в истории любого народа. В отличие от *круга чтения*, имеющего непостоянный состав и стремительно

меняющийся в зависимости от потребностей читающей публики и множества прочих обстоятельств (моды, тиража, действия цензуры и проч.), *книжность* всегда национальна и представляет собой поступательно развивающуюся традицию. Четьи-Минеи по одному этому признаку не могли не стать органичной частью русского менталитета.

8. Дмитрий ростовский как святитель и составитель Четьих-Миней стал первым канонизированным святым Нового времени. Это во многом определило начало традиции осмысления в русской словесности сакральности поэта (согласно афоризму «Поэт в России – больше, чем поэт»), его положения пророка, развитой и закрепленной русской литературой.

9. Степень влияния Четьих-Миней на русскую словесность зависела от литературных направлений и общественных движений, но лишь отчасти. Интенсивное обращение к религиозным вопросам могло проявляться в *ориентированных* текстах (например, у славянофилов), которые часто были далеки от художественного совершенства и воспринимались церковью как нежелательное духовное творчество светских авторов; зачастую ориентированные тексты были не собственно литературного свойства: письма, эссе, очерки, философские трактаты, публицистические заметки и проч. Гораздо более системный (и при этом скрытый) характер *минейный код* имел в *диффузных* текстах, «растворяющих» в себе житийные традиции в их четь-минейной модели.

10. Выделить «маркеры присутствия» четь-минейного текста сложно. Все сюжеты, мотивы и проч. чреваты необязательностью и гипотетичностью. Приходится ограничиваться знаковыми элементами интертекста и вводить так называемые «смысловые пятна», или *минейный код текста*. В случае с Четьими-Минеями это: *имена, церковные праздники, биографически житийная схема* (в том числе смерть или гибель героя, особенно если она нетипична), *система персонажей как система имен собственных и житий тезоименитых святых, семья героя* и его связь с родственниками как отражение «модели собора», *красота героя* (в том числе или прежде всего духовная) как выражение его житийной ипостаси и особо отмечаемая автором, *абстрагированность* (как только герой уходит от реальности и становится выше земного – его жизнь превращается в житие; все «любимые автором», «ищущие» герои таковы), *радость* как превалирующее состояние героя и как модус его восприятия жизни. Ключевым понятием минейного кода в тексте становится *язык, слово* как единственно адекватное отражение «культурной памяти» народа, одним из концептов которой стали Четьи-Минеи.

Литература

1. Христианство и новая русская литература XVIII – XX веков: Библиографический указатель. Спб., 2002.

2. Фольклор Сосновского района Нижегородской области // Фольклорное наследие Нижегородского края. Т. 1. Нижний Новгород, 2013. С. 270.

3. Иванова А.А. Гипертекстовые системы как феномен локальной фольклорной традиции. [Эл.ресурс] Режим доступа: http://kizhi.karelia.ru/library/ryabinin-2003/8.html.

Checheleva V.N.

PhD, Moscow State Pedagogical University

vn.checheleva@m.mpgu.edu

RECEPTION OF ANTIQUITY IN T. L. PEACOCK'S PROSE

Ancient literature is admittedly a major part of world cultural heritage. The reception of antiquity had some specific aspects in the XIXth century. That time all great English writers – G. G. Byron, P.B. Shelley, J. Keats, Lee Hunt – applied to ancient literature and culture.

T. L. Peacock (1785-1866) is among these writers who admired antiquity. In his essay *The Four Ages of Poetry, 1820* he interpreted ancient and modern literature progress in the context of Hesiod's myth of civilization cyclical progress. Peacock's idea of cyclicity applied to literature progress joins together some heterogeneous elements of his conception (genre, style, concept of author, ethic, form modifications). The English writer detailed four ages of poetry – *iron, golden, silver, and brass* – and determined ancient literature progress owing to genre modifications. For example, *golden age* is successively represented by Homer's heroic epos, Pindar and Alcaeus' lyric poetry, Aeschylus and Sophocles' tragic poetry, Herodotus' historical poetry.

There are some aspects of Peacock's reception of antiquity applied to his novels: tradition of antique genres, characters, antique allusions, poetics of citation of ancient texts, poetics of epigraphs, author comment.

There are some genres of ancient literature implied in Peacock's novels, such as philosophical dialogue, symposium, Menippean satire, Old comedy.

Peacock followed the tradition of Plato philosophical dialogue in its multitone, melodiousness, and specific structure – there are exposition, representation of different points of view, agon, and exodium in it. Peacock also followed the tradition of Lucian dialogue in his synthesis of philosophical dialogue and satire. This idea was expressed for example in the dialogue *Parliamentary Wisdom* in the novel *Gryll Grange, 1861* by means of paradoxical interpretation of serious topic of water pollution. Peacock followed the tradition of Menippean satire in introduction in the text lots of reminiscences of ancient poetry. Some elements of language and style were synthesized in Peacock's novels to travesty tragic plot as Menippus had done it. There is a sort of comic effect in combining/mixture of tragedy and epic style with unceremonious words and word expressions, application of grand style to low situations.

The English writer inherited the tradition of Old Comedy, the Aristophanes comedy of *Golden age*. Peacock interpreted its aesthetic principles in his way. The play *Aristophanes in London* of *Gryll Grange* is a parody of the spiritualistic seance. The mythological Gryll was introduced achievements of modern civilization. He rejected and ridiculed all of them because of its viciousness and perversity. Peacock introduced Chorus in his play as it was in Aristophanes comedy who commented all the acts. He was sure the comedy was the perfect art form combining verbal, musical, and art elements. The content of Peacock's play *Aristophanes in London* was one of Aristophanes'.

Poetics of citation of ancient texts is other aspect of Peacock's reception of antiquity. A citation has some functions such as the epithet, the comparison, the contrasting, the metaphor, the hyperbole. Peacock intended to produce effects of the irony, the grotesque, the parody etc. The citation in this context represents some significant problems of the XIXth century England while comparing with the ancient ideal and aesthetic archetypes.

The ancient epithets characterize Peacock's inner life, interests, aesthetic preferences, so it is possible to declare his personal characteristics as Hellenic admirer. Moreover, Peacock often translated ancient texts by himself to use them as epithets.

It was significant for Peacock to revive not only an ancient form or model but *poetic spirit of Antiquity*, because he defined modern literature as 'no poetical' in his literary conception.

Магомедова А.Н., Эмирова Д.Г.
доцент, кандидат филологических наук, доцент кафедры английского
языка;
студентка 3 курса факультета востоковедения
ФГБОУ ВПО «Дагестанский государственный университет», Россия
an-dsu@mail.ru

АФРОАМЕРИКАНСКИЙ ДИАЛЕКТ

Все черные субкультуры США предпочитают использовать в разговоре афроамериканский диалект (African American English – AAVE). Афроамериканский диалект является одним из диалектов американского английского языка, который используется афроамериканцами рабочего класса в повседневной жизни. Как и другие американские диалекты, афроамериканский диалект является систематичным вариантом языка, с собственным набором правил, который отличается от других диалектов фонетикой, лексикой и грамматикой.

Изучение афроамериканского диалекта началось в 1960 г. и первоначально использовались такие термины как Negro Speech или Negro English. В 1970 г. появились термины Black English или Black English Vernacular – BEV (просторечный черный английский), которые использовались до 1980 г. В середине 1980-х гг. предпочтительным термином стал афроамериканский английский (African-American), и до 1991 г. лингвисты употребляли термин Афроамериканский просторечный диалект (African American Vernacular English – AAVE).

Откуда взялся Black English лингвисты до сих пор толком не знают. Не могут даже прийти к согласию, как этот феномен относится к литературному английскому. Одни, самые экстремисты, считают, что это отдельный язык. Другие называют его диалектом – но диалект понятие областное, а не национальное, да еще несет в себе неполиткорректное значение неправильности, отклонения от нормы. К тому же, в Нью-Йорке, Техасе, Алабаме есть свои местные, так сказать вариации. Сленгом «черный английский» тоже не назовешь, тем более что и собственный сленг в его системе тоже имеется и называется jive – а есть и стандартная форма языка, так говорят в черной негритянской церкви. Словом, ученые осторожно называют Black English афроамериканским вариантом английского языка, по-английски variety – слово подходящее, поскольку политкорректное: пусть расцветают «сто цветов». А само явление гораздо глубже, чисто языковая загадка, потому что в нем намешано множество социальных, этнических, культурных, политических веяний и проблем; добавить извечный вопрос расовых отношений – получается гремучая смесь.

Black English является уже на протяжении многих лет источником заимствования значительного числа лексических единиц в американский английский язык. Во многом благодаря влиянию афроамериканской культуры и особого образного переосмысления слов, американский английский стал тем, что он является вариантом, отличным от исторического английского Британских островов настолько, что еще с конца XX века его начали рассматривать как самостоятельный язык.

Тем не менее, следует помнить о том, что заимствование слов Black English в американский английский есть обратный процесс, и что большая часть словаря самого Black English состоит из лексических единиц литературного английского языка, которые зачастую были заимствованы не в своем прямом значении, а в составе метафорической или метонимической группы, или являлись продуктом семантического сдвига того или иного типа.

Каковы же мотивы, побуждавшие носителей Black English расширить его словарь методом активнейшего заимствования единиц американского английского? Можно говорить как о сугубо языковых причинах, так и о причинах экстралингвистического характера. К числу первых можно отнести:

- ограниченность лексического запаса и его неадекватность в процессах обозначения новых предметов;
- потребность в синонимах, связанную с тенденцией аффективных слов терять свою выразительность;
- недостаточную дифференцированность семантических полей тех или иных лексических единиц Black English.

Языковая ситуация также влияет на мотивы и характер лексической интерференции. Если носитель только одного языка пользуется только исконным лексическим материалом и заимствованиями, которые были переданы ему предшественниками, то в ситуации билингвизма двуязычный индивид использует в качестве источника лексических инноваций еще один язык. Кроме того, в условиях ситуации билингвизма лексическая интерференция может быть обусловлена социокультурными причинами.

Говоря о последних, следует упомянуть социальную значимость языка-источника, когда заимствование происходит по мотивам престижа, и прямо противоположные цели, когда другой язык связан с неблагоприятными ассоциациями.

Наконец, может иметь место заимствование слов другого языка под влиянием аффекта, когда внимание говорящего отвлекается от формы и содержания сообщения.

Роль вышеперечисленных факторов легко прослеживается в лексических заимствованиях, благодаря которым словарь Black English пополнялся за счет литературного английского языка. Итак, экстралингвистическими причинами лексических заимствований в Black English из литературного английского языка являются:

- социальный престиж владения литературным английским языком;
- неблагоприятные ассоциации, обусловленные историей появления и существования афроамериканской диаспоры;
- состояние аффекта.

Таким образом, самая крупная этническая группа США – афроамериканцы – создала свой особенный язык Black English, который не понимают белые американцы. Лексический состав этого диалекта пополняется за счет преобразования значений существующих в языке слов, путем словотворчества, использования графических символов или цифр вместо понятий. Язык молодежных субкультур тесно связан с общим молодежным сленгом, воровским жаргоном, профессиональным арго, заимствует слова из этих языковых вариантов и поставляет новую лексику. В тематическом плане в сленге молодежных субкультур можно выявить слова, обозначающие названия субкультуры и лексические единицы, обозначающие атрибутику субкультур.

Хамитова А.Р.

аспирант, Самарский филиал государственного бюджетного образовательного учреждения высшего профессионального образования города Москвы «Московский городской педагогический университет» Alsou163@mail.ru

ПРОБЛЕМЫ ДОСТИЖЕНИЯ АДЕКВАТНОСТИ ХУДОЖЕСТВЕННОГО ПЕРЕВОДА
(На материале сценариев американских и советских анимационных фильмов)

В настоящей работе рассматривается проблема адекватности перевода сценариев анимационных фильмов с английского языка на русский.

Исследование текста анимационных фильмов имеет относительно не давнюю традицию. Но язык анимационных фильмов всегда привлекал внимание не только филологов, но также и философов и поэтов, политиков и литераторов, идеологов и воспитателей, учителей и методологов гуманитарных специальностей.

Анимационный кинотекст представляет собой особый вид кинотекста [3,21]. В анимационном фильме мы сталкиваемся с изображением куклы или рисунка, денотирующим некий условный либо реальный объект посредством подобия. Наиболее характерны для анимационного кинотекста такие черты как членимость, связность, проспекцию и ретроспекцию, антропоцентричность, информативность, системность, целостность.

Проблема достижения адекватности перевода художественного текста обусловлена сложной природой данного феномена, находящегося в зависимости от целого ряда факторов как интралингвистического (языкового), так и экстралингвистического (внеязыкового) характера, что, несомненно, воплощается в специфике деятельности переводчика, осуществляющего их необходимую интеграцию в процессе разного рода грамматических преобразований.

Важное значение при преводе сценариев анимационных фильмов является сохранение экспрессивности при переводе текста киносценария. Фраза из советского мультфильма «Крокодил Гена»: «Опять чебурахнулся. Какой Чебурашка!» на английский была переведена так: «Plump down again. Such a Cheburashka!». Слово *чебурахнулся* – диалектизм, означающий "упасть", а от него образовано существительное (синоним названия *ванька-встанька*), которое впоследствии и стало именем главного героя. К сожалению, на другой язык перевести это диалектное слово не представляется возможным, поэтому в английском языке имя *Чебурашка* не несет дополнительного смысла. «Малыш и Карлсон»/ Karlsson-on-the-Roof– экранизация известной книги шведской писательницы Астрид

Линдгрен. «Спокойствие, только спокойствие», «Пустяки, дело житейское» — стандартные поговорки Карлсона для оправдания промахов или в напряженных ситуациях. Перевод: «Such is life». Переводчик использует прием генерализации – вид трансформации, когда в переводе происходит замена исходного слова или словосочетания, более общим. Вариантными соответствиями могут служить предложения: life's like that, so goes the world, that's the way the ball bounces.

Перевод неологизмов, афоризмов, пословиц и поговорок, клишированных оборотов весьма сложен для переводчика. В мультипликационном фильме «Шрек» главная героиня за обеденным столом издает неприличный звук, на что Шрек произносит такую фразу: «Better out than in».На русский язык она переводится так: «Я всегда говорю, что не нужно все держать в себе». В данном случае переводчики не смогли передать игру слов. Реплика Шрека является перефразированной английской поговоркой Better late than never ("Лучше поздно, чем никогда").

Квалифицированный перевод должен сохранять оригинальные шутки и каламбуры, а стихи передавать также стихами. В мультфильме «Мадагаскар» главный герой, Марти, выражает свои мысли стихами:

When a zebra's in the zone,
Leave him alone.

При переводе на русский язык произошло замещение слов, но смысл, как и рифма, сохранился: «Если я в астрале весь – не лезь».

Интересен перевод аббревиатур с английского языка на русский. Аббревиатуры и сокращения обнаруживают целый ряд грамматических особенностей. Несмотря на то, что существуют довольно многочисленные, хотя и фрагментарные, исследования, посвященные проблемам аббревиации в современных языках, сокращенные лексические единицы остаются во многих отношениях загадкой в лингвистическом плане. «Great soup, Mrs. Q» - так в анимационном фильме «Шрек» осел обращается к королеве. Узнать, что скрывается за эти сокращением, довольно легко: Mrs. Q–госпожа королева (Queen). Другое дело, что его намного сложнее перевести. Само это выражение показывает, что осел является персонажем неграмотным, незнакомым с правилами этикета. Чтобы не потерять динамику высказывания, переводчики образуют неологизм, который и является способом показать уровень образованности персонажа: «Дивный суп, ваше тридевячество».

Для каждого общества характерно наличие многочисленных территориальных, социальных, профессиональных, возрастных и других различий, которые находят отражение в особенностях употребления языковых средств отдельными группами людей. К тому же, одни и те же люди могут по-разному использовать язык в разных социальных ситуациях, что обусловлено не только социальными факторами, но и своеобразием индивидуально-личностного мироощущения.

Таким образом, оптимальность перевода обусловлена не только знанием ал-горитмов "чужой" культуры, но также столкновением ментальных пространств автора исходного текста (ИТ) и его переводчиков, то есть их инди-видуально личностных особенностей.

Подводя итог, можно сказать, что перевод кино- и видеопродукции имеет ряд своих специфических особенностей, не учитывая которые невозможно сделать адекватный, качественный и правильный перевод.

Литература

1. Бахтин М.М. Эстетика словесного творчества. М.: Искусство, 1979. 423 с.
2. Лотман Ю.М. Семиотика кино и проблемы киноэстетики // Лотман Ю.М. Об искусстве. СПб., 1998. С. 288 – 373.
3. Слышкин Г.Г., Ефремова М.А. Кинотекст (опыт лингвокультурологического анализа). М.: Водолей Publishers, 2004.

Источники текстовых примеров

4. http://lingualeo.ru/r/vk-endaily

Дудникова М.В.
магистрант, Астраханский государственный университет
Приорова И.В.
доктор филологических наук,
профессор кафедры общего языкознания и речеведения,
Астраханский государственный университет

СОЦИОЛОГИЗАЦИЯ ЯЗЫКОВОЙ ИГРЫ В ИНТЕРНЕТ-ПРОСТРАНСТВЕ

Языковая игра становится сегодня особенно популярной в русскоязычном интернете благодаря комичности, возникающей при «столкновении» или «сращении» двух несвязанных смыслов и возникновении третьего как результата эффекта неожиданности. Цель большинства пользователей социальных сетей, основную часть которого составляют молодые люди и студенты, - развлечение и поиск позитивного контента. С этой функцией успешно справляются сообщества, распространяющие простые однотонные открытки с несколькими словами (от одного до пяти) с использованием языковой игры, стремительно увеличивая число своих подписчиков. Прием языковой игры оказывается актуальным в сегодняшней действительности и находит положительный отклик у молодёжной аудитории. Именно с ней в первую очередь заинтересованно работают организации, обеспокоенные социальными проблемами российского общества и занимающиеся созданием социальной рекламы. Однако использование лингвистического приёма языковой игры имеет свою специфику из-за особенностей интернет-среды и ментальной ориентации её пользователей. Жесткий, а порой жестокий, болезненный юмор вскрывает самые острые и злободневные проблемы молодежной аудитории российских интернет-пользователей.

Тексты открыток позволяют выделить несколько основных тем:
первая – личностная: страх влюбиться и быть к кому-либо привязанным («Влюбийство», «Не забудь разлюбить меня утром», «Я тебя блюю», «Я тебя гублю», «Мой ненаблядный») и отрицание брака (надпись «Вы обречены» на фоне картинки с обручальными кольцами);
вторая – социальная: равнодушие окружающих, желание поделиться своими проблемами («Всё плохорошо», «Гавнодушие», «Мне плохуй», «Я отлично играю в похер») и алкоголь как возможность убежать от них («Запей на проблемы», «Вперед и спейся», «Буходной», «Этанол красоты»),
третья – физиологическая: недовольство своей фигурой, обжорство («Пожуем увидим», «Огни ночного голода», «Голодильник») и желание отоспаться («Диплом о высшем недосыпании», «Мне на всё наспать», «Повернуть бы время вспать», «Накройся идеалом»);

четвёртая – философская: неприятие окружающего мира и себя в нем («Чувство собственного отстоинства», «Fuck тебе в руки», «Ты никакой, как все», «Чашка утреннего депрессо», «Давно ненавиделись»),

а также аллюзии на популярные интернет-мемы («Ломай меня подлостью» («Ломай меня полностью»), «Жир-боль» («Жизнь – боль»), «Тлен-брюле», «Всетенная» («Всё тлен»)).

Несмотря на общую негативную коннотацию, модное явление использования языковой игры в интернете отражает большой потенциал возможностей смеха, пусть и «сквозь слёзы», для решения проблем, которые актуализируются в форме социальной рекламы.

Во-первых, все-таки существует часть позитивных открыток такого типа, как «Замечтательство», «Недообнимание» (здесь смысловой оттенок в желании объятий, а не в отторжения окружающих, как в предыдущих примерах), «Просто будь совой» (аллюзия на культ сов в российском интернете). Подобные примеры свидетельствуют о возможности использования приёма в позитивном контексте.

Во-вторых, такой подвижный, живой информационный поток интернет-пространства позволяет точнее определять острые социальные проблемы, волнующие молодых людей, нуждающихся в помощи прямо сейчас.

В-третьих, тенденция создания и популяризации в интернете открыток с использованием языковой игры подтверждает эффективность этого приёма для привлечения внимания, актуализации информации и подачи проблемных сообщений в неожиданной форме. Кроме того, сама среда интернета определяет специфику аудитории и её мыслительную ориентацию, способствуя получению обратной связи в мгновенной реакции на созданный контент.

Приведенные примеры ярко отражают несовпадение идеалов в интернет-среде, к примеру, российской и американской ментальности, когда аудитория особенно чувствительна к неискренним улыбкам, скрывающим реальные проблемы. Российские интернет-пользователи отказываются доверять пустым слоганам и картинкам, и требуют более осторожного отношения к форме подаваемой информации. Однако положительные коннотации при восприятии информации гораздо предпочтительнее для вступления в контакт и дальнейшее сотрудничество с аудиторией. Масс-медиа - один из важнейших общественных институтов, которые оказывают решающее влияние на формирование как взглядов и представлений общества, так и норм поведения его членов [4, с. 101]. Умение прислушиваться к информационным потокам, создаваемым в интернет-пространстве, умелое использование актуальных тенденций позволит сделать инструмент социальной рекламы с языковой игрой более гибким и востребованным, а потому более популярным и эффективным.

Особенность рекламного продукта в нашей стране с учётом своеобразия российской ментальности заключается не в   использовании «чужих» рациональных и шокирующих стереотипов, а в глубоком эмоциональном воздействии, основой для которого в полной мере становится «своя» богатая платформа образов и ассоциаций, хранящихся преимущественно в фольклоре, объединяющем ключевые характеристики русского человека и, в первую очередь, его души. Концепция русского риторического идеала только подтверждает, насколько важно человеку с российским менталитетом общение на уровне эмоций и глубинных образов, особенно в моменты решения проблем, касающихся общества в целом.

Сегодня, когда   аудио-визуальные компьютерные технологии в своём развитии неизменно продвигаются вперед и способны укрупнить любой образ, став его неразрывной частью, вербальная составляющая социальной рекламы должна обратиться к истокам ценностей и переживаний человека, живущего в России, к основам его мироощущения и восприятия действительности. Умение работать с подсознанием человека, понимание взаимодействия его ассоциаций с его оценками и суждениями – ключ к эффективности социального послания. Только осознав *свой* менталитет, *свою* культуру и принимая их за приоритетные при создании *своего* продукта и достижения *своих* целей, сфера российской социальной рекламы сумеет стать инструментом решения проблем общества, оставаясь в гармонии с ним.

Список литературы

1. Михайлов, Н. СМИ в эпоху глобализации: актуальные аспекты [Текст] / Н. Михайлов // Журналист. – 2008. – № 6. – с. 26

2. Приорова, И.В. «Чужие» штампы как нейтрализация «своего» в культурно-историческом   осмыслении современного речетворчества [Текст] / И.В. Приорова, Сохранение культурного наследия и проблемы фальсификации истории. Материалы всероссийской молодежной конференции в рамках фестиваля науки (19 – 21 сентября 2012)/ ред. А.П. Романова, М.Н. Громов. – Астрахань: Издательский дом «Астраханский университет», 2012, Том 1, – С. 99-102

3. Приорова, И.В. Функционально-коммуникативные свойства несклоняемых имён в языке и речи [Текст] : монография / И. В. Приорова. – Астрахань : ИД «Астраханский университет», 2010. – 161 с.

4. Раренко, М. Б. Речь в СМИ (Сводный реферат) [Текст] / М. Б. Раренко // Социальные и гуманитарные науки. Отечественная и зарубежная литература. Сер. 6, Языкознание : РЖ / РАН. ИНИОН. Центр гуманит. научно.-информ. исслед. Отд. языкознания. – М., 2008. – № 4. – С. 101–105.

Сажин В.Б.

доктор технических наук, профессор; РИИФ «Научная Перспектива»

Сажин Б.С.

доктор технических наук, профессор; Текстильный институт им. А.Н. Косыгина Московского государственного университета дизайна и технологий

электронная почта: sazhin@muctr.ru; vbs@vicman.net

ОПРЕДЕЛЕНИЕ ТЕПЛОФИЗИЧЕСКИХ ХАРАКТЕРИСТИК МАТЕРИАЛОВ КАК ОБЪЕКТОВ ТЕРМО-ВЛАЖНОСТНОЙ ОБРАБОТКИ

Для выполнения тепловых расчетов сушильных аппаратов необходимо знать теплофизические характеристики (теплоемкость c, теплопроводность λ и температуропроводность a) высушиваемых материалов, от которых зависит выбор рационального метода и режима сушки материала. Так, решение вопроса о возможности применения для сушки конкретного продукта аппаратов с активными гидродинамическими режимами зависит не только от диффузионного сопротивления, определяемого внутренней пористой структурой материала, но и от его способности воспринимать необходимое для сушки количество тепла [1,448c.; 2,288c.; 3,509c.]. Тепловые характеристики необходимо знать также при обработке результатов экспериментальных исследований процессов тепло- и массообмена, определении механизма переноса тепла во влажном материале, анализе форм и видов связи влаги с материалом и т.д. [4,145c.; 5,228c.; 6,410-418c.; 7,776c.].

Тепловые свойства дисперсных материалов и протекающие в них тепловые процессы описываются при помощи термических коэффициентов теплопроводности λ, температуропроводности a и объемной теплоемкости $c\rho$, связанных между собой соотношением:

$$\lambda = a\,c\,\rho \qquad (1)$$

Расчет температурных полей в слое дисперсного материала сводится к решению дифференциального уравнения:

$$\lambda\left(\frac{\partial^2 t}{\partial x^2} + \frac{\partial^2 t}{\partial y^2} + \frac{\partial^2 t}{\partial z^2}\right) = c\rho\,\frac{\partial t}{\partial \tau} \qquad (2)$$

В отличие от монолитных тел, термические коэффициенты которых при постоянной температуре - величины постоянные, для дисперсных материалов теплофизические коэффициенты заметно изменяются в зависимости от влажности и пористости. При повышенных температурах, особенно в случае влажных тонкодисперсных материалов, теплофизические коэффициенты зависят также и от коэффициентов переноса влаги.

Поэтому изучение теплофизических характеристик влажных материалов должно сочетаться с установлением зависимостей тепловых коэффициентов от указанных факторов.

Очевидно, что коэффициент эффективной теплопроводности $\lambda_э$ должен зависеть от теплопроводности частиц $\lambda_ч$, пористости ε, влажности ω и температуры t.

$$\lambda_э = f(\lambda_ч, \varepsilon, \omega, t) \qquad (3)$$

Влияние каждого из перечисленных факторов непостоянно, оно зависит от соотношения между остальными факторами, от абсолютного значения показателя.

Теплопередача в дисперсных системах осуществляется следующими путями: теплопроводностью самих частиц материала, теплопроводностью газа в порах, теплопроводностью зазора между частицами, контактной теплопроводностью, конвекцией в среде газа, излучением от частицы к частице.

Из-за своей сложности вопрос о зависимости тепловых характеристик дисперсных материалов от влажности теоретически рассмотрен очень слабо. Проведенные исследования указывают на возможность установления общей для всех материалов формулы:

$$\lambda = \lambda_0 \left(\frac{d\lambda}{d\omega} \right) \omega, \qquad (4)$$

где λ_0 и λ коэффициент теплопроводности соответственно сухого и мокрого материала; $d\lambda / d\omega$ - прирост теплопроводности на 1% объемной влажности.

Предполагаемая формулой линейность соблюдается при значениях пористости не более 50% в приближении, достаточном для ориентировочных расчетов.

Многочисленные попытки дать универсальную зависимость $d\lambda / d\omega$ для различных материалов оказались безуспешными.

Информация о теплофизических свойствах необходима для выбора рационального теплового режима переработки, что, в свою очередь, должно приводить к повышению эффективности производства и повышению качества продукта.

Методы определения теплофизических характеристик подразделяют на две группы, согласно теоретическим принципам, положенным в их основу [1-5; 8,319с.; 9,336с.]. Это методы основанные на принципе стационарного теплового режима и методы основанные на принципе нестационарного теплового режима.

Путем сравнительного анализа нами выделены методы создания теплового импульса на поверхности образца, которые в своей основе реализуют период начальной стадии разогрева, когда $F_0 < 0,5$. Температурное поле в материале в начальный период носит неустановившийся характер. Несмотря на кратковременность опыта и возможность определения всех трех тепловых характеристик за один опыт, эти методы до настоящего времени имеют ограниченное распространение, так как в большинстве из них требуется точное согласование измеренных временных промежутков и соответствующих им температур, а также знание точных координат установки датчика. Кроме того, в период разогрева очень большую роль играет начальное распределение температур и собственные характеристики источников тепла.

Все это требует довольно сложного аппаратурного оформления: несложная по конструкции измерительная ячейка обрастает целым комплексом измерительной и регулирующей температуры. Поэтому импульсные методы применяются преимущественно в научных лабораториях. Однако наметившаяся тенденция позволяет надеяться на распространение методов теплофизических измерений, основанных на начальной стадии теплообмена.

Метод создания теплового импульса на поверхности образца путем стыка с эталоном [8]. Если два тела с различной температурой привести в соприкосновение, то изменение температуры в каждом из них во времени описывается следующей математической зависимостью:

$$t = A + Bx + C\frac{2}{\pi}\int_{0}^{\frac{x}{\sqrt{4a\tau}}} e^{-\frac{x}{\sqrt{4a\tau}}} d\left(\frac{x}{\sqrt{4a\tau}}\right) \qquad (5)$$

$$t = A + Bx + Cerf\left(\frac{x}{\sqrt{4a\tau}}\right) \qquad (6)$$

Расчетные зависимости, выражающие изменение температуры во времени внутри образцов в точках, расположенных соответственно на расстояниях +X и –X от плоскости соприкосновения X=0, имеют вид:

$$t_1 = t_{x=0} = (t_{H1} + t_{x=0})erf\left(\frac{x}{\sqrt{4a_1\tau}}\right); \qquad (7)$$

$$t_2 = t_{x=0} = (t_{H2} + t_{x=0})erf\left(\frac{x}{\sqrt{4a_1\tau}}\right). \qquad (8)$$

Температура в плоскости контакта определяется из условия непрерывности теплового потока:

$$\lambda_1\left(\frac{\partial t}{\partial x}\right)_{x=+0} = \lambda_2\left(\frac{\partial t}{\partial x}\right)_{x=-0}. \qquad (9)$$

После некоторых преобразований получается следующее выражение для температуры поверхности соприкосновения:

$$\frac{t_{H2} - t_{x=0}}{t_{x=0} - t_{H1}} = \frac{\lambda_1}{\lambda_2}\sqrt{\frac{a_2}{a_1}} = b, \qquad (10)$$

откуда

$$t_{x=0} = \frac{t_{H1}b + t_{H2}}{1 + b}. \qquad (11)$$

Из уравнения (7) находят α_1 по измеренным температурам стержня в точке x для любого τ и по температуре стержня t_{H1} перед стыком. Аналогично определяется a_2 из уравнения (8). Затем по измеренным температурам из уравнения (10) находится b, после чего при заданной теплоемкости $c\rho_1$ вычисляется $\lambda=a_1c\rho_1$.Затем из уравнения (10) находится λ_2, и наконец, $c\rho_2$.

Несмотря на удобство метода с точки зрения аппаратурного оформления и математической обработки результатов измерения, для влажных дисперсных материалов он малопригоден, так как предполагает идеальный контакт между стыкующимися образцами, т.е. отсутствие теплового сопротивления на границе соприкосновения. Применительно к зернистым средам это условие выполняется очень трудно, что является источником существенных погрешностей.

На основе анализа существующих методов нами рекомендуется (наряду с методом двух температурно-временных точек) импульсный метод плоского источника тепла [9], основанный на решении одномерного уравнения теплопроводности для неограниченного тела, если в нем в течение времени τ_0 действует плоский источник тепла.

Импульсный метод плоского источника позволяет определить все три теплофизических коэффициента порознь, а его главные недостатки - необходимость точно фиксировать момент наступления максимума температуры, а также потребность в больших объемах исследуемого вещества (что несколько компенсируется возможностью определять тепловые характеристики при различных, наперед задаваемых порозностях материала).

Если плоскость действия источника совпадает с плоскостью *yz* и проходит через точку $x_1=0$, то значение максимума избыточной температуры $\Delta t_{max} - t_0$ на расстоянии *x* от нагревателя будет соответствовать определенному моменту времени:

$$\Delta t_{\max} = \frac{q}{2c\rho\sqrt{\pi a}} \int_0^{\tau_0} \exp\left[-\frac{x}{4a(\tau_{\max}-\tau_0)}\right] \cdot \frac{d\tau}{\sqrt{\tau_{\max}-\tau_0}} \qquad (12)$$

Дифференцируя выражение (12) по $\tau_{\max}$ и приравнивая производную $d(\Delta t_{\max})/d\tau_{\max}$, получим условие экстремума зависимости избыточной температуры от времени в точке *x* неограниченного тела:

$$\ln\frac{\tau_{\max}}{\tau_{\max}-\tau_0} = \frac{x^2}{2\alpha}\left(\frac{1}{\tau_{\max}-\tau_0} - \frac{1}{\tau_{\max}}\right) \qquad (13)$$

Из уравнений (12) и (13) вытекают следующие формулы для определения теплофизических коэффициентов:

$$a = \frac{x^2}{2\tau_0}\cdot\varphi_\alpha; \quad \lambda = \frac{qx}{\Delta t_{\max}}\cdot\varphi_\lambda'; \quad c\rho = \frac{2q\tau_0}{x\Delta t_{\max}}\cdot\frac{\varphi_\lambda'}{\varphi_\alpha}; \qquad (14)$$

Значения параметров φ_λ' и φ_α табулированы в зависимости от параметра $\varphi_0 = \tau_0/\tau_{\max}$ [9].

При использовании импульсного метода плоского источника тепла требуется довольно точная фиксация времени, соответствующего максимальной температуре в сечении, где установлена термопара. Этот максимум, в случае плохих проводников тепла, очень пологий, и экстремальные значения соизмеримы со случайными выбросами отдельных точек.

Разработан и вполне успешно используется в практической исследовательской деятельности экспериментальный стенд, обеспечивающий надежность и воспроизводимость измерений, а также прецизионность последующих расчетов. Стенд включает аналоговый измерительный блок (учитывающий особенности влажных дисперсных материалов как объектов теплофизических измерений при использовании как импульсных, так и монотонных нагревателей), компьютер, а также блок детектирования и сопряжения сигналов.

Литература

1.   Сажин Б.С., Сажин В.Б. Научные основы техники сушки. М., Наука, 1997, 448 с.

2.   Красников В.В. Кондуктивная сушка. – М.: Энергия, 1973. – 288 с.

3.   Sazhin B. S., Sazhin V. B. Scientific Principles of Drying Tecnology. Begell House, Inc., New York · Connecticut (USA) · Wallingford (UK), 2007, 509 pp. (I-IX pp.: Contents & Introduction)

4.   Волькенштейн В.С. Скоростной метод определения теплофизических характеристик материалов. – М.: Энергия, 1971. – 145 с.

5.   Гинзбург А.С., Красовская Г.И., Громов М.А. Теплофизические характеристики пищевых продуктов. – М.: Пищевая промышленность, 1980. – 228 с.

6.   Буевич Ю.А., Казенин Д.А., Прохоренко Н.Н. К модели теплообмена развитого псевдоожиженного слоя с погруженной поверхностью. – ИФЖ, 1975, №3, с. 410-418.

7.   Сажин Б.С., Сажин В.Б. Научные основы теровлажностной обработки дисперсных и рулонных материалов. М.: Химия, 2012. 776с.

8.   Осипова В.А. Экспериментальное исследование процессов теплообмена. –М.: Энергия, 1979. – 319 с.

9.   Шашков Г.А. и др. Методы определения теплопроводности и температуропроводности / Под ред. А.В. Лыкова. – М.: Энергия, 1973. – 336 с.

Содномова С.К.

доцент, к.э.н., Байкальский государственный университет экономики и права

sodnomovask@mail.ru

Грошева Е.В.

соискатель ученой степени кандидата экономических наук, Байкальский государственный университет экономики и права

Ekaterina.v.grosheva@gmail.com

АНАЛИЗ РОЛИ КОНСОЛИДИРОВАННЫХ ГРУПП НАЛОГОПЛАТЕЛЬЩИКОВ РОССИЙСКОЙ ФЕДЕРАЦИИ В ФОРМИРОВАНИИ НАЛОГОВЫХ ДОХОДОВ БЮДЖЕТОВ

Стремление привести российское налоговое законодательство в соответствие с международными нормами, действующими во многих странах, привело к закреплению в Налоговом кодексе Российской Федерации (далее – НК РФ) и введению в действие с 2012 года новых глав, посвященных вопросам принципов определения взаимозависимости лиц; контроля над ценами в сделках между взаимозависимыми лицами; системе консолидированного налогообложения.

Эти новации законодательства призваны повысить конкурентоспособность российской налоговой системы в борьбе за привлечение инвестиций в основной капитал.

Рассмотрим более подробно роль консолидированных групп налогоплательщиков (далее – КГН) в формировании доходной базы бюджетов различных уровней.

КГН – это добровольное объединение налогоплательщиков налога на прибыль организаций на основе договора о создании КГН в целях исчисления и уплаты налога на прибыль организаций с учетом совокупного финансового результата хозяйственной деятельности.

Создание КГН возможно при соблюдении строгих юридических и финансовых критериев, установленных НК РФ. Помимо дополнительных ограничений к видам экономической деятельности для участников КГН, НК РФ требует 1) не менее 90 процентов преобладающего участия одной организации в капитале других организаций; 2) не менее 10 млрд. руб. уплаты совокупной суммы налогов в год; 3) не менее 100 млрд. руб. суммарного годового объема выручки и прочих доходов; 4) не менее 300 млрд. руб. совокупной стоимости активов.

По этим показателям создание КГН возможно только крупнейшими налогоплательщиками страны. Объединение в КГН произошло в основном в нефтегазовом секторе, металлургии и связи.

Рассмотрим динамику роста числа участников КГН по федеральным округам в России в 2012-2013 годах (Табл. 1).

Таблица 1
Исследование распределения числа участников КГН по федеральным округам

Федеральный округ	Число участников КГН (ед.)		Прирост числа участников КГН (ед.)	Распределение участников по федеральным округам, доля %		Изменение в структуре числа участников, %
	2012 г.	9 мес. 2013 г.	за 9 мес. 2013 г.	2012 г.	9 мес. 2013 г.	за 9 мес. 2013 г.
Центральный	365	539	174	23,4%	24,4%	1,0%
Северо-Западный	261	391	130	16,7%	17,7%	1,0%
Северо-Кавказский	62	70	8	4,0%	3,2%	-0,8%
Южный	157	200	43	10,1%	9,1%	-1,0%
Приволжский	313	401	88	20,1%	18,2%	-1,9%
Уральский	145	232	87	9,3%	10,5%	1,2%
Сибирский	137	236	99	8,8%	10,7%	1,9%
Дальневосточный	119	138	19	7,6%	6,3%	-1,4%
Итого	1 559	2 207	648	100,0%	100,0%	0,0%

Таким образом, наибольшее число участников различных КГН зарегистрировано в Центральном, Приволжском и Северо-Западном федеральных округах. В сумме их доля по состоянию на 01.10.2013 г. составляет 60,3 процента. Данные таблицы проиллюстрированы на рисунке (Рис. 1).

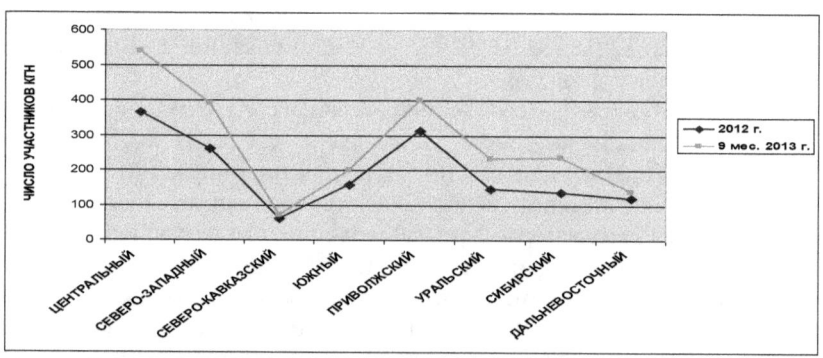

Рис. 1 Динамика роста числа участников КГН по федеральным округам в 2012-2013 гг.

Создание КГН в России в настоящее время предусматривает консолидацию только по налогу на прибыль организаций. После регистрации КГН налогоплательщиком налога на прибыль по КГН и лицом, наделенным правом выступать от имени КГН в отношениях с налоговыми органами, становится ответственный участник КГН.

Рассмотрим роль КГН в формировании доходной базы консолидированного бюджета РФ по налогу на прибыль организаций (Табл. 2).

Таблица 2

Оценка роли КГН в поступлениях налога на прибыль организаций

Российская Федерация	2012 г. (тыс. руб.)	Доля КГН, %	9 м. 2013 г. (тыс. руб.)	Доля КГН, %
Налоговая база для исчисления налога	10 843 404 343	23,2%	6 944 442 703	22,5%
Сумма исчисленного налога на прибыль	2 100 524 389	20,6%	1 348 626 530	20,0%

Сделанные расчеты показывают, что одна пятая исчисленного налога на прибыль в России сформирована за счет участников КГН.

Рассмотрим динамику начислений по налогу на прибыль организаций по КГН за 2012-2013 гг. (Табл. 3).

Таблица 3

Исследование начислений по налогу на прибыль по КГН

Показатель	2012 г. (тыс. руб.)	9 мес. 2013 г. (тыс. руб.)
Налоговая база для исчисления налога	2 513 674 660	1 563 472 633
Сумма исчисленного налога на прибыль – всего	482 297 678	300 893 029
в том числе: в федеральный бюджет	50 273 493	31 269 453
в бюджеты субъектов Российской Федерации	432 024 186	269 623 574
Сумма налога, выплаченная за пределами Российской Федерации и зачтенная в уплату налога	1 028 731	754 252
в том числе в федеральный бюджет	102 948	75 514
Сумма налога на прибыль к доплате – всего	338 126	68 972 150
в том числе в федеральный бюджет	315 118	7 021 996
Сумма налога на прибыль к уменьшению - всего	24 642 615	3 555 035
в том числе в федеральный бюджет	2 300 094	415 726
Сумма недопоступления налога в связи с применением пониженной ставки налога, установленной законами субъектов Российской Федерации	20 437 253	11 801 498

Сумма налога на прибыль к доплате рассчитывается как сумма исчисленного налога на прибыль за вычетом суммы начисленных авансовых платежей и суммы налога, выплаченной за пределами РФ за налоговый (отчетный) период. Отрицательная величина данного показателя признается суммой налога на прибыль к уменьшению.

Законами субъектов РФ может устанавливаться инвестиционная льгота по налогу на прибыль (путем снижения ставки налога на прибыль не более чем на 4,5 процентных пункта). За период 2012-2013 гг. размер данной льготы, предоставленной участникам КГН, в сумме составил 32,2 млрд. руб.

Законодательное закрепление в России системы консолидированного налогообложения по налогу на прибыль направлено на предоставление возможности участникам КГН увеличить свободные финансовые ресурсы за счет суммирования прибылей и убытков внутри группы. Направление высвобождаемых ресурсов в российскую экономику в виде инвестиций в основной капитал – насущная необходимость, продиктованная высокими ставками по привлеченным финансовым ресурсам и высокой степенью изношенностью основных фондов в стране.

В заключение подчеркнем, что рост числа консолидированных групп налогоплательщиков в России и предоставление выгодных условий для инвестирования средств в стране может способствовать сокращению вывоза капитала за рубеж и стать катализатором роста для российской экономики.

Список использованной литературы:

1. Федеральный закон от 16.11.2011 г. № 321-ФЗ «О внесении изменений в части первую и вторую Налогового кодекса Российской Федерации в связи с созданием консолидированной группы налогоплательщиков» // КонсультантПлюс URL: http://base.consultant.ru/cons/cgi/online.cgi?req=doc;base=LAW;n=121774 (дата обращения 18.12.13).

2. Отчеты о налоговой базе и структуре начислений по налогу на прибыль организаций (Форма № 5-П) по состоянию на 01.01.2013 г. и на 01.10.2013 г. // Официальный сайт ФНС России URL: http://www.nalog.ru/rn38/related_activities/statistics_and_analytics/forms/ (дата обращения 10.02.14).

3. Отчеты о налоговой базе и структуре начислений по налогу на прибыль организаций по консолидированным группам налогоплательщиков (Форма № 5-КГН) по состоянию на 01.01.2013 г. и на 01.10.2013 г. // Официальный сайт ФНС России URL: http://www.nalog.ru/rn38/related_activities/statistics_and_analytics/forms/ (дата обращения 10.02.14).

Васильева А.Г.

кандидат экономических наук, доцент кафедры экономики и управления Российская академия народного хозяйства и государственной службы при Президенте РФ (Магнитогорский филиал)

agvasileva@inbox.ru

Кузнецова Н.В.

кандидат педагогических наук, доцент, Магнитогорский государственный технический университет

nina-kw@mail.ru

ФИНАНСОВАЯ УСТОЙЧИВОСТЬ КАК ФАКТОР КОНКУРЕНТОСПОСОБНОСТИ МИКРОФИНАНСОВЫХ ОРГАНИЗАЦИЙ: ТЕОРЕТИКО-МЕТОДОЛОГИЧЕСКИЙ АСПЕКТ

Нарастающая конкуренция на финансовом рынке, обостряемая приходом новых успешных конкурентов, заставляет руководителей микрофинансовых организаций (далее МФО) при выборе методов конкурентной борьбы связывать успех деятельности экономического субъекта с развитием бизнеса своих конкурентов, инвесторов и клиентов, а также с финансовой устойчивостью, являющейся на сегодняшний день одним из важнейших факторов конкурентоспособности.

Рассматривая существующие в экономической литературе точки зрения к трактовке понятия «финансовая устойчивость МФО» было установлено, что большинство ученых дают определение финансовой устойчивости как комплексной характеристике экономической деятельности МФО, показывающей ее конкурентоспособность, потенциал в деловом сотрудничестве и способность к саморазвитию. Все они, как правило, определяют финансовую устойчивость через показатели, характеризующие наличие, размещение и использование финансовых ресурсов, которые рассчитываются на основании бухгалтерской отчетности МФО на определенную дату. В частности, А.Д. Шеремет и Г.Н. Щербакова, рассматривая финансовую устойчивость МФО как обобщающую характеристику деятельности экономического субъекта, оценивают ее на основе следующих показателей: достаточности капитала, качества активов, ликвидности, уровня риска [3, 8]. Аналогично Г.С. Панова под финансовой устойчивостью понимает комплексное понятие, которое характеризуется системой показателей, отражающих наличие, размещение и использование финансовых ресурсов [2, 21].

Вышеприведенные точки зрения на сущность дефиниции «финансовая устойчивость МФО» различаются набором показателей, используемых для оценки финансового положения экономического субъекта. Не споря по существу с набором показателей, предлагаемых для оценки финансовой устойчивости, мы считаем, что только на их основе дать адекватную оценку финансовой устойчивости МФО достаточно сложно, поскольку: отсутствует четко установленный набор показателей, характеризующих финансовую устойчивость МФО; значения показателей не могут быть жестко заданными; не все факторы, влияющие на финансовую устойчивость, поддаются формализации и могут быть сведены к системе определенных показателей.

Также следует учитывать и точку зрения на трактовку понятия «финансовая устойчивость МФО» другой группы авторов, которые полагают, что оценить финансовое положение МФО, ее экономический потенциал и перспективы развития возможно исключительно на основе вербального анализа, принимая во внимание такие характеристики, как деловая репутация, длительность существования на рынке, авторитет руководителя и другие. Соглашаясь с мнением этой группы авторов в части важности учета влияния при оценке финансовой устойчивости факторов, не связанных напрямую с самой финансовой деятельностью МФО, по нашему мнению, абсолютизировать их нельзя. Они должны рассматриваться как дополнительные аргументы, которые могут изменить или укрепить мнение о финансовой устойчивости МФО, полученное на основании оценки ее имущественного и финансового положения и результатов финансовой деятельности.

Исходя из данных подходов к трактовке данного понятия, мы придерживаемся точки зрения О.Б.Волошиной [1] и определяем финансовую устойчивость МФО в качестве комплексной статичной характеристики ее возможности эффективно функционировать на рынке, выражающейся в системе финансовых и нефинансовых показателей деятельности, складывающихся под воздействием формализованных и неформализованных, общих и специфических факторов, связанных с внутренним управлением в МФО и взаимодействием с внешней средой.

Руководствуясь приведенным определением дефиниции «финансовая устойчивость МФО» и заинтересованностью указанных категорий экономических субъектов в качественной оценке конкурентоспособности организации, оказывающей услуги финансового характера, предлагаем методику интегральной оценки конкурентоспособности, опирающейся на расчет и оценку интегрального показателя конкурентных преимуществ финансовой организации.

В основе расчета интегрального показателя оценки конкурентных преимуществ микрофинансовых организаций лежит классификация факторов конкурентоспособности на две группы (финансовые и нефинансовые) и три подгруппы. Первые две подгруппы относятся к финансовой группе, следующая подгруппа - к нефинансовой. Первая подгруппа факторов – финансовая надежность, вторая подгруппа – эффективность деятельности организации, третья подгруппа – кадровый потенциал организации.

С учетом классификации факторов конкурентоспособность МФО можно представить в виде формулы, выразив факторы, отражающие ее конкурентоспособность, в числовых сопоставимых величинах:

$$K_c = Ф_н + Э_д + К_п,\qquad(1)$$

где Кс – конкурентоспособность МФО в баллах,
Фн – финансовая надежность МФО в баллах,
Эд – эффективность деятельности МФО в баллах,
Кп – кадровый потенциал МФО в баллах.

Приведенные подгруппы факторов являются основными при оценке конкурентоспособности МФО. Все они взаимодействуют друг с другом, но имеют различную степень влияния на конкурентоспособность. Степень влияния подгрупп факторов определена экспертным путем и отражена в методике путем включения в каждую группу факторов различного количества показателей и присвоения весовых значений количественным значениям факторов. Весовые значения подгрупп факторов выглядят следующим образом: финансовая надежность – 0,4; эффективность деятельности – 0,3; кадровый потенциал – 0,3.

Каждую подгруппу перечисленных факторов возможно представить в виде совокупности показателей, с помощью которых факторы раскрываются в полной мере. Для того, чтобы числовые значения показателей стали элементом методики оценки конкурентоспособности, необходимо не только сформировать систему показателей, но и сравнить полученные значения с нормативными или оптимальными (базовыми) значениями, которые могут изменяться в зависимости от поставленных целей и условий функционирования МФО, а затем выразить полученный результат в баллах. Следовательно, каждый показатель имеет фактическое и базовое значение, под которым понимается его нормативное или оптимальное значение.

Необходимым требованием предлагаемой методики оценки конкурентоспособности МФО является сопоставимость всех показателей оценки. Для этого их необходимо привести в единую систему измерения. С этой целью необходимо использовать перевод фактических значений показателей в баллы путем сравнения их с базовыми значениями. В случае попадания фактического значения в область нормативного или оптимального значения, данному показателю присваивается оценка в 1 балл; если же фактическое значение не входит в рамки базового, то коэффициенту присваивается 0 баллов.

Рассматривая финансовые показатели деятельности МФО, для оценки конкурентных преимуществ указанной категории экономических субъектов были отобраны восемь показателей (отбор проводился экспертным путем), перечень и базовые значения которых представлены в табл.

Таблица

Базовые значения показателей финансовой группы факторов
конкурентоспособности МФО

Показатели	Базовые значения показателей, %
Показатели надежности	
Достаточность капитала	10,0-11,0 и более
Автономность	-
Общая ликвидность	≥20,0
Максимальный размер кредитного риска	< 800,0
Показатели эффективности деятельности	
Доходность активов	7,0-18,0
Эффективность собственного капитала (рентабельность собственного капитала)	15,0-40,0
Эффективность использования активов	75,0-85,0
Маржа прибыли	3,0-18,0

Если все показатели финансовой группы факторов находятся в пределах базовых значений, то общая максимальная оценка финансовой надежности и эффективности деятельности будет равна 8 баллам. С учетом же весовых значений максимально возможные балльные значения составляют: надежность – 1,6 балла, эффективность – 1,2 балла.

Следующей подгруппой факторов конкурентоспособности МФО является кадровый потенциал. Эта категория отражает профессиональные, квалификационные, образовательные качества персонала, их развитие. Основными показателями, отражающими развитие кадрового потенциала, наиболее сильно влияющими на конкурентоспособность экономического субъекта, являются:

- доля работников МФО, имеющих высшее образование, в общей численности работников (оптимальное значение находится в пределах от 0,4 до 1);

- стабильность персонала, определяющая уровень постоянства, стабильности коллектива МФО, сохранение опытных работников внутри экономического субъекта (оптимальное значение равно единице, так как минимальное значение текучести равно нулю);

- укомплектованность, определяющая наличие вакантных мест в МФО, от наличия которых зависит загруженность персонала (оптимальное значение равно единице);

- повышение квалификации персонала, что отражает обновляемость знаний персонала, инновационный потенциал, прилив новых знаний в МФО (оптимальное значение должно составлять не менее 0,5).

Если фактическое значение показателей находится в указанных пределах, то этот показатель экономическому субъекту дает один балл. Максимальное значение развития кадрового потенциала МФО равно 4 баллам. С учетом весового значения балльная оценка данной подгруппы показателей равна 1,2.

Итак, максимально возможное балльное значение всей совокупности факторов равно 4,0 баллам. Если итоговое фактическое балльное значение конкурентоспособности МФО попадает в промежуток от 0 до 0,9 баллов, то такая финансовая организация относится к числу совершенно неконкурентоспособных; от 0,5 до 1,4 – неконкурентоспособных; от 1,5 до 2,4 – относительно конкурентоспособной; от 2,5 до 3,4 – конкурентоспособной; от 3,5 до 4,0 – высококонкурентоспособной.

Таким образом, рассмотренные теоретико-методологические аспекты оценки конкурентоспособности МФО, опирающиеся, прежде всего, на фактор финансовой устойчивости, позволяют с одной стороны оценить экономическим субъектам самостоятельно свои конкурентные позиции на рынке, а с другой – оценить действия конкурентов для последующего прогнозирования с целью реализации оптимального управления.

Литература

1. Волошина О.Б. Финансовое состояние коммерческого банка: Оценка и управление: Автореф.дис.канд.эконом.наук. – Саратов,2003. – 20с.

2. Панова Г.С. Анализ финансового состояния кредитной организации : учеб. пособие – М. : Финансы, 2009.

3. Финансовый анализ в кредитной организации : учебник для вузов / А.Д.Шеремет, Г.Н.Щербакова – М. : Финансы и статистика, 2012.

Татаровский Ю.А.
аспирант, Самарский государственный экономический университет
АНАЛИЗ ФИНАНСОВОГО СОСТОЯНИЯ ПРЕДПРИЯТИЯ КАК ОСНОВНОЙ ЭЛЕМЕНТ БИЗНЕС-НАЛИЗА

К разработанной за рубежом концепции бизнес-анализа, сегодня проявляется большой интерес, как со стороны научных кругов, так и со стороны представителей бизнес-структур. Безусловно, нельзя отрицать тот факт, что более чем двадцатилетнее развитие рыночных отношений в России привело к необходимости применения иного подхода к управлению компании. И не исключено то, что именно отсталость отечественной науки от передовых концепций, нежелание активно перенимать образовавшийся опыт, сотрудничать с зарубежными исследователями в области разработки новых подходов к управлению бизнесом и является причиной слабой конкурентоспособности продукции российских производителей, и более того, является следствием катастрофически низкого темпа роста экономики в 2013 году.

Следует отметить, что концепция бизнес-анализа имеет под собой солидную основу в виде непрерывного совершенствования методик финансового состояния, объектом которых в последнее время стали не только ретроспективные внутренние факторы, но и факторы внешней среды, такие как уровень инфляции, надежность дебиторов, отношения с кредиторами и проч. [1, 125]. Именно эволюция методических подходов к анализу финансового состояния, подготовило российских ученых и представителей бизнес-структур к принятию концепции, согласно которой анализу подлежит обоюдное взаимодействие организации и стейкхолдеров (юридических и физических лиц, на которых оказывает непосредственное влияние деятельность организации, и которые в свою очередь влияют на функционирование данной организации). [2,33]

В Таблице 1 рассмотрены группы основных стейкхолдеров, оказывающих наибольшее влияние на деятельность компании, а также система взаимных требований.

Таблица 1. Взаимные требования между организацией и ее основными стейкхолдерами

Требования организации к стейкхолдерам	Основные стейкхолдеры	Требования стейкхолдеров к организации
Льготные условия сотрудничества (скидки, отсрочки платежа, проч.)	Поставщики	Своевременная оплата отгруженной партии, увеличение объемов закупок, желание стать единственным поставщиком своего контрагента

Увеличение сроков и сумм кредитования при снижении ставок по кредиту	Банки и кредитные организации	Снижение риска утраты организацией платежеспособности и невозможности погашения своих долговых обязательств
Защита интересов и имущества предпринимателей от посягательств третьих лиц (в т.ч. и нелегального); создание благоприятного бизнес-климата и инфраструктуры	Государственные структуры	Обеспечение занятости населения, создание новых рабочих мест; уплата налогов в соответствующие бюджеты и фонды
Приверженность к торговой марке организации; поддержание постоянного уровня спроса, имеющего тенденцию к повышению	Потребители продукции	Оптимальное соотношение цены и качества; обновление и совершенствование выпускаемой продукции
Выполнение поставленных руководством задач и планов; повышение производительности и эффективности труда; проявление инициативы	Персонал организации	Достойная и своевременная оплата труда; вложение средств в обучение и повышение квалификации сотрудников

Как видно из рассмотренного выше примера, построение стратегии компании, направленной на достижение ключевых результатов, на основе удовлетворения требований основных стейкхолдеров вполне реально, посредством нахождения консенсуса во взаимных требованиях, что составляет основные должностные функции бизнес-аналитика. [2, 34]

Консенсус между организацией и поставщиком. Как правило, компания готова на большие объемы закупок, своевременные оплаты и отказ от рассмотрения коммерческих предложений других поставщиков в случае грамотной мотивации со стороны поставщика: предоставление скидок, отсрочек платежа, бонусов за отсутствие задолженностей сверх установленных лимитов и проч.

Консенсус между организацией и кредитными учреждениями. Принцип банковского ценообразования заключается в тезисе: чем выше риск, тем выше процентная ставка. Так, требование организации по поводу снижения затрат на привлечение средств может быть взаимовыгодно удовлетворено при условии, что компания предпримет меры по снижению риска своей деятельности, улучшит структуру баланса и направления использования активов.

Консенсус между организацией и государственными органами. Процветание и расширение (в т.ч. создание новых рабочих мест и повышение налоговых отчислений) компаний во многом зависит от деятельности органов власти в области улучшения бизнес-климата, создание бизнес-инфраструктуры, а также защиты интересов и прав компаний.

Консенсус между организацией и покупателями. Покупатели сохраняют свою приверженность к торговой марке в случае удовлетворения предъявляемых ими требований к продукции.

Консенсус между организацией и персоналом. Вне зависимости от вида деятельности, интенсивное повышение производительности труда персонала достигается путем инвестирования средств либо в автоматизацию производственных процессов, либо в обучение и повышение квалификации персонала компании.

Сформированная на основе найденных консенсусов модель бизнеса состоит из многих элементов, однако ведущим в них выступает финансовая модель бизнеса, представляющая собой способы привлечения средств для финансирования деятельности предприятия, пути поддержания ликвидности и финансовой устойчивости, организацию движения денежных потоков и проч.[2, 35]. Именно от финансовой модели зависят основные условия сотрудничества с поставщиками и покупателями, кредитными организациями, персоналом и государственными органами.

Выделение роли анализа финансовой модели в процессе бизнес-анализа оправдывает подход к определению бизнеса как к установленной собственниками и топ-менеджерами совокупности процедур и механизмов по привлечению и использованию финансовых ресурсов.

Определение финансов как системы взаимодействий между группами хозяйствующих субъектов в денежной форме, лишь подтверждает ведущую роль сбалансированности финансовых показателей в бизнес-анализе[3, с. 60].

Таким образом, целесообразно формулировать подходы к анализу бизнеса, сквозь призму анализа финансового состояния и финансовой модели бизнеса.

Литература:

1. Нечеухина Н.С. Информационное обеспечение бизнес-анализа для управленческих решений / Нечеухина Н.С.// Известия Уральского гос. экон. ун-та. 2009. Т.23. №1, с. 122-127

2. Бариленко В.И. Бизнес-анализ как новое направление аналитической работы /Бариленко В.И.// Сибирская финансовая школа, 2011, № 3 с. 32-35

3. Фомин, В.П. Анализ сбалансированности денежных потоков организации //Сибирская финансовая школа. - Новосибирск, 2011. - № 3. - С. 58 – 60.

Татаровская Т.Е.
аспирант, преподаватель, ФГБОУ ВПО Самарский государственный
экономический университет
tatarovskaya.tatyana@gmail.com

УПРАВЛЕНИЕ РИСКАМИ В МАЛОМ БИЗНЕСЕ

Малые предприятия являются одним из ведущих элементов современной экономики, однако, перспективы их функционирования полностью зависят от того, насколько эффективно ведется управление рисками. Согласно Обобщению практики применения законодательства ПЗ-9/2012 «О раскрытии информации о рисках хозяйственной деятельности организации в годовой бухгалтерской отчетности» выделяются следующие группы рисков: финансовые, в том числе рыночные, кредитные и риски ликвидности; правовые; страновые и региональные; репутационные.

Отсутствие на малых предприятиях квалифицированных специалистов, структурных подразделений по предупреждению, выявлению и анализу рисков не способствует обеспечению безопасности бизнеса [1, 118]. Среди основных угроз, идущих из внешней среды малого бизнеса, необходимо отметить:

1) захват рынков и ниш, в которых успешно вели деятельность, малые предприятия, сетевыми структурами;

2) недостаток информационной обеспеченности;

3) коррумпированность государственных органов;

4) угроза рейдерских захватов;

5) нечестные методы конкурентной борьбы и другое.

При этом необходимо отметить, что и во внутренней среде малого предприятия содержится значительное число источников риска. Среди них: неверная постановка целей и разработка стратегий; нерациональная организация бухгалтерского учета, низкая надежность и релевантность внутренней бизнес-информации [2, 199].

Все вышеперечисленное обуславливает необходимость организации такого управления рисками, которое, с одной стороны, обладало бы результативностью, выраженной как количественными, так и качественными показателями. С другой стороны, оцениваемым индикатором возможно считать эффективность как соотношение между достигнутыми результатами и затраченными ресурсами на их достижение.

Комплекс мероприятий, направленных одновременно как на управление рисками, так и на контроль за достижением поставленных целей формирует систему внутреннего контроля. В современных условиях в Российской Федерации необходимость формирования системы внутреннего контроля на малых предприятиях опирается не только на результаты исследований отечественных и зарубежных ученых, но и на требование со стороны федерального закона № 402-ФЗ от 06.12.2011г. «О бухгалтерском учете», вступившего в силу с 1 января 2013 года. Содержащаяся в нем статья 19 устанавливает обязанность по организации и осуществлению внутреннего контроля со стороны всех экономических субъектов, в том числе и в организациях малого бизнеса.

Ограниченность как финансового, так и человеческого потенциала требует от малого бизнеса поиска рациональных методик и инструментов для управления рисками. Одним из таких инструментов возможно считать матрицу рисков, которая представляет собой качественно-количественную шкалу вероятностей и последствий.

Составим матрицу рисков, присущих малому предприятия, которые могут нести угрозу сохранения непрерывности его деятельности (см. табл. 1). По вертикальной оси расположены вероятные неблагоприятные события для организации малого бизнеса. По горизонтальной оси расположены критерии последствий, измеряемые экспертным путем с использованием балльного метода (шкала от 0 до 8). Следовательно, для оси вероятных угроз: чем ниже значение, тем вероятнее наступление риска. Для оси последствий: чем ниже значение, тем незначительнее последствия.

Таблица 1

Матрица рисков малого предприятия

Показатели	Незначи-тельные	Минималь-ные	Критич-ные	Катастро-фические
Несвоевременная и неполная регистрация фактов хозяйственной жизни	1	2	3	4
Неэффективная управление источниками финансирования	2	3	4	5
Потеря активов (имущества)	3	4	5	6
Невыполнение обязательств	4	5	6	7
Неполучение доходов и нерациональное осуществление расходов	5	6	7	8

Исходя из полученных в матрице рисков значений подбираются необходимые контрольные процедуры. В частности, для угроз, имеющих высокие балльные значения по столбцам последствий «критические» и «катастрофические», требуются незамедлительные действия.

Представленная матрица рисков малого предприятия является наиболее простым способом оценки и выявления рисков. В целях совершенствования данной матрицы целесообразно добавить в нее перечень бизнес-процессов по горизонтальной оси, и на пересечении с вероятными неблагоприятными событиями установить отметку об их взаимосвязи.

Таким образом, при составлении матрицы рисков малого предприятия необходимо руководствоваться следующими принципами:

1) учет незначительных рисков;

2) корректировка контрольных процедур в случае появления новых факторов, влияющих на риск;

3) возложение ответственности за определенный риск на определенное лицо;

4) создание вертикали управления рисками;

5) непрерывность функционирования системы внутреннего контроля;

6) вариативность применения методик управления рисками;

7) непрерывное совершенствование управления рисками.

Следующим шагом, который необходимо предпринять, должно стать определение риск-аппетита – способности и желания компании принимать на себя определенные риски для достижения поставленных целей. Риск-аппетит предлагается оценивать следующими способами:

1. Качественная оценка. Проведение опроса, анкетирования руководства предприятия о неприемлемости различных рисков.

2. Количественная оценка. Определение риск-аппетита осуществляется в зависимости от приоритетных финансовых целей малого предприятия, которые могут быть выражены в достижении установленных финансовых показателей, соблюдения нормативов.

Управление рисками является одной из ведущих задач в организации малого бизнеса, поскольку только благодаря ему возможно снижение угроз, реализация потенциала и достижение поставленных целей.

Литература

1. Корнеева Т.А. Корпоративное управление и корпоративный контроль. - Экономические науки. - Самара, 2006. - № 2 (15). – С. 116 – 124.

2. Татаровская Т.Е. Создание системы внутреннего контроля на малых предприятиях. - Апрельские научные чтения имени профессора Гиляровской : материалы II Междунар. науч.-практ. конф. : в 2 ч. – Воронеж: Воронежский ЦНТИ – филиал ФГБУ «РЭА» Минэнерго России , 2013. – Ч. 1. – 199 с.

Шеховцова Л.В.
канд. экон. наук, доцент кафедры «Планирование, финансы и учет»
ГОУ ВПО НГАСУ (СИБСТРИН) г. Новосибирск
Шеховцова В.И.
студентка 2 курса направление «Менеджмент» ГОУ ВПО НГТУ
г. Новосибирск

МЕТОДИЧЕСКИЕ ПОДХОДЫ К УПРАВЛЕНИЮ РЕСТРУКТУРИЗАЦИЕЙ ПРЕДПРИЯТИЯ

Основной целью антикризисного финансового управления является разработка и реализация мер и мероприятий, направленных на быстрое восстановление платежеспособности и достижение достаточно стабильного уровня финансовой устойчивости, что и обеспечивает выход из кризисного финансового состояния.

С учетом этой цели на предприятии разрабатывается специальная программа антикризисного финансового управления при угрозе неплатежеспособности. Программа антикризисного финансового управления представляет собой часть финансовой стратегии предприятия. Программа включает систему методов предварительной диагностики угрозы неплатежеспособности и механизмов оздоровления предприятия, обеспечивающих его выход из кризисного состояния.

Анализ статей закона «О несостоятельности (банкротстве)» и практики арбитражных судов показал на то, что закон имеет явно «прокредиторскую» направленность [3]. Во время арбитражных процедур собственники практически отстраняются от управления предприятием. Интересы собственников и кредиторов совершенно противоположные. Первые стремятся увеличить стоимость предприятия, его потенциал; расчет по обязательствам желали бы ввести через реструктуризацию обязательств и на базе экономического роста при безусловном сохранении своего имущества. Они нацелены на сохранность имущества и развития бизнеса и своевременное действенное вмешательство в управление предприятием при злоупотреблениях и уничтожении имущества. Вторые же имеют только одну цель – любой ценой получить кредиторскую задолженность, ни сколько не думая о сохранности имущества предприятия, зачастую действуя в ущерб интересам собственника и даже государства, допуская при этом злоупотребления, халатное отношение к вверенному им в управление имуществу, откровенное «разбазаривание» активов предприятия. Такие действия приводят к конкурентному производству и ликвидации предприятия.

Чтобы предотвратить уничтожение предприятия, необходимо повысить эффективность реструктуризации, осуществляемой в ходе досудебной санации и процедур антикризисного (арбитражного) управления (кроме конкурентного производства).

Показателем эффективности осуществляемых реструктуризаций мер может служить отношение эффективности деятельности предприятия после реструктуризации к эффективности деятельности предприятия до проведения реструктуризации.

Трудности заключаются в том, чтобы обоснованно и единообразно для предприятий разных регионов, стран вычленить реструктуризационные расходы. Использование всеми участниками корпорации международной системы бухгалтерского учета позволит избежать этих трудностей.

Коэффициент роста эффективности реструктурируемого предприятия K_p можно определить следующим образом [4]:

$$K_p = \frac{P_1}{A_1} \cdot \frac{A_0}{P_0},$$

где P_1 и P_0 – чистая прибыль предприятия соответственно при его реструктурировании и до нее; A_1 и A_0 – стоимость активов предприятия после реструктурирования и до нее.

Рост коэффициента K_p свидетельствует о том, что рентабельность активов реструктурированного предприятия повысилась, и наоборот.

Принципиально различный характер процессов функционирования каждой из подсистемы обуславливает качественное различие факторов и показателей эффективности.

Следовательно, в качестве факторов эффективности будут выступать соответствующие характеристики конкретных бизнес-процессов, а величина эффекта будет определятся сопутствующими им показателями. Обязательной компонентой определения экономического эффекта является учет специфических особенностей осуществления бизнес-процесса применительно к конкретному объекту реструктуризации. С учетом изложенного можно констатировать, что общий экономический эффект реструктуризации включает в себя две разнородные компоненты – эффект от функционирования предприятия (управляющая подсистема) и эффект реструктуризации имущественного комплекса, продуктового портфеля и капитала предприятия (управляемая подсистема) [4].

К финансовому оздоровлению необходимо отнести мероприятия по реструктуризации долгов. Решить эту проблему возможно следующими способами [1]:

– *реструктурированием задолженности*, то есть отсрочкой платежей на основании договоренности с кредиторами.

– *рациональным использованием имущества и других активов*. Реализация мер по оптимизации имущественного комплекса путем списания, реализации, сдачи в аренду, создания новых видов хозяйственной деятельности, либо консервации имущества, которое не приносит пользы, позволит одновременно рассчитаться с частью долгов.

– осуществления конвертации долговых обязательств в ценные бумаги предприятия, т.е. в акции или облигации, конвертируемые впоследствии в акции [2].

– увеличением собственного капитала за счет выпуска акций и размещения их среди потенциальных инвесторов.

Каждый из перечисленных способов имеет свои плюсы и минусы, а их реализация требует больших аналитических и организационных усилий, определенных затрат времени, но заниматься этим необходимо с целью уменьшения долгов и повышения эффективности финансовой системы.

По нашему мнению, необходимо внедрить на предприятиях систему постоянного мониторинга финансового предприятия. Такой подход позволит эффективно работать предприятию, снизить убыточность, необанкротиться и быть конкурентоспособным. Таким образом, перечисленные выше методические подходы подчеркивают целевую направленность на вывод предприятия из кризиса.

Литература

1. Антикризисное управление: Учебник / Под. ред. Э.М. Короткова. – М.: ИНФРА-М, 2005. – 619 с.

2. Гражданский кодекс РФ. Части 1,2: Официальный текст. – М.: Кодекс, 2011. – 496 с.

3. О несостоятельности (банкротстве). - федеральный закон от 26.10.2002 n 127-фз (редакция от 23.07.2013).

4. Шеховцова Л.В. Анализ инвестиционной поддержки обновления активной части основных фондов в строительстве (монография). - Монография: Новосибирск: САФБД, 2008. – 160 с.

Шеховцова Л.В.
канд. экон. наук, доцент кафедры «Планирования, финансов и учета»
ГОУ ВПО НГАСУ (СИБСТРИН)
Ануфриева А.В.
старший преподаватель кафедры «Планирования, финансов и учета»
ГОУ ВПО НГАСУ (СИБСТРИН)

ПРИМЕНЕНИЕ АНАЛИТИЧЕСКОГО ИНСТРУМЕНТАРИЯ В ОЦЕНКЕ ДЕЯТЕЛЬНОСТИ НЕКОММЕРЧЕСКИХ ОРГАНИЗАЦИЙ

В настоящее время возрастает интерес к деятельности некоммерческих организаций, как органов государственного управления, так и институтов гражданского общества. Некоммерческий сектор занимает существенную часть от общего числа зарегистрированных юридических лиц. Несмотря на то, что данный вид деятельности не сопровождается получением экономической выгоды, сегодня остро стоит вопрос разработки методических подходов к оценке эффективности деятельности некоммерческих организаций (НКО).

Изучению особенностей экономических отношений в некоммерческом секторе посвящено большое количество научных работ, однако, вопросы, раскрывающие аналитический инструментарий оценки экономической деятельности НКО, остаются дискуссионными.

Деятельность некоммерческих организаций направлена на достижение социально значимого эффекта в рамках общественной и социальной сфер.

На сегодняшний день использование различных методов и подходов усложняет сравнение результатов деятельности организаций и фактическое распределение денег не всегда бывает прозрачным и эффективным. Отсутствие универсальных общепринятых подходов свидетельствует о сложности решаемой задачи. Поэтому необходимо разработать единую систему унифицированных измерителей для оценки результативности социального сектора, которые позволят получать более полезную и достоверную информацию о некоммерческом секторе.

Существующая финансовая отчетность, в соответствии с действующими правилами бухгалтерского учета, нацелена на отражение расходов, но не на оценку получаемых выгод. При анализе такой отчетности НКО предстает в качестве исключительно пользователя ресурсов, а не как создатель общественно полезных ценностей.

Применение аналитических инструментов, как основных методов оценки экономической деятельности организации, играет важную роль как в процессе проведения аудиторской проверки, так и при осуществлении налогового контроля.

Аналитические инструменты — это методы и способы, посредством которых проводится анализ основных финансово-экономических показателей, а так же налоговых обязательств НКО, с целью выявления причин их расхождений или несоответствий установленным значениям [2, с. 27].

Аналитические инструменты применяются для отбора и обобщения показателей финансовой отчетности и определенных группы хозяйственных операций, где велика доля возникновения ошибок.

Существует несколько вариантов использования аналитических инструментов.

Во-первых, их можно применять для анализа показателей финансово-хозяйственной деятельности организации.

Во-вторых, аналитические инструменты применяются для анализа сумм начисленных платежей по каждому виду налога в динамике. Такой анализ позволит определить причины уменьшения налоговых платежей у налогоплательщика.

В-третьих, применение аналитических методов для проведения анализа сумм уплаченных налоговых платежей в процентном соотношении от сумм, начисленных по каждому виду налога.

В-четвертых, использование аналитических инструментов для комплексной оценки финансового состояния НКО, выявления рисковых сторон деятельности и причин, оказывающих негативное влияние на функционирование организации, приводящих к уменьшению объемов продукции и, как следствие, уменьшению налогооблагаемой базы [5, с. 84—85].

Целью аналитических инструментов является анализ всей имеющейся информации о деятельности налогоплательщика или ее части. Процедуры контроля можно проводить как по всей совокупности налоговых платежей организации, так и в разрезе отдельных платежей, составляющих наибольший удельный вес в структуре налоговых обязательств НКО.

В результате исследования авторы предлагают использовать для оценки бухгалтерской (финансовой) отчетности НКО следующие аналитические процедуры:

1) качественная и количественная оценка структуры имущества НКО;

2) оценка отдельных операций финансовой деятельности с целью выявления недостоверности отчетной информации о непосредственных результатах использования бюджетных ассигнований;

3) анализ эффективности использования бюджетных ассигнований на основе регулярного мониторинга аналитической информации и оценки показателей использования финансовых ресурсов.

Аналитический инструментарий оценки финансовой отчетности НКО должен включать в себя перечень участников, т.е. субъектов оценки, цель, задачи и методы экономического анализа, а также экономическую информацию, на основе которой рассчитывают показатели деятельности НКО.

Только обсуждение и исследования данной темы с учетом отечественных реалий приведут к разработке унифицированных измерителей, которые позволят нам получать более полезную и достоверную информацию о некоммерческом секторе. Такая информация жизненно необходима для эффективного взаимодействия гражданского общества и государства для повышения доверия к НКО и, в конечном счете, для решения многих социальных проблем.

ЛИТЕРАТУРА

1. Басалаева Е.В. Как посчитать налоговую нагрузку // Налоги (газета). — 2010 — № 21 — с. 13—24.

2. Бровкин А.В. Источники финансирования и их представление в финансовой отчетности негосударственных некоммерческих организаций //Вестник российского государственного торгово-экономического университета. 2011 №8 (35) с.35-39

3. Дмитриева И.М. Бухгалтерский учет и аудит: Учеб. пособие — М.: Юрайт, 2011. — 287 с.

4. Налоговый кодекс РФ. Части первая и вторая с комментариями (с изм. и доп. от 23.07.2013 г.). — М.: Эксмо, 2014. — 1056 с.

5. Пасько О.Ф. Налоговый контроль в системе эффективного налогообложения // Налоговый вестник. — 2011 — № 53 — с. 84—89.

Бабкин Л.В.

аспирант ОУП ВПО «Академия труда и социальных отношений»

ОСОБЕННОСТИ ФОРМИРОВАНИЯ И ОЦЕНКА РЕГИОНАЛЬНОЙ ПРОМЫШЛЕННОЙ ПОЛИТИКИ

Промышленная политика — это система управления факторами промышленного производства для повышения его эффективности в текущем периоде и формирования структуры промышленности, способствующей поддержанию расширенного воспроизводства в будущем. Промышленная политика должна учитывать наличие всех факторов, влияющих на развитие промышленного производства, их взаимосвязи, а также её влияние на развитие экономики. Промышленная политика, являясь частью экономической стратегии развития, оперирует универсальными инструментами, обеспечивая рациональное использование ресурсов, которые применяются в зависимости от особенности региональной экономической системы и федеральных ограничений[1].

Таким образом, региональная промышленная политика представляет собой систему отношений между территориальными и федеральными органами власти, а также между территориальными органами власти и хозяйствующими субъектами по поводу обеспечения эффективной работы предприятий региона, повышения их инновационной активности и конкурентоспособности, способствующих расширению промышленного комплекса и повышению благосостояния населения региона.

Региональная промышленная политика, являясь частью государственной промышленной политики, связана с выбранными общегосударственными приоритетами в поддержке отраслей промышленности. Необходимость государственного регулирования промышленности на федеральном и региональном уровнях вызвана неспособностью рыночных механизмов вывести из кризиса промышленное производство, требующее значительных инвестиций на реконструкцию действующих производств на инновационной основе.

Проблема формирования и реализации промышленной политики тесно связана с определением места и роли в экономике органов управления различных уровней. Вмешательство государства, как правило, реализуется по следующим направлениям[2; 3]:

1. Удовлетворение потребностей в общественных благах, включающих национальную оборону, общественный порядок, контроль состояния окружающей среды, образование, здравоохранение и др.

2. Устранение отрицательных и стимулирование положительных побочных последствий экономической деятельности. Негативный результат должен повлечь за собой дополнительное налогообложение

производителя, прямое административное вмешательство и т.п. Для побуждения возникновения позитивных эффектов используются налоговые льготы и субсидии.

3. Ликвидация асимметричности в информационном обслуживании участников рынка, приводящей к неэффективному распределению ресурсов.

4. Обеспечение свободного внутриотраслевого и межотраслевого перелива капиталов.

Промышленная политика кроме макроэкономических воздействий государства на систему экономических отношений на уровне региона должна учитывать индивидуальные особенности региона, сложившуюся в нем структуру промышленного производства, наличие трудовых, материальных и финансовых ресурсов, инвестиционный климат.

Создание инвестиционного климата в регионе для привлечения частных инвесторов во многом определяется наличием федеральных и региональных программ развития промышленности. Государство в лице своих федеральных и региональных органов власти должно установить направления развития промышленности, отразив это целевом финансирование приоритетных секторов промышленности, что, в конечном счете, позволит привлечь частный капитал в этот сектор.

Развитие промышленности в регионе должно обеспечить достижение целей, определенных в региональной стратегии, с рациональным использованием всех ресурсов региона. С этой точки зрения у государственных органов власти должны быть комплексные критерии, позволяющие оценить степень развития промышленного сектора и эффективность использования ресурсов. Эти критерии должны стать ориентирами для промышленных предприятий.

Показатели результативности и эффективности их деятельности должны корреспондироваться с комплексными критериями, установленными региональными органами управления, что позволит обеспечить согласованность интересов всех участников рынка промышленного сектора экономики региона.

Определение критериев деятельности хозяйствующих субъектов региона и их согласования со стратегией развития региона относится к одной из главных проблем экономической науки - измерение затрат и результатов общественного производства в экономических системах.

Одним из таких критериев оценки степени достижения целей деятельности может стать экономический потенциал, как одна из базовых категорий экономической теории, определяющая состояние и возможности развития хозяйственных систем различного их уровня (предприятие, регион, национальное хозяйство). Достижение более высокого экономического потенциала может служить результирующей оценкой развития различных субъектов рынка. Экономический потенциал играет особую роль в системе организации национального хозяйства, региональной и производственной организации, выступая, как ее материальная основа. Величина экономического потенциала характеризует уровень развития производительных сил, определяет конкурентоспособность страны, степень капитализации предприятий[4].

Одной из научных задач, стоящих перед исследователями, является определение состава показателей, отражающих сущность категории «экономический потенциал».

Литература:

1. Электронный научный журнал «Проблемы современной экономики», №3 (31), 2009 URL: [Электронный ресурс].- режим доступа: http://www.m-economy.ru

2. Экономика предприятия: учебник / Под ред. Карлика А.Е. и Шухгальтер М.Л. - М.: ИНФРА-М. - 2001.

3. Государственное регулирование деятельности предприятий: Учебное пособие/Карлик А.Е., Айрапетова А.Г., Титов К.А. и др. Под ред. Карлика А.Е. - СПб.: Изд-во СПбГУЭФ. - 2002.

4. Щуков В. Н. Экономический потенциал регионов России и эффективность его использования. – Иваново: ИГТА, 2002.

Исраилова Э.А.

к.э.н., доцент кафедры «Экономическая теория» Ростовского государственного экономического университета (РИНХ)

АРХИТЕКТОНИКА ЭКОНОМИЧЕСКИХ ИНТЕРЕСОВ СИСТЕМЫ ЭКОНОМИЧЕСКИХ ОТНОШЕНИЙ

Сложившиеся в обществе экономические отношения по поводу производства, распределения, обмена и потребления общественного продукта отражает система экономических интересов. Данная система неоднородна, охватывает множество субъектов, удовлетворяющих свои потребности в результате противоречивого взаимодействия.

Исходя из позиции субъекта-носителя, первичным элементом системы экономических интересов выступают личностные или индивидуальные интересы. Личные экономические интересы синтезируют индивидуальные потребности как их материальную основу, включая потребности в присвоении условий и результатов труда, необходимых для личностного самовоспроизводства человека. Личные интересы при первичном рассмотрении отражают стремление индивидов, направленные на удовлетворение их первоочередных, жизненно важных потребностей.

В ходе рыночных реформ в нашей стране произошла переориентация первичных экономических интересов с общественных на личные, что в конечном счете привело к недооценке в экономическом развитии страны роли интересов общества. Между тем экономический рост возможен только на основе сочетания интересов личности и общества.

В настоящее время регионы превратились в реальные субъекты экономических отношений, в отличие от того формального статуса, который был характерен в условиях плановой системы хозяйствования.

Данное обстоятельство обусловлено тем, что в результате разграничения собственности регионы стали полномасштабными субъектами отношений собственности, образующими ядро экономических отношений. Между тем известно, что экономические отношения проявляются как интересы, именно поэтому регионы как субъекты Российской Федерации становятся носителями качественно самостоятельных экономических интересов, в рамках и за рамками которых функционируют все другие интересы, свойственные обществу с формирующейся рыночной экономикой.

В развитой рыночной экономике, где доминирует частная (в ее различных проявлениях) собственность на факторы производства, основными субъектами рыночных отношений выступают агенты сферы бизнеса и домохозяйства. Кроме них участниками рыночных отношений в большей или меньшей мере являются государство (в форме государственного предпринимательства и правительственных органов) и различного рода зарубежные партнеры, поскольку рыночная экономика является открытой, а также некоммерческие организации и общественные объединения.

Роль и позиция основных субъектов рыночных отношений характеризуется двойственностью. Поставляя на рынок произведенные товары и оказывая услуги, субъекты бизнеса формируют и обеспечивают рыночное предложение. Но в то же время для осуществления процесса производства сфера бизнеса закупает необходимые для этого факторы производства, выступая таким образом одновременно и на стороне спроса.

Такая же двоякая роль присуща и другим субъектам рыночных отношений. Так, домохозяйства, являясь собственниками таких факторов производства, как земля, труд, капитал, выступают поставщиками этих факторов (ресурсов) для бизнеса, т.е. также обеспечивают рыночное предложение.

Важное место в рыночной экономике занимают национальные интересы, которые являются выражением осознанных потребностей нации в самосохранении, устойчивом развитии и процветании. Национальное достояние как совокупность материальных и духовных ресурсов, благ и ценностей общества является основой для достижения этой цели. Сохранение и приумножение национального достояния - одно из определяющих условий национальной безопасности.

Реализация национальных интересов России возможна только на основе устойчивого развития экономики, предполагающего переход ее к модели эффективного функционирования с необходимым и достаточным уровнем государственного регулирования экономических процессов, гарантирующего стабильность и динамику роста многоукладной экономики и обеспечивающего сбалансированное решение социально-экономических задач, проблем сохранения окружающей среды в целях удовлетворения потребностей нынешнего и будущего поколений, рациональное расходование природных ресурсов.

Важно отметить, что все субъекты рыночных отношений взаимодействуют друг с другом, формируя поток доходов и расходов, который находится в постоянном движении и отражает результаты общественного производства, в том числе совокупный объем производства, валовой доход, занятость. Одновременно реализуются и их экономические интересы.

При этом каждый участник рыночных отношений, во-первых, самостоятельно принимает решения (в рамках своих правомочий) и, во-вторых, руководствуется своими собственными интересами, целями. Это, однако, не влечет за собой анархии и хаоса. Рыночный механизм, «невидимая рука» рынка продолжает в известной мере управлять действиями миллионов людей в общем русле экономических решений и правовых основ государства так, что, преследуя свои собственные интересы, каждый отдельный человек «часто более действенным образом служит интересам общества, чем тогда, когда он сознательно стремится делать это»[1, 332].

Для исследования категории экономический интерес необходимо рассматривать ее в рамках целостной системы, имеющей «горизонтальный» и «вертикальный» срезы в связи с различной функциональной ролью субъекта каждой из фаз воспроизводства и наличием множества разноуровневых субъектов-носителей, что порождает многообразие и разнонаправленность интересов.

Субъектно-объектная определенность системы рыночных отношений экономики России характеризуется тем, что структура её агентов персонифицирована представителями домохозяйств, бизнеса (малого, среднего, крупного), некоммерческих организаций, общественных объединений и государства, а объекты представляют собой потребительские блага в овеществленной (товар) и процессинговой (услуга) форме, производственные ресурсы (включая рабочую силу, средства производства, природные условия, интеллектуальный потенциал и др.), функционирующие в форме материальных (традиционных) и нематериальных (эволюциогенных) капитальных активов. Отношения товарного обмена между субъектами рынка проявляются в их экономических интересах.

В целях исследования субъектной структуры системы экономических интересов в современной России предложена схема их архитектоники в соответствии с моделью структурно-уровневой организации системы экономических отношений. Её пирамидальная конструкция обусловлена следующей логикой: в основании заложены самые массовые базисные интересы индивида, без приоритетного удовлетворения которых невозможно строительство, существование и функционирование всех (и каждого) вышеположенных уровней формирования системы экономических интересов, вплоть до государственных и глобально-планетарных. В этой концептуальной схеме реализована не только идея движения интереса от уровня наноэкономики - экономики отдельной личности как элемента социума до субъектов мегауровня - мирового хозяйства, - но и концепция сочетания территориального и отраслевого принципов построения экономической системы при приоритетной роли первого в условиях рыночной экономики, придавшей территориально-социальным сообществам (от крупных экономических районов: Сибирь, Урал, Поволжье и т.д. до локалитетов субмуниципального уровня) статус субъектов рыночных отношений.

Архитектоника данной пирамиды имеет в виде элементов ее «несущего каркаса» систему векторов согласования интересов: восходящего, нисходящего и горизонтального. При этом горизонтальный вектор «обслуживает» не только согласование интересов субъектов производственно-отраслевых и территориально-хозяйственных структур, но и увязку позиций субъектов различных фаз воспроизводственного процесса: производства, распределения, обмена и потребления.

Рис.1. Архитектоника экономических интересов системы экономических отношений.

Таким образом, интересы ведущих субъектов российской экономики представляют собой сложную систему, элементы которой находятся в диалектическом единстве, взаимодополняют и отрицают друг друга. Детализация рассмотрения системы экономических интересов позволяет охарактеризовать ее как локальную экономическую систему, состоящую из взаимоопределяющих структурных элементов, тесно взаимодействующих и заданных внешней институциональной средой.

Литература

1. Смит А. Исследование о природе и причинах богатства народов: (в 2-х т.); Т.1: Кн.I-3. / А. Смит; Рос. АН, Ин-т экономики.- М.: Наука, 1993.

Владыка М.В.
доктор экономических наук, профессор кафедры финансов и
кредита Белгородского государственного национального
исследовательского университета
Шварева В.И.
магистр экономики, аспирант 1 курса кафедры финансов и кредита
Белгородского государственного национального
исследовательского университета
Уварова Е.А.
соискатель кафедры маркетинга и рекламы
Волгоградского государственного университета

НОВЫЕ УСЛОВИЯ РАЗВИТИЯ ИНТЕЛЛЕКТУАЛЬНОЙ СОБСТВЕННОСТИ В РОССИИ

В последнее десятилетие XX в. началось формирование российского рынка интеллектуальной собственности. Этому способствовали следующие факторы: превращение знаний в основной фактор экономического развития с главным ресурсом - информационной технологией; выход на рынок новых объектов интеллектуальной собственности (ИС); глобализация товарных, финансовых и научно-технических рынков; переход к инновационной экономике, а также одновременные процессы регионализации и гармонизации патентных систем и попытки выработки глобальной системы охраны .

Следует отметить, что развитие патентной системы [1, с. 368] позволило технологии стать товаром, поэтому применимые в производстве знания (технология) приобрели свойства самостоятельных товаров значительно позже, чем материальные продукты. В период с 2000 по 2012 гг. количество поданных патентных заявок на изобретения в России увеличилось в 1,8 раза, что свидетельствует об активном развитии рынка интеллектуальной собственности (табл. 1). Число действующих патентов за этот период также увеличилось в полтора раза, наиболее заметен рост в последние три года. Особенно активизировалась лицензионная деятельность в областях, не требующих значительных затрат на освоение новых технологий - медицине, фармацевтике, информационной сфере, промышленности строительных материалов, в легкой и пищевой промышленности, в которых высока емкость рынка и много потенциальных покупателей технологии.

Таблица 1.
Динамика выдачи патентов Российской Федерации за период 2008 - 2012 гг. [10]

Показатели	2008	2009	2010	2011	2012	2012 в % к 2011
Выдано патентов, всего Из них:	28808	34824	30322	29999	32880	109,60
Российским заявителям	22260	26294	21627	20339	22481	110,53
Иностранным заявителям	6548	8530	8695	9660	10399	107,65

Постоянно растущее число национальных заявок свидетельствует о том, что патентная охрана становится одной из стратегических целей как отдельных организаций, так и всего государства. Следует отметить, что до принятия нового законодательства начала 90-х гг. в России отсутствовал внутренний рынок лицензий - они продавались только за границу. И если в середине 80-х гг. в России ежегодно продавалось за рубеж около 2-3 тыс. лицензий, поступления от которых составляли 100-400 млн. долл., то в настоящий период продается порядка 10-12 тыс. лицензий с оборотом более миллиарда долларов [2, с.463]. Однако Россия отстает от промышленно развитых стран по показателям в сфере интеллектуальной собственности.

Отличительной чертой России является рост соглашений, заключаемых между физическими лицами и предпринимательскими структурами. Предоставляемые права ограничены, как правило, территорией России, поскольку российским патентовладельцам не хватает средств для зарубежного патентования и более $1/3$ лицензий выдается на весь срок действия охранных документов. Кроме того, в России отсутствует практика принудительного лицензирования, а также в настоящее время нет механизма регистрации внутренних беспатентных лицензий и не в полном объеме регистрируются соглашения, касающиеся экспорта технологии за рубеж, что не соответствует мировой практике.

В развитых странах мира величина национальных финансовых активов составляет 500-700% ВВП (Япония, США и др.). У России этот показатель составляет около 80-100%, поскольку такой актив как интеллектуальная собственность не вовлечен в хозяйственный оборот [3].

Мировая тенденция свидетельствует о том, что интеллектуальный продукт составляет значительную долю добавленной стоимости, произведенной экономикой развитых стран, и доля интеллектуальной собственности постоянно возрастает [8]. Наряду с этим происходит рост расходов на науку и рост наукоемкости самих конечных продуктов, что является прямым следствием признания интеллектуального капитала главным фактором устойчивого экономического роста (табл.2).

Таблица 2.

Финансовое обеспечение науки ведущих стран и регионов мира
(расходы на НИОКР к ВВП, %) [4]

Годы	США	Япония	ЕС - 15	ЕС - 25	Россия	Индия	Китай
1995	2,51	2,7	1,80	1,72	0,97	0,9	0,61
2000	2,72	2,9	1,89	1,80	1,05	0,95	1,01
2005	2,72	3,2	1,97	1,87	1,25	1,45	1,51
2020 (прогноз)	3,0	3,5	2,20	2,2	2,25	2,4	2,5

Интеллектуальный капитал является важнейшей составляющей успеха вуза, производящего инновационную или технически сложную продукцию. А в сфере услуг, где особую роль играют знания, квалификация и креативный опыт персонала, он становится одним из главных конкурентных факторов во внешней среде. Собственность, которая приобретена как результат умственной деятельности и защищена законодательно, считается интеллектуальной [6, с 38]. Интеллектуальная собственность вуза включает авторские права, патенты, марки товаров и услуг, ноу-хау, торговые секреты и др. и является ключевым стратегическим ресурсом вуза. Поэтому университетам России необходимо формировать и активно осуществлять капитализацию ИС, поскольку этот многофункциональный инструмент все чаще используется для решения экономических задач, для получения существенных конкурентных преимуществ и финансовых результатов.

Не вызывает сомнения определяющее влияние ИС на рост и реализацию инновационного потенциала вуза. Интеллектуальная собственность вуза может реализовываться в следующих формах: в качестве вклада в уставной фонд (капитал) предприятия; в хозяйственной деятельности предприятия в качестве нематериальных активов; в залоговых операциях. Российский институт интеллектуальной собственности только начинает функционировать. Учитывая возрастающую роль интеллектуальной собственности в условиях инновационной экономики, необходимо формировать механизмы ее эффективного функционирования в университетах. Сегодня только 4% ведущих университетов имеют центры интеллектуальной собственности.

Следует отметить, что существующее законодательство России разрабатывалось с учетом международного опыта, в том числе стран Западной Европы 80 - 90-х гг. Вместе с тем остались нерешенными ряд вопросов, и, в частности, такой важный вопрос о правах государства на результаты научно-технической деятельности, созданные с использованием бюджетных средств [5, 41].

Поэтому в современных условиях для повышения эффективности функционирования инновационного потенциала Российской Федерации, его нормативно-правовой охраны, коммерческого использования результатов научно-технической деятельности, вовлечения в хозяйственный оборот объектов интеллектуальной собственности, организации патентно-информационного обеспечения изобретательской и патентно-лицензионной работы необходимо создание центров интеллектуальной собственности в структуре ведущих университетов. Ключевой задачей должно стать регулирование усилий по получению и использованию новых знаний между университетами, государством, крупными промышленными компаниями, малыми инновационными фирмами частного сектора для становления и развития механизмов обеспечения производства новыми перспективными идеями и технологиями, которые возникают в процессе выполнения финансируемых из госбюджета и частного сектора научных исследований и разработок.

Активная патентно-лицензионная деятельность вуза является важным фактором повышения его репутации, конкурентоспособности и устойчивости. В интеллектуальном центре собственности вуза проводится учёт (инвентаризация, составление реестра объекта интеллектуальной собственности); подготовка лицензионных соглашений и процедуры защиты (получение патента или свидетельства, заключение договора о передаче прав); оценка и постановка на бухгалтерский учет; распоряжение, в т.ч. использование или передача права на использование (договора отчуждения прав, лицензионные договора); привлечение молодых ученых и рационализаторов, аспирантов и магистрантов к изобретательской деятельности и др.

Таким образом, вузовские центры интеллектуальной собственности создаются для достижения научных, образовательных, управленческих, социальных и культурных целей, в целях охраны результатов интеллектуальной деятельности и коммерциализации результатов научно-технической деятельности, развития инновационной инфраструктуры высшей школы, защиты прав, законных интересов граждан и организаций, разрешения споров и конфликтов, оказания юридической помощи, а также в иных целях, направленных на достижение общественных благ.

Литература

1. Инновационный менеджмент / Под ред. В.М. Аньшина, А.А. Дагаева. - М.: Дело, 2009. - 528 с.

2. Бромберг, Г.В. Интеллектуальная собственность (с учетом материалов 4-й части Гражданского кодекса Российской Федерации): Монография / Г.В. Бромберг. - М.: ИНИЦ Роспатента, 2008. - 533 с.

3. Львов, Д.С. Экономика развития / Д.С. Львов. - М.: Экзамен, 2010. - 512 с.

4. Мировая экономика: прогноз до 2020 г. / Под ред. акад. А.А. Дынкина. - М.: Магистр, 2007. - 429 с.5.

5. Зинов, В.Г. Управление интеллектуальной собственностью: учеб. пособие / В.Г. Зинов. - М.: Дело, 2013. - 234 с.

6. Stewart, T. Brainpower / T. Stewart // Fortune. June, 1991. - P. 38 - 41.

7. Brooking A. The components of intellectual capital // http.// ww.tbroker.co/uk./ intellectual = capital/ components.html.

8. Intellectual Product and Intellectual Capital (Knowledge Cafe) / Ed. S.Kwiatkovski, C. Stowe. 2009.

9. Lehaney B., Clarke S., Coakes E., Jack G. Be yond Knowledge Managament. 2011.

10. Годовой отчет о деятельности Роспатента за 2012 год. Режим доступа: http://www.rupto.ru/rupto/portal/0467deba-a670-11e2-c002-9c8e9921fb2c#1.1

Лобанов Ю.Я.

д.п.н., профессор кафедры социального менеджмента, заведующий кафедрой спортивных дисциплин факультета физической культуры ФГБОУ ВПО «Российский государственный педагогический университет им.А.И.Герцена», E-mail: gua58@mail.ru

Чурилина И.Н.

к.э.н., доцент по кафедре управления персоналом, доцент кафедры социального менеджмента ФГБОУ ВПО «Российский государственный педагогический университет им.А.И.Герцена», E-mail: churilina@pochta.ru

О НЕКОТОРЫХ ВОПРОСАХ ПОДГОТОВКИ МЕНЕДЖЕРОВ СПОРТИВНЫХ ОРГАНИЗАЦИЙ В САНКТ-ПЕТЕРБУРГЕ

В 2012 году на факультете управления и физической культуры Герценовского университета было инициировано исследование отрасли спорта Северо-Западного региона РФ.

Цель исследования заключалась в определении возможностей и направлений повышения эффективности менеджмента спортивных организаций на основе изучения современных проблем управления профессиональным и массовым спортом Северо-Западного региона. *В ходе исследования также решались задачи изучения активности предпринимательства и готовности малого бизнеса предлагать свои товары и услуги в спортивной сфере.* Основным методом исследования стал метод on-line-анкетирования различных категорий респондентов: менеджеров спортивных клубов и организаций спортивно-досуговой сферы, потенциальных потребителей спортивных товаров и услуг.

Для проведения исследования на основе статистических данных о жителях Санкт-Петербурга была рассчитана репрезентативная выборка, где в качестве генеральной совокупности рассматривалось количество жителей Санкт-Петербурга в трудоспособном (и старше) возрасте. Было выявлено, что для обеспечения репрезентативности исследовательских работ по гендерному признаку необходимо исследовать выборку в 400 человек, в которой 35% - мужчины, а 65% – женщины, в соответствии с существующим по Санкт-Петербургу гендерным коэффициентом. Валидность выборки определялась (в первом приближении) на основе интерактивной интернет-технологии «Калькулятор выборки», предложенной командой QR. Для уточнения численности репрезентативной выборки исследования также использовался метод математической статистики (формула бесповторного отбора). Согласно расчетам по данному методу численность *малой выборки* составляет *400 человек (45,1% - мужчины и 54,9% - женщины).*

В настоящий момент (по состоянию на 01.02.2014) проведено пилотное исследование, опрошено 246 человек. Демографические характеристики пилотной выборки представлены на диаграммах (рис.1).

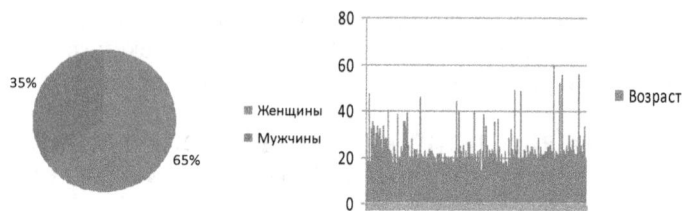

Рис.1. Демографические характеристики респондентов

По уровню образования выборку представляют 11 кандидатов наук, 1 респондент с двумя высшими образованиями; 104 человека имеют высшее профессиональное образование, 23 респондента - неполное высшее, 94 человек получили полное среднее образование, также среди респондентов есть 2 человека, которые не имеют полного среднего образования, так как обучаются в школе.

На 1 этапе пилотного исследования респондентам было предложено продолжить фразу: «Спорт для меня – это…». Распределение ответов показано в Таблице 1.

Таблица 1.

Ценностная значимость спорта для респондентов

Открытый вопрос	Ответ респондентов	Количество ответов (%)
Спорт для меня – это…..	способ поддерживать физическую форму	58,5%
	способ расслабиться	11,8%
	интереснейшая вещь	6%
	наука и бизнес	0,8%
	отдых от работы	5,7%
	возможность переключиться на другую сферу	6,3%
	образ жизни	2,7%
	13 ответов по 1 выбору	
Спорт для меня – это…..	скучная обязанность; это интересно; удовольствие; дисциплинированность, работа, здоровье; что-то невиданное, наркотик, часть меня; то, на что остается или не остается время; уже ничего, теперь, к сожалению, малодоступное удовольствие (по времени), духовное удовлетворение	0,4%* 13=5,2%
	способ выразить себя и доказать, что ты победитель.	2,8%

Такое распределение ответов респондентов позволяет сделать вывод о том, что среди опрошенных спорт рассматривается как физическая культура, а не как профессиональный спорт или спорт высоких достижений. Показательно, что среди опрошенных 16,3% составляют менеджеры спортивных организаций различного уровня.

Таким образом, можно предположить, что *большая часть населения склонна воспринимать термин «спорт» не как победы в мировых чемпионатах, а как стремление поддерживать хорошую физическую форму при помощи спортивных занятий, не наносящих вред здоровью.* Это предположение косвенно подтверждается тем, что на вопрос: «Посещаете ли вы спортивно-зрелищные мероприятия?» ответы респондентов распределились следующим образом: 61% не посещает такие мероприятия; 39% - посещают (рис. 2, 3). Опосредовано данный вывод подтверждается тем, что среди респондентов меньшинство является фанатами спортивных команд (22%), а большинство вовсе не причисляет себя к категории болельщиков (78%).

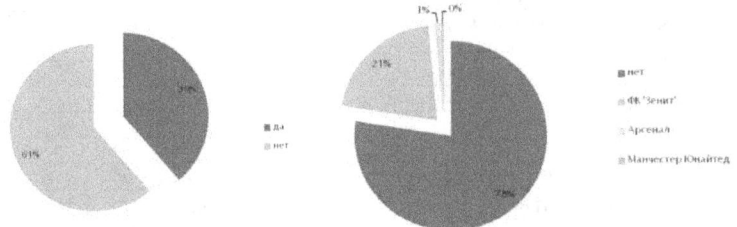

Рис.2. Количество респондентов, посещающих спортивно-зрелищные мероприятия

Рис.3. Респонденты, фанаты спортивных команд

Такое отношение к спорту исследуемой выборки вызвало необходимость проанализировать управленческие компетенции, которыми должен обладать менеджер спортивной организации. Так как в ходе анализа ответов было установлено, что *менеджеры спортивных организаций разделяют общее мнение выборки о спорте.*

Итак, к компетенциям менеджера спортивной организации респонденты относят следующие (Табл.2)

Таблица 2.

Компетенции менеджеров спортивных организаций

№ п/п	Компетенции	Количество выборов	Рейтинг
1	Обеспечение соответствия оказываемых услуг ожиданиям потребителя	81,7%	2
2	Выявление потенциально новых направлений развитий	67,8%	5
3	Расчет рентабельности деятельности	39,8%	7
4	Подбор нового товара (услуг)	71,5%	4
5	Изучение конкурентов	27,3%	13
6	Анализ спроса и предложений на рынке	36,1%	9

7	Физическое воспитание и развитие профессиональных качеств игроков	10,1%	19
8	Повышение спортивного уровня сотрудников	10,1%	19
9	Подготовка спортсменов юношеских и взрослых разрядов.	10,1%	19
10	Воспитание духовного и патриотического сознания у подрастающего поколения	10,1%	19
11	Грамотное распределение ресурсов и принятие управленческих решений для достижения целей организации.	72,3%	3
12	Популяризация спорта	26%	14
13	Подготовка чемпионов	5,7%	21
14	Подбор персонала	21,9%	15
15	Обучение и аттестация персонала	28%	12
16	Анализ работы персонала и разработка методов улучшения производственных показателей	18,2%	17
17	Анализ результатов эксплуатации специального оборудования в существующих клубах и внедрение новых технологий и методик тренинга	13,8%	18
18	Организация и проведения учебно-тренировочного процесса.	8,5%	20
19	Стремление к получению знаний, дисциплина	92,2%	1
20	Эффективно проводить тренировки, работать по запланированному графику	44,7%	6
21	Контроль за выполнением работы	19,1%	16
22	Принятие управленческих решений	35,3%	10
23	Мотивация сотрудников	31,3%	11
24	Консультации клиентов и сотрудников	4,8%	22
25	Руководство и обеспечение безопасности на производстве.	39%	8

Анализируя ответы респондентов, необходимо отметить, что ключевыми компетенциями для менеджера спортивной организации, по мнению исследуемой выборки, являются: «стремление к получению знаний, дисциплина» (92,2%), «обеспечение соответствия оказываемых услуг ожиданиям потребителя» (81,7%), «выявление потенциально новых направлений развитий» (67,8%), «подбор нового товара (услуг)» (71,5%), «грамотное распределение ресурсов и принятие управленческих решений для достижения целей организации» (72,3%).

Проведя сравнительный анализ компетенций, которые должны быть сформированы в процессе обучения в соответствии с ФГОС ВПО по направлению подготовки 080200.67 – «Менеджмент» уровень магистратуры и компетенций, определенных менеджерами-практиками, можно сделать вывод о том, что практики указывают на необходимость формирования общекультурных компетенций в целом и особо отмечают необходимость формирования таких профессиональных компетенций, как: способность управлять организациями (ПК-1); способность разрабатывать корпоративную стратегию (ПК-2); умение использовать современные методы управления корпоративными финансами для решения стратегических задач (ПК-3); способность разрабатывать программы организационного развития и изменений и обеспечивать их реализацию

(ПК-4); владение методами экономического анализа поведения экономических агентов и рынков в глобальной среде (ПК-6); способность готовить аналитические материалы для управления бизнес-процессами и оценки их эффективности (ПК-8).

Таким образом, итоги пилотного исследования показали необходимость разработки образовательных программ по направлению «Менеджмент» для менеджеров спортивной сферы, актуальность которых возрастает в связи с проведением крупнейших международных спортивных мероприятий на территории России в 2014 - 2018 годах.

Анопченко Т.Ю.
профессор, д.э.н.,
Южный федеральный университет, davidova@mail.ru
Кирсанов С.А.
профессор Санкт-Петербургского института гуманитарного образования

МЕТОДИКА ОПРЕДЕЛЕНИЯ ЭКОЛОГИЧЕСКИХ ЭФФЕКТОВ РЕАЛИЗАЦИИ ИНВЕСТИЦИОННЫХ ПРОЕКТОВ В СФЕРЕ ОБРАЩЕНИЯ ТВЕРДЫХ ОТХОДОВ ХОЗЯЙСТВЕННОЙ ДЕЯТЕЛЬНОСТИ МУНИЦИПАЛЬНЫХ ОБРАЗОВАНИЙ

Основной неотъемлемой составляющей сферы обращения твердых отходов хозяйственной деятельности муниципальных образований (ТОХДМО) являются предприятия по сбору, транспортировке и переработке ТОХДМО, внедрение которых в реальную рыночную среду начинается с формирования инвестиционного проекта, который будет оцениваться исходя из прямого и косвенного экологического эффекта, так как проекты носят сугубо эколого-экономическую направленность. При ранжировании инвестиционных проектов целесообразно оценить суммарный экологический эффект от их осуществления. При этом следует иметь в виду, что положительный или отрицательный результат может проявляться не только на территории, где намечается реализация проекта (прямой экологический эффект), но и в других регионах (муниципальных образованиях) за счет возможной экономии природных ресурсов и снижения экологической нагрузки, создаваемой смежными предприятиями (косвенный экологический эффект).

Отсутствие в настоящее время надежных методических инструментов и нормативной базы для оценки воздействия загрязнений на здоровье населения не позволяет определить комплексный социально-экономический эффект от реализации инвестиционных проектов в сфере обращения ТОХДМО. Вместе с тем, оценка экологического эффекта в показателях, отражающих изменение условий жизни и здоровья населения, имеет не меньшую, а возможно и большую ценность для характеристики результатов реализации природоохранных проектов, чем оценка ресурсной составляющей эффекта. В дальнейшем, по мере разработки соответствующих нормативно-методических материалов, элементы оценки воздействия загрязнений на здоровье населения должны стать обязательными при комплексной эколого-экономической оценке инвестиционных проектов в сфере обращения ТОХДМО [1, 117].

Оценка экологического эффекта и значимости инвестиционного проекта в сфере обращения ТОХДМО для оздоровления окружающей природной среды возможна только в сравнении с:

- уже имеющими место характеристиками состояния ОС и ее отдельных компонентов в районе деятельности интересующего хозяйственного объекта (фоновые показатели);

- фактическими показателями воздействия объекта на ОС;

- данными об уровне его влияния на состояние ОС (взаимосвязь воздействия объекта и качественных параметров ОС) и здоровья населения.

Порядок оценки прямого экологического эффекта состоит в следующем:

1.Ликвидация (возникновение) источников негативного воздействия на ОС.

Анализируется информация о существующих источниках воздействия действующего хозяйствующего объекта на ОС (источники выбросов загрязняющих веществ, сбросов сточных вод, накопители отходов, источники физических воздействий и т.д.), для чего могут быть использованы данные государственной статистической отчетности, инвентаризации источников выбросов и сбросов, экологического паспорта предприятия, установленных нормативов выбросов, сбросов загрязняющих веществ, размещения отходов и другой официальной документации [2,89].

На основании официальной документации анализируется информация об объемах выбросов, сбросов загрязняющих веществ, других видов ТОХДМО в настоящее время (до осуществления инвестиционного проекта), интенсивности физических воздействий на ОС. Аналогичная информация по затрагиваемым реализацией инвестиционного проекта, приведенная в материалах обоснования проекта, позволяет произвести сопоставление с существующим положением. Изучается информация о территории предприятия, его санитарно-защитной зоны до реализации проекта (общая площадь территории в га или кв.км., в том числе занятая под охладители вод, накопители/хранилища сточных вод, отходов и сырья в % от общей площади), имевших место фактах использования или уничтожения в результате ведения хозяйственно деятельности биологических ресурсов или мест их воспроизводства (лесосводка, уничтожение нерестовых и кормовых угодий рыб и других гидробионтов, мест гнездования птиц, мест нагула промысловых и охотничьих видов животных). С этой целью используются данные территориальных органов охраны природы, осуществляющих контроль над деятельностью хозяйствующего субъекта, имеющиеся на предприятии предписания контролирующих организаций и др [3,41].

Косвенный экологический эффект ожидается в результате:

- реализации инвестиционного проекта в сфере обращения ТОХДМО, направленного на производство продукции, позволяющей заменить на стадии потребления аналогичную по своим потребительским свойствам продукцию, получаемую при существующем способе производства;

- изменения баланса производства и потребления продукции данного вида, соответствующих видов полуфабрикатов, а также аналогичной заменяемой продукции;

- снижения или увеличения потребления первичных природных ресурсов, изъятия земель, выбросов вредных веществ и т.п. при производстве продукции в результате реализации инвестиционного проекта по сравнению с существующим способом.

Косвенный экологический эффект определяется изменением показателей воздействия на ОС в смежных производствах (предприятиях), расположенных, как правило, на других площадках [4].

Таким образом, показатели прямого и косвенного эффекта аналогичны по своей сути (изменение объемов выбросов в атмосферу и сбросов в водный бассейн вредных веществ, объемов потребления природных ресурсов и т.д.). Однако при расчете прямого эффекта они определяются при сравнении экологических показателей инвестиционного проекта со сложившимися на месте реализации инвестиционного проекта, а при определении косвенного эффекта -путем сравнения с экологическим показателями производства соответствующих объемов аналогичной продукции в смежных производствах, либо путем определения абсолютного снижения загрязнений в результате уменьшения объемов производства ресурсов, необходимых для выпуска продукции по инвестиционному проекту.

Таким образом, полный экологический эффект определяется как степенью снижения (увеличения) загрязнения ОС и расхода природных ресурсов, получаемой в месте осуществления ИП (прямой экологический эффект), так и дополнительным снижением (увеличением) техногенной нагрузки на природную среду в смежных отраслях производства (косвенный экологический эффект). При отборе и оценке ИП в сфере обращения ТОХДМО, в рамках, которых предусматривается производство продукции для реализации, определение экологического эффекта осуществляется на базе показателей прямого и косвенного эффекта в обязательном порядке, так как использование значений только прямого эффекта может привести к неправильным выводам об экологической значимости ИП в сфере обращения ТОХДМО и целесообразности его финансирования.

Список литературы:

1. Игнатов В.Г., Кокин А.В. Экология. Научно-нормативный справочник. Ростов-на-Дону: ООО «РостИздат», 2000. – 416 с.;

2. Ермашов Х.Ю. Государственное управление твердыми отходами хозяйственной деятельности муниципальных образований в

механизме рационального природопользования // Российский академический журнал. Т.18. №4. 2011. С.37-41

3. Проект «Скарабей»: Создание предприятий по переработке отходов производства и потребления в товарные продукты и энергию на основе рефинансирования, разработчик: ЗАО "Проект Скарабей", Миньков А.В.,scarab@online.ru, http://skarab.boom.ru – 13 с.;

4. Черп О.М., Винниченко В.Н. Проблема твердых бытовых отходов: комплексный подход – М.: Методический центр Эколайн, http://cci.glasnet.ru/mainP, 1996. – 44 с.;

5. Экотехнологии: спрос и предложение в регионах России (координатор проекта – Давыдова Н.Г.) // АНО «Институт консалтинга экологических проектов» - 2001. – С.1-24.

Боева К.Ю.
преподаватель Южного федерального университета,
ksy_87@list.ru
Анопченко Р.Ю.
студент экономического факультета Южного федерального университета

МОДЕЛИРОВАНИЕ СЛОЖНОГО РИСКА ЗДОРОВЬЮ НАСЕЛЕНИЯ

Выделяя в качестве подсистем население в системе управления региональной экономики, его можно рассматривать как, с одной стороны, объект государственного воздействия и реализации управленческих решений в деятельности хозяйствующих субъектов и, с другой стороны, субъект, реализующий функции управления и регулирования развития хозяйствующих субъектов, находящихся на территории региона. При определении направлений и перспектив развития региональной системы, важное место занимают показатели сложного риска здоровью населения как индикатор эффективного функционирования региональной экономики.

Далее рассмотрим модель одного из сложных рисков – модель и расчет уровня сложного риска здоровью населения на региональном уровне. Это позволяет рассмотреть множество различных вариантов сценариев развития последствий неблагоприятных событий с учетом вероятности каждого, сопоставить их между собой по последствиям, сложности и эффективности использования методов снижения риска для каждого из них. На основе такого сопоставления обычно выбирается наиболее «рациональная» система мер по снижению риска.

Термин «рациональность» в данном случае может трактоваться как «оптимальность», определенная на множестве рассмотренных и промежуточных сценариев последствий событий[1,13]. Иными словами, рациональное решение – это решение здравого смысла, учитывающее реальные условия. Оно в общем случае может отличаться от оптимального решения, которое в сложных ситуациях часто не представляется возможным определить. Рациональное решение в принципе удовлетворяет интересам развития общества и отдельных элементов, поскольку оно является «лучшим» из множества реально возможных вариантов в том смысле, что приносит максимальный эффект от внедрения соответствующих ему мероприятий по снижению уровня эколого-экономических рисков.

В этой связи вопросы оценки экономического эффекта от внедрения в практику мер, направленных на снижение уровня риска, имеют важное значение при разработке управленческих решений, поскольку уровень экономического эффекта существенно зависит от содержания, закладываемого в его основу, а также способов и методов его характеристик.

Здесь следует отметить, что общие подходы к определению эффективности любых мероприятий мало различаются в разных видах жизнедеятельности. Все они так или иначе предполагают сравнение, сопоставление результатов (W), достигнутых при помощи рассматриваемого набора мероприятий, с затратами на них (Z).

В случае чистых рисков результаты (снижение риска) могут быть достигнуты по ряду позиций – уменьшение различных видов материального ущерба, потерь населения и т.п. Это же относится и к спекулятивным рискам. Результаты (прибыль) в данном случае могут быть получены и за счет увеличения объемов реализации, роста цены при производстве продукции более высокого качества, а также снижения затрат производства в более чистой среде. Это же относится и к производимым затратам (затраты на предотвращение воздействия, очистку территории и т.д.). Это означает, что показатели W и Z в общем случае могут быть представлены в виде векторов, размерность которых определена числом учитываемых позиций в каждом из них[2,74].

Кроме того, сравнение результатов с затратами обычно осуществляется с учетом временного фактора, поскольку на практике и затраты производятся не одномоментно, и достигнутые результаты имеют не разовый характер. Как правило, и те, и другие распределяются во времени (по годам их осуществления и проявления соответственно).

Таким образом, при оценке эффектов возникают две основные проблемы, обусловленные необходимостью сопоставления результатов и затрат по их видам и по разным временным интервалам. Решение этих проблем имеет определенные особенности в зависимости от содержания, вкладываемого в эти составляющие эффекты.

При известных значениях стоимостных показателей результатов и затрат абсолютная величина эффекта от внедрения мероприятий по снижению риска для объекта может быть определена согласно следующей формуле:

$$Э(Z,T) = W - Z = \sum_{t=1}^{T}\left(\sum_{i=1}^{k} W_{it} - \sum_{j=1}^{n} Z_{jt}\right), \qquad (1)$$

где W_{it} - результат по i- му направлению в период t;

z_{jt} – затраты по j-му направлению в период t.

Учитывая, что результаты от внедрения мероприятий в случае чистых рисков проявляются в виде снижения математических ожиданий (средних рисков) ущербов, выражение (7) может быть представлено в следующем виде:

$$Э(Z,T) = \sum_{t=1}^{T}\left(\sum_{i=1}^{k}\left[\overline{X_{it}} - \overline{X_{it}}(Z)\right] - \sum_{j=1}^{n} Z_{jt}\right), \qquad (2)$$

где $\overline{X_{it}}$ – средний уровень ущерба, имевшего место в период *t,* до внедрения рискоснижающих мероприятий;

$\overline{X_{it}}$ *(Z)* – средний уровень ущерба, определенный (оцениваемый) после их внедрения.

Заметим, что показатель

$$I(Z,T) = \sum_{t=1}^{T}\left(\sum_{i=1}^{k}\overline{X_{it}}(Z) + \sum_{j=1}^{n}Z_{jt}\right),\qquad(3)$$

представляет собой суммарную величину издержек управления риском при внедрении комплекса управляющих мероприятий Z.

В случае спекулятивных рисков вместо выражения (24) для оценки эффективности мероприятий может быть использовано следующее соотношение:

$$Э(Z,T) = \sum_{t=1}^{T}\left(\overline{П_t}(Z) - \overline{П_t}\right),\qquad(4)$$

где $\overline{П_t}$ *(Z)* - среднеожидаемая прибыль объекта в году в случае принятия каких-либо мер в отношении риска, не обязательно связанных с его снижением;

$\overline{П_t}$ - среднеожидаемая прибыль в отсутствии этих мер.

В общем случае ожидаемая прибыль должна оцениваться с учетом распределения вероятностей возможных исходов деятельности объекта, риска потерь от неблагоприятных событий и затрат на осуществление мероприятий по управлению рисками.

$$\overline{П_t} = \overline{D_t}(Z) - R_t(Z) - \sum_{j=1}^{n}Z_{jt},\qquad(5)$$

$\overline{D_t}(Z)$ - ожидаемая величина дохода в году t при выборе стратегии управления рисками, характеризующейся набором затрат Z_{jt}, j =1, 2, …, n.

$R_t(Z)$ - уровень риска в году t, оцениваемый по среднеожидаемой величине ущерба.

Аналогичным образом определяется и прибыль в отсутствии мероприятий Z. Заметим при этом, что в реальной ситуации показатели $\overline{П_t}$ и $\overline{П_t}$ *(Z)* могут меняться местами, например в тех случаях, когда объект сознательно выбирает для себя более рискованную ситуацию в надежде получить большую прибыль и отказываться в связи с этим от осуществления ранее применяемых защитных мер.

Рост техногенных опасностей обусловливает необходимость создания и развития средств защиты от них. На эти средства защиты приходится использовать определенную долю материальных ресурсов общества, привлекая средства, предназначенные ранее для накопления и потребления. В такой ситуации перед обществом встает задача оптимизации распределения национального дохода во времени по трем составляющим, что может быть для произвольного года отражено следующим балансовым соотношением:

$$y(t) = u(t) + C(t) + z(t), \qquad\qquad (6)$$

где $y(t)$ - национальный доход, произведенный в году t;

$u(t)$ – размер накопления;

$C(t)$ -объём потребления;

$z(t)$- отчисления на систему безопасности (защиты населения от влияния техногенных последствий).

Рассчитаем национальный доход по формуле (6) на примере Ростовской области:

$$y_{2006} = 27980,2 + 158773,1 + 824,8 = 187578,1$$
$$y_{2007} = 44774,5 + 192402,47 + 1020,1 = 238197,1$$
$$y_{2008} = 54031,5 + 244340,8 + 1243,2 = 299615,5$$
$$y_{2009} = 63179,2 + 314714,5 + 2775,9 = 380669,6$$
$$y_{2010} = 60865,3 + 387223 + 2980,4 = 451068,7$$
$$y_{2011} = 62267,9 + 476284,29 + 3806,4 = 542358,6$$

В соответствии с выражением (6) наиболее простую макромодель развития односекторной экономики можно представить в виде дифференциального уравнения, базирующегося, во-первых, на теоретической предпосылке о пропорциональности производственного накопления и прироста национального дохода в одинаковый момент времени и, во-вторых, на независимости от национального дохода динамики потребления и отчисления на систему безопасности:

$$y(t) = B\frac{dy(t)}{dt} + C(t) + z(t), \qquad\qquad (7)$$

где коэффициент B - капиталоемкость национального дохода.

Рассчитаем коэффициент капиталоёмкости:

$$k_{2006} = \frac{477972}{187578,1} = 2,548123 \approx 2,5$$

$$k_{2007} = \frac{600908}{238197,1} = 2,522735 \approx 2,5$$

$$k_{2008} = \frac{649308}{299615,5} = 2,167138 \approx 2,2$$

$$k_{2009} = \frac{746866}{380669,6} = 1,96198 \approx 2$$

$$k_{2010} = \frac{830392}{451068,7} = 1,840944 \approx 1,8$$

$$k_{2011} = \frac{1007353}{542358,6} = 1,857356 \approx 1,9$$

Из уравнения 7 следует, что при заданном параметре В динамика национального дохода определяется траекториями развития C(t) и z(t). Естественно, что цель общественного развития, состоящая в максимизации средней ожидаемой продолжительности жизни (СОПЖ), достигается путем оптимизации траекторий переменных y(t), C(t) и z(t) с учетом внутренних взаимосвязей между ними, определяемых балансовым соотношением 7, и характера влияния каждой из них на рост продолжительности жизни.

На основе данных по Ростовской области, были оценены параметры выражения, описывающего зависимость среднего значения продолжительности жизни от показателей социально-экономического развития.

$$T_{cp}(c,z,u) = \frac{100}{1 + 0,310e^{-0,339ct} + 0,280e^{-0,406(z(t)/u(t))}} \cdot,$$

В таблице 1 приведены фактические и расчетная продолжительность жизни в Ростовской области.

Таблица 1- Продолжительность жизни в Ростовской области

Год	Фактическая средняя продолжительность жизни	Расчетная средняя продолжительность жизни при верхнем пределе 100 лет
2006	73,7	64,9
2007	74,5	67,3
2008	74,3	69,8
2009	74,45	70,1
2010	74,7	72,9
2011	74,8	73,05

Такой прирост имеет место при незначительном повышении уровня потребления и при более низком темпе роста ВРП и начальных вложениях в защиту природной среды, и снижении коэффициента смертности.

Разумеется, полученные результаты в определенной степени условны – в первую очередь из-за неточности исходной информации. Однако на их основе можно сделать определенные выводы о роли вложений в снижение уровня риска и улучшение условий проживания в Ростовской области и в Южном Федеральном округе.

Литература

1. Анопченко Т.Ю. Эколого-экономические риски урбанизированных территорий: концепция, причины, последствия /диссертация на соискание ученой степени доктора экономических наук / ГОУВПО "Ростовский государственный строительный университет". Ростов-на-Дону, 2008г.

2. Муравьева Н.Н., Анопченко Т.Ю., Боева К.Ю. Совершенствование системы управления муниципального здравоохранения // Издательский дом LAP LAMBERT Academic Publishing GmbH&Co, Германия, 2013.

3. Сироткина Е.Н. программы интеграции системы менеджмента качества медицинских услуг в лечебных учреждениях Ростовской области // Terra Economicus. 2012. Т. 10. № 3-2.

Пайтаева К.Т.
доцент, к.э.н., Чеченский государственный университет

НАУЧНЫЕ ОСНОВЫ ОЦЕНКИ ЭФФЕКТИВНОСТИ ФУНКЦИОНИРОВАНИЯ НЕФТЕГАЗОВОГО КОМПЛЕКСА

В условиях глобализации значительно изменился баланс сил в нефтегазовом комплексе между международными и национальными, принадлежащими государству нефтяными компаниями. Последние являются инструментом государственной политики и вследствие этого имеют определенные привилегии. Кроме того, теоретико-методические подходы к оценке эффективности комплексных нефтегазовых проектов должны учитывать всевозможные риски, возникающие в современных условиях функционирования компаний отрасли. Поэтому вектор трансформации управления нефтегазовым комплексом в различных странах, должен предусматривать мероприятия по рациональному использованию и организации воспроизводства минерально-сырьевой базы, инновационному развитию технологий поиска, добычи и переработки углеводородов с активным замещением экспорта «сырых» ресурсов на экспорт продукции нефтегазопереработки.

Современные геополитические факторы и направления развития нефтегазового комплекса, включая глобализацию энергетического пространства и экономических процессов, комплексные социально-производственные решения по эффективному использованию имеющейся минерально-сырьевой базы, необходимость обеспечения экономической, энергетической и экологической безопасности различных стран и регионов, а также развитие кластерного подхода к использованию углеводородных ресурсов предопределяют целесообразность формирования современной парадигмы развития нефтегазовых корпораций, которая должна интегрировать доминирующие в экономике отрасли тенденции, определяя направления эффективного функционирования нефтегазового комплекса.

Нефть в России исторически – это больше чем просто некий жидкий углеводород. Нефть – это всегда большая политика, в советские времена – внешняя, а сейчас еще и внутренняя. Если проанализировать состав крупнейших финансово-политических группировок страны (как их любят называть, «олигархических»), то выяснится, что практически все они в той или иной степени занимаются нефтяным бизнесом.

Перспективы у российской нефтяной отрасли оцениваются не высоко [1; 2,78; 3,7; 4,85]. Даже если спустя какое-то время топливные ресурсы начнут дорожать, это не переломит общей мировой тенденции к удешевлению нефти. Сейчас нефть стоит меньше (с учетом инфляции), чем в 1980-х гг., не говоря уже о благословенных для Ближнего Востока и СССР

1970-х, когда нефть можно было продать в 3-4 раза дороже, чем сегодня. И вряд ли ситуация будет кардинально меняться. Во-первых, на рынке слишком много продавцов. Экспортом сырья не брезгуют даже развитые страны, такие, как Великобритания и Норвегия. Во-вторых, разведка и добыча топлива постоянно дешевеют благодаря новым технологиям. Если в начале 1980-х гг. компаниям приходилось тратить около $10 на добычу одного барреля, то сейчас показатель затрат снизился до $4, т.е. в 2.5 раза.

Поэтому российским компаниям нечего надеяться на скачок нефтяных цен. Нужны новые технологии. Но модернизация добычи требует кредитов и инвестиций. На инвестиции у нефтяников денег практически не остается из-за высоких налогов. Кредиты них практически недоступны из-за высоких процентных ставок. Таким образом, чисто отраслевая, на первый взгляд, проблема модернизации нефтяной отрасли упирается в отношения нефтяных руководителей с Правительством и Центробанком. От правительства топ-менеджменту нужно снижение налогового бремени, от ЦБ – уменьшение ставки рефинансирования. Если лоббистская атака ИНК на правительство и ЦБ окажется безрезультатной, то в самое ближайшее время следует ожидать усиления активности иностранных фирм. Крупные зарубежные нефтегазовые компании в отличие от российских не несут убытков от падения цен на нефть. Их структура организована таким образом, что, проигрывая от обвала цен на сырье, они одновременно выигрывают в производстве нефтепродуктов, в котором используется это сырье. К тому же иностранцы обладают теми самыми технологиями, которые удешевили добычу нефти. Самые продвинутые в этом отношении – это Exxon, Shell, British Petroleum – очень знакомые названия по истории российских стратегических альянсов. Может случиться так, что осторожничающим пока в России иностранцам альянсы могут оказаться и ни к чему – они и без того получат доступ к нефтяным ресурсам.

«Территориально-производственный нефтегазовый комплекс» (ТПНГК) был, есть и будет основой экономики и той силой, которая выведет Россию из кризиса. Но проблему нужно разделить надвое.

Первая часть касается каждой компании и каждого предприятия ТПНГК, того, что они должны сделать для наведения порядка в хозяйстве и оздоровления финансового положения.

Вторая половина дела – за государством и Правительством. Они должны, наконец, понять, что к ТПНГК нельзя относиться исключительно как к дойной корове или бездонной бочке. ТПНГК, особенно сейчас, в период кризиса, нуждается в помощи. Речь идет, прежде всего, о создании благоприятных условий для хозяйственной деятельности. Сейчас отрасль задавлена налогами и сборами.

Следует облегчить налоговую нагрузку и провести налоговую реформу, возможно, в два этапа. Для нерентабельных скважин принципиально необходим особый режим налогообложения. Впрочем, предлагаемый нефтяниками пакет мер по облегчению налогового бремени давно и хорошо известен, поэтому главное здесь – переходить от слов к делу.

Таким образом, проблемы ТПНГК текущего периода носят в основном финансово-экономический и управленческий характер и могут быть сведены к следующим [4, 113]:

– финансовая дестабилизация в отраслях ТПНГК из-за обвального роста неплатежей со стороны потребителей жидкого и газообразного топлива, ведущая к росту задолженности предприятий ТПНГК в бюджеты всех уровней и внебюджетные фонды;

– дефицит инвестиций, особенно острый в условиях прогрессирующего старения и высокой изношенности основных фондов, приводящий к некомпенсируемому выбытию производственных мощностей и сокращающий возможности не только расширенного, но и простого воспроизводства, и неблагоприятный в целом инвестиционный климат, не создающий для потенциальных отечественных и иностранных инвесторов склонности к инвестициям;

– отсутствие стимулов к инвестициям сохраняет высокими издержки производства в ТПНГК и обеспечивает слабую восприимчивость к НТП для их снижения, ухудшение процессов воспроизводства сырьевой базы комплекса, вызванное резким сокращением объемов ГРР на фоне перехода крупнейших нефтегазодобывающих провинций и ТПНГК страны в целом на поздние стадии «естественной динамики», с одной стороны, и отсутствие экономических стимулов к наращиванию ресурсного потенциала разрабатываемых месторождений за счет продления периода их рентабельной эксплуатации и увеличения нефтеотдачи, с другой стороны;

– политика ценообразования на продукцию ТПНГК, приводящая к нарушению оптимальных ценовых пропорций как между ценами на различные энергоресурсы, так и между ценами на углеводороды и другие товары;

– фискально-ориентированная налоговая политика в отраслях ТПНГК, не нацеленная на достижение максимального инвестиционного эффекта при разработке нефтегазовых месторождений, приводящая к уменьшению сроков разработки, величины рентабельно извлекаемых запасов, накопленных налоговых поступлений и других прямых и косвенных эффектов, как для инвесторов (ИНК), так и для государства;

– недостаточно диверсифицированная институциональная структура ТПНГК и низкая эффективность государственного регулирования комплексом, оборачивающаяся в значительном числе случаев упущенной выгодой государства и инвесторов.

Литература

1.   www.expert.ru – Эксперт. Общенациональный деловой журнал.

2.   Макаров, Вигдорчик А.Г. Топливно-энергетический комплекс: методы исследования оптимальных направлений развития. - М.: Наука, 1979.

3.   Коржубаев А.Г., Федотович В.Г. Финансово-экономический кризис 2008 – 2010 гг. и нефтегазовый комплекс России // Проблемы экономики и управления нефтегазовым комплексом. 2010. № 9. С. 4 – 11.

4.   Основные концептуальные положения развития НТК России, М., 1999.

Подгузов В.А.

кандидат экономических наук, доцент, Московская государственная художественно-промышленная академия имени С.Г. Строганова
podguzov@mail.ru

АКАДЕМИЧЕСКАЯ НАУКА В КОНТЕКСТЕ ВНЕШНЕЙ И ВНУТРЕННЕЙ КОНКУРЕНЦИИ

На протяжении многих столетий важными условиями победы в конкуренции являлись личное природное мастерство изготовителя, серийность продукции и многие другие случайные и экстенсивные факторы. Объективно, академическая наука не являлась решающим фактором победы в конкуренции вплоть до конца XIX века, хотя, со времен Древней Греции, каждая цивилизованная страна считала наличие академиков довольно важным показателем высоты её культуры.

Однако в начале XX века ученые с академическим уровнем широты и фундаментальности подготовки превратились в значительный фактор достижения конкурентных преимуществ в торговле товарами, качество которых стало определяться уровнем развития машиностроения и, прежде всего, станкостроения и материаловедения для каждого из видов производства. Потребности конкуренции диктовали, с одной стороны, необходимость узкой специализации теоретиков и прикладников, а с другой стороны, по общему правилу, необходимость кооперации ученых, т.е. необходимость разработки такой схемы организации научного сообщества страны, при которой индивидуальные исследования целенаправленно интегрировались бы в систему, обеспечивающую все конкретные виды машиностроения и производства конечной продукции конкурентными преимуществами на базе достижений науки. В результате, понятие академической науки несколько отошло от древнегреческого значения и приобрело собирательное содержание, в котором и организационный момент исполнял системосозидающую функцию.

Долгое время национальная принадлежность являлась важным естественным организующим фактором в научных средах, правда, при обязательном участии государства. Сегодня этот фактор все еще оказывает влияние на содержание и направленность глобального научно-технического развития.

Не будет большим преувеличением сказать, что нынешнее положение России в мире есть, во многом, следствие инициативы Петра I и политики Екатерины II в области организации науки академического уровня. Ломоносов, Можайский, Менделеев, Сеченов, Попов, Жуковский, Тимирязев, Павлов - продукты академической системы, заложенной Петром.

Неоспоримым фактом истории является победа СССР в «войне

моторов» над фашистской Германией. Важнейшую роль в этой Победе и в послевоенном «раскладе» мировых сил сыграли ученые академического калибра: Патон, Климов, Капица, Курчатов, Харитон, Туполев, Грабин, Бурденко, Вишневский и многие другие ученые академического уровня научной подготовки.

Главным достоинством академической системы организации и управления наукой российского и советского образцов являлись не только ясность организационной логики, но и относительно высокая степень надежности системы взаимного информирования каждого ученого о достижениях в смежных и отдаленных отраслях знаний, система планирования НИР и учета результатов исследований. Достаточно высокая степень централизма в сочетании с внутренним демократизмом в академических кругах привели к некоторому ослаблению влияния мелких человеческих страстишек на темпы и качество интеграции научных знаний академического уровня, особенно на стратегических направлениях. Благодаря этой системе даже такие мировоззренческие антиподы, психологически трудно совместимые субъекты как, например, Сахаров и Курчатов, Челомей и Королёв, чаще всего, успешно работали в рамках единого проекта, не создавая друг для друга серьезных проблем. Есть основания утверждать, что именно минимизация внутренней конкуренции между представителями академической науки, их осознанная консолидация вокруг ясно сформулированных задач, порожденных конкретными историческими условиями, позволили СССР некоторое время удерживать пальму первенства в соревновании со странами НАТО в области ядерных и космических технологий.

Но не всё так безоблачно. О том, что в академических кругах существуют не только конструктивные, но и деструктивные потенциалы, не только центростремительные, но и центробежные силы, свидетельствуют далеко не теоретические столкновения, происходившие в академических кругах СССР, например, по вопросу теории относительности Эйнштейна, по поводу генетики, кибернетики. Причем, группировки академиков сами использовали друг против друга партийно-политический ресурс, доносы в КГБ и т.п. приемы для облегчения своей научной и карьерной конкуренции.

В западных кругах ученые академического уровня склонялись, - одни к фашизму, вынуждая, например, евреев эмигрировать, другие к коммунизму. Заставляет задуматься и пример знаменитой «кембриджской пятерки», которые без малейшей аффектации работали на идею коммунизма продуктивнее многих открытых революционеров. Не нашла еще достойного отражения в информационном пространстве позиция супругов Розенберг, казненных на электрическом стуле за помощь СССР, как и эмиграция семьи американского профессора А.Локшина в СССР в 1985 году.

То есть, как показала историческая практика, оказывается, что ни профессиональная, ни национальная принадлежность, ни возраст, ни уровень личных научных достижений не являются полной гарантией преодоления центробежных, конкурентных сил и тенденций на научном «Олимпе». Видимо, необходима интеграция и концентрация носителей академического уровня науки не только на сугубо технических, или на социально-психологических направлениях. Очевидно, что требуется серьезное теоретическое изучение мотивации гениев в частных областях, для увеличения центростремительных и ослабления центробежных тенденций, ликвидации «подковерных течений» в академической науке. Ведь без человеческого «измерения» целей и успехов развития науки можно «случайно» и всецело сосредоточиться на научном обеспечении развития, например, средств массового уничтожения людей, как это временами и наблюдалось в мировой научной и технической практике. Материальное стимулирование, порой, делает и гениев неразборчивыми в векторе приложения своих усилий.

Однако становится все яснее, что интенсивность работы научных кадров в технических областях находилась в высокой степени зависимости от уровня научности политической, социальной, культурологической стратегии страны. Понятно, что точные политические прогнозы, подтверждаемые практикой, научно обоснованные социальные доктрины способны оздоровить морально-психологический климат в академических научных сообществах, в то время как ошибочные политические доктрины способны посеять в академических кругах контрпродуктивные настроения.

Если исходить из определений, данных в словарях и справочниках, под академической наукой следует понимать, во-первых, систему самих научных кадров предельно высокой степени официальной подготовки и неформального признания научным сообществом; во-вторых, наиболее широкий фронт исследовательских творческих гипотез фундаментального уровня; в-третьих, предельно комплексный характер планирования и ресурсного обеспечения НИР; в-четвертых, тесную увязку потребностей и тенденций социально-экономического, политического и морально-психологического развития общества с направлениями и темпами научного обеспечения этого процесса; в-пятых, фундаментальный, подтвержденный уровень открытий; в-шестых, превалирование системы внутреннего исчерпывающего обмена информацией по отношению к принципу конкуренции и коммерческой тайны.

Если принять данный перечень за некий минимально необходимый набор требований к академической науке, то становится очевидно, какой высокой должна быть степень демократичности и образованности общества, какая ответственность лежит на органах государственного управления, как высок должен быть уровень их подготовки и авторитета, точен характер требований к теоретической, мировоззренческой и морально-психологической подготовке представителей академической науки и её кадровому резерву, чтобы оптимизировать темпы развития и внедрения продуктов науки в жизнь.

Ясно также, что основы качеств носителей академического уровня науки и высших политиков куются на студенческой скамье, что превращение студентов в академиков и политиков происходит в рамках жесткой конкуренции, но, достигнув искомых высот в науке и политике, эти субъекты начинают испытывать потребность друг в друге. Александр Македонский открыто заявлял, что всем своим достижениям он обязан академику Аристотелю, президент США, Джонсон, крайне нуждался в профессоре Макнамаре, Никсон нуждался в профессоре Киссинджере, Картер - в профессоре Бжезинском, Буш – в профессоре Мэнкью, Горбачев – в академике Яковлеве… И это еще вопрос, кто сыграл большую роль в придании историческому процессу того или иного содержания: президенты или профессора. Кто из них, действительно, продемонстрировал чудеса профессионализма и реализовал свою мировоззренческую схему.

Тем не менее, мировое сообщество, часть из которого уже вступила в постиндустриальную пору развития, много проигрывает от того, что и сегодня академическая наука все еще представляет силу, обслуживающую политику, и не нашла, пока, более эффективную парадигму соединения политики с наукой. Академическая наука все еще разведена по национальным и блоковым «квартирам», а общественные науки академического уровня больше направлены на поиски достижения конкурентных преимуществ, путей обеспечения побед и господства над кем-то в той или иной форме (учитывая концепции Бжезинского, Джина Шарпа или Френка Партного и Джона Перкинса, если верить их работам,), чем на выработку научной стратегии всемирного социального прогресса, т.е. окончательного избавления общества от мировых войн, экологической и, хотя бы, от метеорной угрозы.

Наука уже и многократно доказала свою состоятельность, достигнув фантастических высот в физике, химии, биотехнологии, кибернетике, космосе и т.д. Но только там, где практика неукоснительно следует выводам науки.

Однако в политике, а тем более, в современной мировой экономике никакие достижения теории, даже одобренные Нобелевским комитетом, не являются ни для кого обязательными. Миллионы представителей мелкого и среднего капитала вообще не владеют этими знаниями, и не существует механизма целенаправленного внедрения достижений экономической науки, например, в практику транснациональных корпораций, кроме как конкурсного привлечения корифеев экономической теории на службу отдельным транснациональным корпорациям для… достижения односторонних успехов в конкуренции над другими крупнейшими мировыми объединениями.

Таким образом, перспективы у академической науки, в принципе, с исторической точки зрения, самые обнадеживающие, но с точки зрения её сегодняшнего положения и ближайших перспектив, весьма противоречивые, в том числе и в РФ.

Мазуренко А.П.
д.ю.н., доцент, Северо-Кавказский федеральный университет
Титенко Ю.А.
к.ю.н., доцент, Северо-Кавказский федеральный университет

ОСНОВНЫЕ НАПРАВЛЕНИЯ АКАДЕМИЧЕСКИХ ИССЛЕДОВАНИЙ В СФЕРЕ ПРАВОТВОРЧЕСКОЙ ПОЛИТИКИ

Происходящее уже два десятилетия реформирование Российского государства сопровождаются коренными изменениями в праве. Практически заново сформированы все основные отрасли национального законодательства. На значительно более высокий уровень возведена роль закона как главного средства регулирования общественных отношений. Свое достойное место в механизме государства заняла представительная власть. Правотворчество в стране развивается невиданными темпами. Только на уровне федерального парламента принимается 300-400 законов ежегодно. Но, несмотря на эти весьма позитивные перемены, все явственнее стали заявлять о себе те проблемы, которые настоятельно требуют системной модернизации, выработки научно обоснованной стратегии и тактики в правотворческой сфере, использования новых инструментов для устранения многочисленных недостатков процесса правообразования.

По оценкам специалистов, сегодня каждый седьмой закон содержит серьезные ошибки. Типичность таких недостатков как бессистемность правовых актов, их внутренняя противоречивость и излишняя многочисленность, обилие декларативных норм, не снабженных механизмом реализации, а также повторяемость подобных ошибок на протяжении многих лет говорят об их системном характере. Кроме того, законодатели так и не могут в полной мере синхронизировать федеральный, региональный и муниципальный уровни правотворческого процесса.

В России до сих пор не утвердился системный, взвешенный подход к вопросам юридической стратегии и тактики, не стали нормой при проведении правовой реформы опора на научный анализ и прогноз, учет общественного мнения и квалифицированная оценка возможных последствий принимаемых решений. Законодательство во многом не успевает своевременно и адекватно регулировать уже фактически сложившиеся общественные отношения, стимулировать развитие новых, необходимых социальных связей. Слишком недооценивается значение плановых начал в законопроектной работе [1, 152].

Это говорит о все еще низком качестве правотворческой деятельности, ее значительном отставании от экономических, социальных, политических и иных потребностей общества, о большом количестве ошибок и иных просчетов в правовом регулировании. Справиться с названными проблемами одноразовыми, эпизодическими действиями невозможно. Требуется соответствующее системное реагирование – *правотворческая политика*, которая отличается комплексным характером, соединяющим многие инструменты правообразования во взаимосвязанный механизм.

Такая политика есть путь к усовершенствованию и обновлению правотворчества, повышению его эффективности. Она требуется для выстраивания непротиворечивого, внутренне единого и последовательного правотворческого процесса, для внесения в него системности и юридической точности [2, 5]. В данном контексте весьма наглядно проявляет себя необходимость изучения особенностей, выявления сущности и разработки концептуальных основ правотворческой политики как важного фактора модернизации правотворчества в Российской Федерации и весьма продуктивного направления академических исследований в юриспруденции.

Современная правотворческая политика призвана воздействовать на базовые сферы общественных отношений путем постоянного обновления целей и инструментов правообразования, предупреждать негативные явления и тенденции, не забегая вместе с тем вперед там, где условия для правового вмешательства не созрели. В правовой политике, как нигде, важен прогноз, предвидение. Она должна обладать способностью диагностировать болевые точки жизни общества [3, 33] и своевременно на них реагировать.

Опыт ведущих стран показывает, что создание жизнеспособной правовой системы невозможно без опоры на социально ориентированную и сбалансированную правотворческую деятельность, в основе осуществления которой лежит эффективная правотворческая политика. В этой связи следует признать, что академические исследования в данной сфере самым непосредственным образом сопряжены с одним из магистральных направлений политико-правовой практики, без глубокой научной разработки которой ожидать каких-либо позитивных результатов в названной области не представляется возможным. Устойчивый и долговременный характер указанного направления академических правовых исследований, их бесспорная теоретическая и практическая значимость, необходимость концептуального закрепления механизма формирования и реализации правотворческой политики, как важного фактора модернизации правотворчества, определяют ее актуальность в современных российских условиях.

Здесь следует отметить, что вопросы законодательной политики затрагивались еще в начале XIX века в трудах основоположника юридического позитивизма Д. Остина. Однако в дальнейшем правотворческая (законодательная) политика отдельно не изучалась и фактически отождествлялась с политикой права (А.И. Ильин, Б.А. Кистяковский, Г.А. Ландау, С.А. Муромцев, П.И. Новгородцев, Л.И. Петражицкий, Г.Ф. Шершеневич и др.)

Одной из первых к исследованию современной правотворческой политики обратилась С.В. Поленина. Вслед за ней отдельные аспекты этой проблемы освещались в работах таких ученых как Ю.Г. Арзамасов, В.М. Баранов, И.А. Иванников, А.В. Ильин, Н.В. Исаков, А.В. Малько, Н.В. Мамитова, А.Ю. Мордовцев, А.И. Овчинников, О.Ю. Рыбаков, Е.С. Селиванова, В.В. Трофимов, И.И. Шувалов и др.

В то же время по данной тематике испытывается явный недостаток монографических исследований. Преимущественное внимание российских ученых в последние годы было сосредоточено на анализе отдельных проблем правотворчества, законодательной техники, генезиса российского парламентаризма и т.п. Вопросы непосредственно правотворческой политики, главным образом, рассматривались в контексте исследования проблем современной российской правовой политики. Результаты этих исследований выявили целый ряд дискуссионных моментов, а порой и просто новых, еще не освоенных граней данного сложного феномена политико-правовой действительности. В контексте происходящих в стране и мире изменений, дальнейшего углубленного анализа требуют вопросы о сущности и целях правотворческой политики, ее социально-нравственных началах, о влиянии на процессы гуманизации права, укрепления законности и правопорядка, обеспечения прав и законных интересов личности, строительства демократического правового государства и т.д.

Литература (источники)

1. Доклад Совета Федерации Федерального Собрания РФ 2009 года «О состоянии законодательства в Российской Федерации» // Официальный сайт Совета Федерации Федерального Собрания Российской Федерации. URL: http://www.council.gov.ru/journalsf/cat9/journal57/2010/number363.html (дата обращения: 17.02.2014).

2. *Малько А.В., Мазуренко А.П.* правотворческая политика России: история и современность. Монография. М., 2013.

3. *Матузов Н.И.* Российская правовая политика: вызовы и угрозы XXI века // Правовая политика России: теория и практика / Под ред. Н.И. Матузова и А.В. Малько. М., 2006.

Тюрина Ю.Э.
АНО ВПО КФ МГЭИ, Калуга

О НЕКОТОРЫХ АСПЕКТАХ ПОНИМАНИЯ СУЩНОСТИ РУССКОЙ ИНТЕЛЛИГЕНЦИИ В ТРУДАХ И.А.ИЛЬИНА

Трудно переоценить значение русской интеллигенции в русской истории и действительности. Неоднозначность этого сугубо русского явления порождена специфичностью русской историко-философской традиции, но, одновременно, и порождает ее своим существованием.

На наш взгляд не следует повторять избитые фразы о самобытности русской интеллигенции. Хотелось бы отметить одну любопытную особенность ее бытия: рожденная на русской почве, укорененная в русскую культуру для которой осмысление себя как самостоятельной единицы бытия, исключенной из лона божественной любви, неважно и неинтересно, русская интеллигенция сформирована при тесном участии логической науки Запада. Отсюда русскому интеллигентскому сознанию присуща раздвоенность, одновременная включенность в ткань российской и западной действительности.

Само слово «интеллигенция» настолько плотно вплетено в контекст русской культуры, что адекватно перевести его на другие языки просто не представляется возможным. Сама русская интеллигенция традиционно превозносила свое участие в истории России. Но следует заметить, что не все так уж однозначно. Так, например, И.А. Ильин, будучи сам ярким представителем этого слоя, тем не менее, не слишком положительно оценивал роль этого слоя в судьбе русского народа в начале XX столетия. Любопытно будет разобраться в причинах подобных оценок, тем более что прослеживаются прямые параллели с днем сегодняшним.

И.А.Ильин полагал, что «история этого кадра в России начинается, в сущности говоря, с Ломоносова и Московского университета» [1,91] . При этом интеллигенция возникает не из небытия: ей предшествовали «социальные верхи старого времени» [2,367] , под которыми понималось боярство и служилое сословие. Интеллигенция пришла им на смену не просто потому, что появилась возможность у умных, способных людей незнатного происхождения выбиться в круги, причастные к управлению государством. Основным было, пожалуй, то, что интеллигенция получала не только и не столько образование, сколько воспитание. Если академическое преподавание требует свободы для профессоров и самодеятельности для студентов [2,219] , то, естественно, что оно в идеале приводит человека к пониманию что есть свобода и прежде всего свобода духа. «Образование без воспитания не формирует человека, а разнуздывает и портит его... Образование, само по себе есть дело памяти, смекалки и практических умений в отрыве от духа, совести, веры и характера. Воспитание же призвано создать ...будущего победителя, которые умел бы внутренно уважать самого себя и утверждать свое духовное достоинство и свою свободу - духовную личность»[3,219]. И.А. Ильин подчеркивает, что формальная «образованность» вне веры, чести и совести создает не национальную культуру, а разврат пошлой цивилизации.

Подлинная настоящая русская интеллигенция получала в первую очередь именно воспитание. Безусловно, говоря о концепции воспитания у И.А. Ильина, мы не должны сбрасывать со счетов, что в понимании философа основы подлинного воспитания человека закладываются в детстве. «Воспитать ребенка - значит заложить в нем основы духовного характера и довести его до способности самовоспитания»[3,204]. Это означает, что ребенок должен получить «доступ ко всем сферам духовного опыта; чтобы его духовное око открылось на все значительное и священное в жизни; чтобы его сердце столь нежное и восприимчивое научилось отзываться на всякое явление Божественного в мире и людях»[3,217]. Но, как видно из вышесказанного, суть воспитания ребенка заключена в том, чтобы открыть ему дорогу к высшей ценности жизни - к «единому и великому предмету», в «живую ткань» которого мы «должны включить нашу личную жизнь»[4,222].

Следует отметить, что в понимании ИА. Ильина путь к нахождению Предмета существования как цели, как смысла жизни есть путь к духовной очевидности, а этот путь можно пройти только самостоятельно. Поэтому мы и говорим о воспитании русской интеллигенции: в процессе академического образования она должна была получить не мертвые знания, а "предметно-открытый взор, предметно живое сердце и предметно готовую волю»[4,219].К сожалению этого зачастую не происходило: «...современная культура ... захотела быть культурою свободы и была права в этом; но она не сумела стать культурою сердца и культурою предметности »[4,219]. Русская интеллигенция «в своей основной массе была религиозно мертва, национально-патриотически холодна и государственно безыдейна» [5,277]. Это привело к крушению не только саму интеллигенцию, но и всю Россию.

Для понимания подобной позиции философа необходимо подчеркнуть тот факт, что практически все вопросы, касающиеся понимания сущности специфически российского бытия, он решал исходя из понимания России как единого живого организма. Не является исключением и вопрос о социальном устройстве Российского государства. На первый взгляд может показаться, что И.А. Ильин является сторонником, так называемой органической теории общества, но это коренным образом не так - для Ильина живым организмом является именно Россия. «Государство вообще держится инстинктом национального самосохранения и правосознания граждан, их полуосознанной лояльностью, их чувством долга и патриотизмом. А в исторической России XIII -XIX веков административный аппарат был технически слаб и беспомощен и совершенно не мог проработать силою принуждения огромную пространственную толщу нашей страны. Историческая Россия строилась верою и национальным инстинктом, государственным чувством и правосознанием, а также тяжкими уроками завоевания и порабощения со стороны иноплеменников...» [6,168]. Таким образом, все особенности России, ее непохожесть на другие страны, уникальность той реальности, которая господствует на ее территории, связаны с историческим путем развития, ибо «...всякий другой народ, будучи в географическом и историческом положении русского народа, был бы вынужден идти тем же самым путем» [7,168].

Отсюда логически вытекает и особенность русской интеллигенции, так не похожей на "интеллектуалов" Запада - русская интеллигенция складывалась в абсолютно иных условиях и имела своим предназначением совершенно иные вещи, нежели чем внешне аналогичный слой в западной общественной структуре. Это было ее началом и едва ли не стало ее концом.

И.А.Ильин четко различает русскую интеллигенцию – истинную элиту русского общества [8, 254-256] и полуинтеллигенцию, претендующую на это высокое звание. Полуинтеллигенция – это не социальный слой, а социальная среда [9,18], где концентрируются не лучшие качества человеческой души: зависть, ненасытное честолюбие и властолюбие, интриганство и мнительность. Это среда, где вызревают самые разрушительные для России идеи, которые манят народ за собой, соблазняют его смутными и беспомощными поисками новой справедливости [2, 63]. В итоге, когда у русской интеллигенции не хватило сил увлечь за собой народ, «в час испытания и беды, в час изнеможения, уныния и соблазна масса простого русского народа пошла не за русской интеллигенцией, а за международной полуинтеллигенцией» [5, 276]. Это привело его на край пропасти, на котором мы стоим и по сей день.

Литература

1. Ильин И.А.Почему сокрушился в России монархический строй?// Ильин И.А. Собрание сочинений: в 10 т. / сост., вступит. ст. и коммент. Ю.Т. Лисицы. – Москва: Русская Книга, 1993–1999. - Т. 2: [Наши задачи: статьи, 1948–1954 гг., кн. 2: Наши задачи: статьи, 1951–1954 гг.]. – Москва: Русская книга, 1993. – 480 с.

2. Ильин И.А. О грядущей России. //Избранные статьи. под ред. Н.П.Полторацкого. - Изд. Св.-Троицкого Монастыря и Корпорации Телекс, Джорданвилл, Н.-Й. США, 1991. //М.: Воениздат, 1993., 368 с.

3. Ильин И. А. Путь духовного обновления./Сост., авт. предисл., отв. ред. О. А. Платонов. — М.: Институт русской цивилизации, 2011. — 1216.

4. Ильин И.А. О русской интеллигенции. //Ильин И.А. Собрание сочинений. [Доп. Т. 16]: Русский Колокол: журнал волевой идеи / И. А. Ильин; сост. и коммент. Ю.Т. Лисицы. – Москва: Православный Свято-Тихоновский гуманитарный ун-т, 2008. – 854с.

5. Ильин И.А.Возникновение и преодоление большевизма в России. //Ильин И.А. Собрание сочинений: в 10 т. / сост., вступит. ст. и коммент. Ю.Т. Лисицы. – Москва: Русская Книга, 1993–1999. - Т. 2: [Наши задачи: статьи, 1948–1954 гг., кн. 1: Наши задачи: статьи, 1948–1951 гг.]. – Москва: Русская книга, 1993. – 496 с.

6. Ильин И.А.Россия есть живой организм.//Там же.

7. Ильин И.А. Основная задача грядущей России.// Там же.

8. Ильин И.А. Зависть как источник бедствий.// Там же.

9. Ильин И.А. В поисках справедливости.// Там же.

Бунина А.Ф.

доцент, к.соц.н., Северо-Кавказский Федеральный Университет, филиал в г. Пятигорске.

К ВОПРОСУ РАЗВИТИЯ ИНСТИТУТА ПРОЦЕССУАЛЬНОГО СОУЧАСТИЯ В РОССИИ

При современном развитии правовых отношений в России особую актуальность приобретает проблема защиты нарушенного или оспоренного права и охраняемого законом интереса. Они становятся более сложными, что, в свою очередь, порождает наличие дел в судах общей юрисдикции, отличающихся разнообразием правовой природы. Разрешение требований, когда в деле участвуют один истец и один ответчик, не всегда способствует защите всего комплекса прав, вытекающих из материальных отношений. До конца неразрешенный спор в течение продолжительного времени негативно влияет на гражданский оборот, а заинтересованные лица вынуждены обращаться за защитой своих требований в различные суды или в один и тот же суд по несколько раз, что подрывает доверие граждан к судебной системе. Вынесение судами противоречивых решений по гражданско-правовым спорам приводит к снижению эффективности судебной защиты и затрудняет или делает невозможной реализацию судебных постановлений.

Одним из институтов гражданского процессуального права является процессуальное соучастие, вопросы которого подвергались научному анализу в работах многих ученых-цивилистов, таких как Л.Л. Грось, Д.М. Чечота, М.С. Шакарян, С.В. Лучиной, Е.А. Шегида, что свидетельствует о неподдельном интересе к данной теме, ее важности и особой актуальности. Цель института процессуального соучастия состоит не только и не столько в процессуальной экономии и ускорении судопроизводства, а в устранении возможности вынесения противоречивых решений по поводу прав и обязанностей лиц, являющихся субъектами одних и тех же или однородных материальных правоотношений [1].

Институт процессуального соучастия применяется по различным категориям гражданских дел и основаниями процессуального соучастия могут быть принадлежность либо спорного права, либо спорной обязанности нескольким лицам, соображения процессуальной экономии по одновременному рассмотрению нескольких исков.

Множественность заинтересованных в деле лиц, выступающих в качестве сторон, образуют процессуальное соучастие в гражданском процессе. На истцовой стороне соучастники именуются соистцами, на ответной - соответчиками [2].

Согласно ст. 40 ГПК РФ «иск может быть предъявлен совместно несколькими истцами или несколькими ответчикам». Таким образом, процессуальное соучастие возможно, как на стороне истца или ответчика, так и на обеих сторонах одновременно.

Основная цель института процессуального соучастия - вынесение единообразных решений, их стабильность. Основания соучастия действующим законодательством прямо не установлены.

В силу принципа диспозитивности гражданского судопроизводства, право соединения в одном заявлении нескольких требований, связанных между собой, принадлежит истцу [3].

Взгляды процессуалистов дореволюционной России о процессуальном соучастии уходят своими корнями в доктрину немецкого и французского процесса. Если немецкое право исходит из того, что отношение между соучастниками является последствием материально-правовых отношений, то французское право кладет в основу принцип неделимости (единства) процесса, вследствие чего отношение между соучастниками получает иное основание: оно основывается на положении их в процессе независимо от связывающих их отношений материального права. Соучастие допускается во французском праве не потому, что этого требуют материальные правоотношения, а ради достижения определенных целей: уменьшения количества дел и издержек производства, сокращения времени и труда. По мнению Е.А. Нефедьева, отечественная конструкция процессуального соучастия в большей степени тяготеет к французскому процессуальному соучастию, нежели к немецкому[1].

В современных нормативных актах институт процессуального соучастия урегулирован ст. 40 ГПК РФ и ст. 46 АПК РФ. Следует отметить, что определение этого института законодательно до сих пор нигде не закреплено, процессуальные кодексы лишь указывают на возможность совместного предъявления исковых требований несколькими истцами или к нескольким ответчикам. Помимо этого, ГПК РФ устанавливает исчерпывающий перечень оснований соучастия, а АПК РФ вообще такового не содержит. [1].

В зависимости от обязательности привлечения лиц гражданское процессуальное соучастие может быть обязательным и факультативным.

Обязательное гражданское процессуальное соучастие возникает в силу предписания закона, характера спорного материального правоотношения и не зависит от усмотрения суда или участвующих в деле лиц. Факультативное соучастие - соучастие, которое возникает по усмотрению суда. В этом случае дела соучастников могут слушаться раздельно, что не повлияет на законность вывода, к которому приходит суд.

Можно согласиться с мнением ученых, согласно которому участие в деле нескольких истцов или ответчиков (при факультативном соучастии) может в некоторых случаях осложнить рассмотрение и разрешение дела, в силу чего оно допустимо только в тех случаях, когда может привести к более быстрому и правильному рассмотрению спора [4].

Но когда сторона в силу сложности материально-правового отношения не способна правильно понять принадлежность спорного права, суд как контролирующий судебное разбирательство орган должен иметь полномочия к замене такой стороны (это представляется более правильным, чем рассмотрение дела по предъявленному иску с последующим отказом в его удовлетворении). У суда должны оставаться инициатива и полномочия, позволяющие принимать меры, которые бы способствовали рассмотрению и разрешению дела.

Право замены ненадлежащих соистцов поможет судам в их практической деятельности. Такая возможность активизирует деятельность суда, будет способствовать вынесению законных и обоснованных решений, приведет к процессуальной экономии времени и судебных расходов как при обязательном, так и факультативном соучастии. Несоблюдение в практике требования о привлечении соответчиков приводит к вынесению необоснованных решений и к последующей их отмене.

Необходимое соучастие предполагает наличие общей обязанности нескольких должников, следствием чего должно быть наступление ответственности (в виде понуждения к исполнению обязанности) для нескольких обязанных лиц. Возложение ответственности на лицо, не привлеченное к участию в деле, является безусловным основанием для отмены судебного решения. Поэтому во всех случаях необходимого соучастия суд обязан привлекать к участию в деле в качестве соответчиков всех обязанных лиц. Такое полномочие суда подвергается критике на том основании, что подобная множественность действительно является основанием обязательного процессуального соучастия, но лишь в случае, когда этого требует истец [5].

При анализе процессуального соучастия необходимо всегда помнить о главном его признаке, позволяющем отличить соучастника от иных субъектов процессуального отношения. Для процессуального соучастия независимо от его вида характерно, что общие (взаимосвязанные) или однотипные (однородные) субъективные права и юридические обязанности соучастников не исключают друг друга в целом или в части.

Сохранение активной позиции суда, возможность принятия волевых решений служит необходимым условием для правильной и продуктивной деятельности всей судебной системы в современном гражданском процессе.

Традиционная классификация соучастия не всегда соответствуют современному укладу и тенденциям развития отношений между спорящими субъектами (иногда правоотношения сложны и неоднозначны), поэтому обязательное и факультативное соучастие не способно в полной мере отразить их суть, помочь суду эффективно разрешить дело.

В зарубежных странах лицам, участвующим в деле, предоставлены достаточно широкие возможности для соединения исков. Так, в гражданском процессе Германии соединение исковых требований также возможно с согласия суда или по его инициативе, если требования, составляющие предмет процессов, состоят в правовой связи или могли быть предъявлены в порядке одного иска. В гражданском процессе США сторона процесса может соединить в качестве автономных или альтернативных столько исковых требований, основанных на общем праве, праве справедливости или морском праве, сколько исковых требований она имеет к противоположной стороне[6].

На основании изучения отечественной и зарубежной литературы устанавливается, что в гражданском процессе Англии и США разработаны и успешно применяются конструкции других разновидностей процессуального соучастия, одним из которых является альтернативное, образовавшееся на ответной стороне при предъявлении альтернативных требований. Условием допустимости таких требований к нескольким ответчикам является затруднительность для истца достаточно уверенного установления истинного виновника. Однако не исключена возможность последовательного предъявления исков сначала к одному из вероятных нарушителей, затем к другому, но этот вариант сопровождается большой потерей времени и немалыми расходами, если ответственное лицо не будет определено сразу. Характерным для соучастия является то, что в процессе каждый из истцов или ответчиков по отношению к другой стороне выступает самостоятельно. Тем не менее соединение исков влияет на ход процесса, а также решение, вынесенное по делу[7].

На основе изучения некоторых категорий дел устанавливается и доказывается наличие альтернативного соучастия в российском гражданском судопроизводстве. Оно определяется как один из видов процессуального соучастия, основание возникновения которого коренится в сложности спорного материально-правового отношения, в связи с чем выбор ответственного (обязанного) субъекта существенно затруднен и зависит от выполнения ряда условий, в результате чего становится допустимым в целях реализации принципа процессуальной экономии и вынесения законного решения по делу.

Проводя исследование норм российского и зарубежного законодательства, отдельных научных трудов и взглядов ученых-процессуалистов в последнее время внимание уделяется разграничению соучастия и относительно новых процессуальных конструкций. Выявление отличий, различных черт между соучастием и указанными институтами в гражданском и арбитражном процессе является полезным для теории и правоприменительной деятельности, т.к. позволяет глубже исследовать эти схожие между собой, но не идентичные конструкции[1].

В российском гражданском процессе не получил разрешения вопрос, связанный с неправильным объединением сторон. Вместе с тем он имеет существенное значение при вынесении решения. Так, решение может подлежать отмене, если суд не разрешил вопроса о правах и обязанностях всех лиц, участвующих в деле[6].

Процессуальная активность суда способствует повышению эффективности гражданского судопроизводства, процессуальной экономии, поэтому целесообразно допускать некоторые исключения из принципа диспозитивности с целью повышения активной роли и усиления руководства процесса судом.

Институт соучастия со времен Древнего Рима и до настоящего времени интересовал многих ученых-цивилистов, развивался и совершенствовался как в праве зарубежных стран, так и в современном процессуальном праве России.

Процессуальное соучастия обеспечивает достижение целей правосудия, способствует уменьшению судебных расходов, препятствует вынесению противоречащих друг другу решений суда.

Таким образом, законодательное закрепление вносимых предложений способствует совершенствованию действующего законодательства в области гражданского и арбитражного процессуального права, так как они нацелены в первую очередь на облегчение деятельности суда и сторон, развитию процессуальной экономии, что в свою очередь положительно отразится на формировании судебной практики.

Литература:

1. Гончарова О. «Эволюция взглядов о соучастии в гражданском процессе», 2009 г.
2. Громошина Н.А. «Процессуальное соучастие», 2011г.
3. Воронов А.Ф. «Гражданский процесс: эволюция диспозитивности», 2011г.
4. В.М. Жуйков, В.К. Пучинский, Н.К. Треушников «Комментарий к Гражданскому процессуальному кодексу Российской Федерации», 2011г.
5. Грось Л.Л. «Научно-практическое исследование влияния норм материального права на разрешение процессуально-правовых проблем в гражданском и арбитражном процессе», 2012 г.
6. П.П. Колесов «Соединение исков», 2005г.
7. Пучинский В.К. «Понятие и источники гражданского процессуального права Англии, США, Франции»,1998 г.